Einführung in die Geochemie

Harald Strauß

Einführung in die Geochemie

Harald Strauß 🆔
Institut für Geologie und Paläontologie
Universität Münster
Münster, Deutschland

ISBN 978-3-662-71283-2   ISBN 978-3-662-71284-9 (eBook)
https://doi.org/10.1007/978-3-662-71284-9

Die Deutsche Nationalbibliothek verzeichnet diese Publikation in der Deutschen Nationalbibliografie; detaillierte bibliografische Daten sind im Internet über https://portal.dnb.de abrufbar.

© Der/die Herausgeber bzw. der/die Autor(en), exklusiv lizenziert an Springer-Verlag GmbH, DE, ein Teil von Springer Nature 2025

Das Werk einschließlich aller seiner Teile ist urheberrechtlich geschützt. Jede Verwertung, die nicht ausdrücklich vom Urheberrechtsgesetz zugelassen ist, bedarf der vorherigen Zustimmung des Verlags. Das gilt insbesondere für Vervielfältigungen, Bearbeitungen, Übersetzungen, Mikroverfilmungen und die Einspeicherung und Verarbeitung in elektronischen Systemen.
Die Wiedergabe von allgemein beschreibenden Bezeichnungen, Marken, Unternehmensnamen etc. in diesem Werk bedeutet nicht, dass diese frei durch jede Person benutzt werden dürfen. Die Berechtigung zur Benutzung unterliegt, auch ohne gesonderten Hinweis hierzu, den Regeln des Markenrechts. Die Rechte des/der jeweiligen Zeicheninhaber*in sind zu beachten.
Der Verlag, die Autor*innen und die Herausgeber*innen gehen davon aus, dass die Angaben und Informationen in diesem Werk zum Zeitpunkt der Veröffentlichung vollständig und korrekt sind. Weder der Verlag noch die Autor*innen oder die Herausgeber*innen übernehmen, ausdrücklich oder implizit, Gewähr für den Inhalt des Werkes, etwaige Fehler oder Äußerungen. Der Verlag bleibt im Hinblick auf geografische Zuordnungen und Gebietsbezeichnungen in veröffentlichten Karten und Institutsadressen neutral.

Einbandabbildung: Mit freundlicher Genehmigung © Bruce Railsback

Planung/Lektorat: Simon Shah-Rohlfs
Springer Spektrum ist ein Imprint der eingetragenen Gesellschaft Springer-Verlag GmbH, DE und ist ein Teil von Springer Nature.
Die Anschrift der Gesellschaft ist: Heidelberger Platz 3, 14197 Berlin, Germany

Wenn Sie dieses Produkt entsorgen, geben Sie das Papier bitte zum Recycling.

Vorwort

Klimawandel, Ressourcenknappheit, Nachhaltigkeit und vieles mehr – die Herausforderungen unserer Zeit erfordern einen inhaltlich ganzheitlichen und vor allem quantitativen Ansatz in Forschung und Lehre. Die Geochemie ist ein fester Bestandteil geowissenschaftlicher Forschung und seit längerem ein selbstverständlicher Teil der geowissenschaftlichen Ausbildung. Zu unserem Verständnis über die Entstehung und Entwicklung unserer Erde trägt die geochemische Grundlagenforschung in hohem Maße bei. Resultierende Erkenntnisse werden im Nachgang auf angewandt-geowissenschaftliche Fragestellungen ausgeweitet, und ein Portfolio geochemischer Analysemethoden ist inzwischen auch dort etabliert.

Die vorliegende „Einführung in die Geochemie" soll die Bedeutung der Geochemie in der geowissenschaftlichen Forschung adressieren und als Grundlage oder Begleitung der studentischen Ausbildung dienen. Der Text ist als Einführung für Studierende der Geowissenschaften in den höheren Fachsemestern von Bachelorstudiengängen und in Masterstudiengängen konzipiert. Zwölf inhaltlich ausgerichtete Kapitel greifen Aspekte/Prozesse im Nieder- und Hochtemperaturbereich auf, die mit Veränderungen in der Konzentration chemischer Elemente verknüpft sind. Änderungen in der Isotopensignatur stabiler oder radiogener Isotope ergänzen, wenn es um Fragen zur Herkunft von Lösungsinhalten, der Genese von Mineralen und Gesteinen sowie um eine qualitative und quantitative Betrachtung von Stoffumsätzen geht. Der vorliegende Text hat nicht den Anspruch einer erschöpfenden Behandlung des Themas, sondern ist im wahrsten Sinne des Wortes eine Einführung in die Geochemie.

Münster, Deutschland   Harald Strauß

Danksagung

Die Idee zu diesem Buch war eine Sache, dessen Fertigstellung eine andere. Ich danke zu allererst den Mitarbeitenden von Springer Nature und Springer Spektrum, im Besonderen Frau Stefanie Adam und Herrn Simon Shah-Rolfs, für das Vertrauen und die Geduld.

Zahlreiche Fachkolleginnen und Fachkollegen, Freunde und Familie haben ihre Zeit eingebracht und frühe wie späte Entwürfe einzelner Kapitel gelesen, korrigiert oder ergänzt. Dies sind im Einzelnen Christine Achten, Heinrich Bahlburg, Elis Hoffmann, Ralf Littke, Henning Menzel, Andreas Stracke, und Karl Strauß. Frau Barbara Fister danke ich für die Erstellung der Mehrzahl der Abbildungen.

Alle haben zum Gelingen beigetragen, für inhaltliche Fehler zeichne jedoch ich verantwortlich.

Competing Interests Der Autor hat keine für den Inhalt dieses Manuskripts relevanten Interessenkonflikte.

Inhaltsverzeichnis

1	**Geochemie als Forschungsfeld – eine kurze historische Perspektive**	1
	1.1 „Die Väter der Geochemie" – Definition eines Fachgebietes	2
	1.2 Geochronologie, Radiogene und Stabile Isotopengeochemie	3
	1.3 Instrumentelle Entwicklungen – Motor des Fortschritts in der Geochemie	5
	1.4 Zusammenfassung	7
	Literatur	8
2	**Grundlagen der Geochemie**	11
	2.1 Das Periodensystem der Elemente	12
	2.2 Isotope	17
	2.2.1 Stabile Isotope	17
	2.2.2 Radioaktive Isotope	20
	2.3 Zusammenfassung	22
	Literatur	23
3	**Wasser – Ein kostbares Gut**	25
	3.1 Der Kreislauf des Wassers	26
	3.2 Meerwasser	29
	3.3 Niederschläge	31
	3.4 Oberflächengewässer	34
	3.5 Grundwässer	37
	3.6 Zusammenfassung	39
	Literatur	39
4	**Chemische Verwitterung**	43
	4.1 Grundzüge der chemischen Verwitterung	44
	4.2 Die Mineralogie der chemischen Verwitterung	45
	4.3 Silikatverwitterung	48
	4.4 Karbonatverwitterung	53

	4.5	Sulfidverwitterung	54
	4.6	Die chemische Verwitterung im Kontext der Erdsystementwicklung	55
	4.7	Verwitterungslagerstätten	56
	4.8	Zusammenfassung	58
		Literatur	59
5	**Diagenese – Ein biogeochemisches Experiment**		**61**
	5.1	Grundprinzipien der Diagenese	62
	5.2	Porenwässer und die Hydrochemie der Diagenese klastischer Sedimente	64
	5.3	Authigene Mineralbildung im Zuge der Sedimentdiagenese	68
	5.4	Die Isotopen-Biogeochemie der Sedimentdiagenese	72
		5.4.1 Kohlenstoffisotope	72
		5.4.2 Schwefelisotope	73
		5.4.3 Sauerstoffisotope	74
	5.5	Diagenese von Karbonaten	76
	5.6	Zusammenfassung	78
		Literatur	78
6	**Von der Primärproduktion zu Erdöl, Gas und Kohle**		**83**
	6.1	Primärproduktion und Akkumulation von sedimentärem organischem Material	84
	6.2	Kerogen – Grundbaustein für Erdöl, Gas und Kohle	86
	6.3	Vom Kerogen zu Erdöl und Gas	90
	6.4	Biomarker – Organische Zeugnisse der Ko-Evolution des Lebens und der Umwelt	92
	6.5	Die Bildung von Kohle	94
	6.6	Zusammenfassung	99
		Literatur	99
7	**Sedimente als Spiegel der Erdsystementwicklung**		**103**
	7.1	Klastische Sedimente als Spiegel der Zusammensetzung der oberen kontinentalen Kruste	104
	7.2	Klastische Sedimente als Provenienzindikator	109
	7.3	Chemische Sedimentgesteine als Spiegel der Ozean-Atmosphären-Entwicklung	114
		7.3.1 Hadaikum (>4,0 Mrd. Jahre)	115
		7.3.2 Archaikum (4,0–2,5 Mrd. Jahre)	116
		7.3.3 Proterozoikum (2,5–0,539 Mrd. Jahre)	118
		7.3.4 Phanerozoikum (539 Mio. Jahre bis heute)	125
	7.4	Zusammenfassung	132
		Literatur	132

8 Umweltgeochemie – Chemische Facetten des Anthropozäns ... 139
- 8.1 Bergbaufolgen – Acid Mine Drainage ... 140
- 8.2 Organische Schadstoffe ... 143
- 8.3 Die Geochemie urbaner Räume – Große Probleme auf kleinem Raum ... 146
- 8.4 Zusammenfassung ... 151
- Literatur ... 151

9 Die Geochemie des Erdmantels ... 157
- 9.1 Peridotite – Direkte Proben des Erdmantels ... 158
- 9.2 Ozeanische Basalte als Spiegel der chemischen Zusammensetzung des Erdmantels ... 160
- 9.3 Skalen der räumlichen Heterogenität des Erdmantels ... 162
- 9.4 Implikationen der Heterogenität der Erdmantels ... 162
- 9.5 Zusammenfassung ... 163
- Literatur ... 164

10 Geochemie der ozeanischen Kruste ... 167
- 10.1 Aufbau und Struktur der ozeanischen Kruste ... 168
- 10.2 Die Bildung ozeanischer Kruste an mittelozeanischen Rücken ... 171
- 10.3 Die chemische Zusammensetzung ozeanischer Basalte ... 172
- 10.4 Die untere ozeanische Kruste – Gabbros und mehr ... 173
- 10.5 Die chemische Zusammensetzung der gesamten ozeanischen Kruste ... 176
- 10.6 Zusammenfassung ... 177
- Literatur ... 177

11 Submariner Hydrothermalismus – extremer Lebensraum und Lagerstätte zugleich ... 181
- 11.1 Submariner Hydrothermalismus – Rahmenbedingungen und Funktionsweise ... 182
- 11.2 Geochemie hydrothermaler Fluide ... 185
- 11.3 Hydrothermalsysteme – ein extremer Lebensraum ... 193
- 11.4 Massivsulfidvorkommen – wirtschaftliche Bedeutung des submarinen Hydrothermalismus ... 195
- 11.5 Zusammenfassung ... 196
- Literatur ... 197

12 Zusammensetzung und Wachstum der kontinentalen Kruste ... 201
- 12.1 Die chemische Zusammensetzung der kontinentalen Kruste ... 202
- 12.2 Zirkone – Hinweise für Bildung und Entwicklung der kontinentalen Kruste ... 204
- 12.3 Multiple Schwefelisotope als Anzeiger früher Subduktion ... 207
- 12.4 Die zeitliche Entwicklung der kontinentalen Kruste ... 208
- 12.5 Zusammenfassung ... 210
- Literatur ... 210

Stichwortverzeichnis ... 213

Geochemie als Forschungsfeld – eine kurze historische Perspektive

Geochemie – vielfältig und informativ

Inhaltsverzeichnis

1.1 „Die Väter der Geochemie" – Definition eines Fachgebietes... 2
1.2 Geochronologie, Radiogene und Stabile Isotopengeochemie.. 3
1.3 Instrumentelle Entwicklungen – Motor des Fortschritts in der Geochemie............................. 5
1.4 Zusammenfassung.. 7
Literatur... 8

▶ Für Studierende der Geowissenschaften ist die Geochemie heute ein selbstverständlicher Teil ihrer geowissenschaftlichen Ausbildung. Prozesse im Hoch- wie im Niedertemperaturbereich sind mit Veränderungen in der Konzentration chemischer Elemente verknüpft. Ausgewählte stabile oder radiogene Isotope ermöglichen die Identifikation der Herkunft von Lösungsinhalten, der Genese von Mineralen und Gesteinen sowie eine qualitative und quantitative Betrachtung von Stoffumsätzen. Organisch-chemische Analyseverfahren finden ihren Einsatz in der Bewertung von Kohlenwasserstoffvorkommen, in der molekularen Paläontologie sowie in zunehmendem Maße in der Umweltgeochemie. Der radioaktive Zerfall ausgewählter chemischer Elemente ermöglicht die Bestimmung des Alters von Gesteinen und Mineralen und ist Grundlage für die zeitliche Einordnung der erd- und lebensgeschichtlichen Entwicklung. Wie selbstverständlich verfügen wir heute über eine breite Auswahl chemisch-analytischer Instrumente. Geochemische Untersuchungen sind essentieller Teil der geowissenschaftlichen Grundlagenforschung ebenso wie der Angewandten Geowissenschaften. Das nachfolgende Kapitel möchte einige Aspekte in der Entwicklung der Geochemie als eigenständiges Forschungsfeld nachzeichnen.

1.1 „Die Väter der Geochemie" – Definition eines Fachgebietes

Georg Agricola, von manchen als der Vater der Mineralogie und Begründer einer modernen Geologie und Bergbaukunde betrachtet, schuf bereits 1556 mit seinem Hauptwerk „De re metallica libri XII" eine umfassende und systematische Betrachtung des Berg- und Hüttenwesens einschließlich umfänglicher Beschreibungen geochemischer Verfahren. Vor ihm befassten sich bereits die Alchemisten vergangener Jahrhunderte mit natürlichen irdischen Materialien. Dennoch wird das Wort Geochemie erstmals 1838 von Christian Friedrich Schönbein, einem deutsch-schweizerischen Chemiker und Physiker erwähnt, der zu einer vergleichenden Untersuchung der chemischen und physikalischen Eigenschaften der Gesteine aufrief (Manten 1966; Fairbridge 1998; White 2017). Bereits 1835 erschien ein erstes thematisches Kompendium unter dem Titel „Encyclopedia of Chemistry, Mineralogy and Geology" (Lunn et al. 1835), wenige Jahre später Bischofs vierbändiges „Lehrbuch der chemischen und physikalischen Geologie" (Bischof 1847). Roth (Roth 1879) brachte das dreibändige Lehrbuch „Allgemeine und chemische Geologie" heraus. Die Etablierung der Geochemie als klar definierte eigenständige Teildisziplin in den Geowissenschaften erfolgte Ende des 19. bzw. Anfang des 20. Jahrhunderts und wird vor allem mit drei Personen verknüpft.

Frank W. Clarke (1847–1931) war Geochemiker beim United States Geological Survey und definierte die Geochemie als das Studium der Prozesse und Veränderungen in einem Gestein, welches er als chemisches System betrachtete. Eine zusammenfassende Darstellung der chemischen Zusammensetzung von Gesteinen und natürlichen Wässern erschien 1908 unter dem Titel „The Data of Geochemistry" (Clarke 1908). Später folgten Arbeiten zur Geochemie magmatischer Gesteine (Clarke und Washington 1922) und zur Zusammensetzung der Erdkruste (Clarke und Washington 1924).

Vladimir Ivanovitch Vernadsky (1863–1945) wird als Vater der russischen Geochemie und Begründer der Biogeochemie betrachtet (Manten 1966; Fairbridge 1998; White 2017). Seiner Definition folgend befasst sich die Geochemie mit den chemischen Elementen, also den Atomen der Erdkruste, und dies, wenn möglich, die gesamte Erde betrachtend, im Heute und rückblickend in die Erdgeschichte. Klassische Werke sind, dem Zeitgeist entsprechend zunächst in französischer Sprache veröffentlicht, La Géochimie (Vernadsky 1924) und La Biosphère (Vernadsky 1929). In letzterem Werk betont Vernadsky die Wechselwirkung zwischen der Umwelt und der Lebewelt, ein Gedanke, der später zentraler Punkt von James Lovelocks (1979) Gaia-Hypothese wurde.

Der Norweger Victor Moritz Goldschmidt (1888–1947) hatte ohne Zweifel den größten Einfluss auf das junge, sich entwickelnde Feld der Geochemie und wurde von Mason (1992) als der Vater der modernen Geochemie bezeichnet. Goldschmidt (Goldschmidt 1933) definierte als Ziele der Geochemie die Bestimmung der Zusammensetzung der Erde, aber auch die Identifizierung der Gesetzmäßigkeiten, die die Verteilung der chemischen Elemente bestimmt. Als zwingende Voraussetzung zum Erreichen dieser beiden Ziele erachtete Goldschmidt die Verfügbarkeit umfassender analytischer Daten über die Zusammensetzung von terrestrischen Gesteinen, Wässern und der Erdatmosphäre, aber auch die Analyse extraterrestrischer Materialien und Kenntnisse über den Aufbau des Erdinneren auf der Grundlage geophysikalischer Daten. Als wertvolle Ergänzung sah er experimentelle Daten aus der Synthese von Mineralen im Labor. Als Meilenstein gilt das zwischen Goldschmidt 1923 und Goldschmidt 1937 erschienene mehrbändige Werk „Geochemische Verteilungsgesetze der Elemente". Goldschmidts Klassifikation der chemischen Elemente in lithophil, chalkophil, siderophil und atmophil (Goldschmidt 1930) bildet die Grundlage für unser heutiges Verständnis des Verhaltens chemischer Elemente in geologischen Prozessen.

1.2 Geochronologie, Radiogene und Stabile Isotopengeochemie

Die Entdeckung der Radioaktivität Ende des 19./Anfang des 20. Jahrhunderts durch Henri Becquerel (1852–1908) und Marie (1867–1934) und Pierre (1859–1906) Curie (alle drei erhielten dafür 1903 den Nobelpreis für Physik) revolutionierte die Wissenschaften, unter ihnen auch die Geowissenschaften. Von den frühen Erkenntnissen animiert, studierte Ernest Rutherford (1871–1937) die radioaktive Strahlung des Elements Radium und benannte die Alpha-, Beta- und Gamma-Strahlung. Gemeinsam mit Frederick Soddy (1877–1956) forschte er an der Radioaktivität des Thoriums. Schließlich formulierten sie gemeinsam die Theorie des radioaktiven Zerfalls und zeigten auf, dass die Intensität der radioaktiven Strahlung proportional zur Anzahl der radioaktiven Elemente in einer Substanz ist. Auf Rutherford und Soddy geht die Gleichung des radioaktiven Zerfalls zurück. Für seine Forschungen zur Radioaktivität erhielt Ernest Rutherford 1908 ebenfalls den Nobelpreis für Physik.

Ernest Rutherford und Bertram Boltwood (1870–1927) erkannten früh die Bedeutung der Radioaktivität für die Geowissenschaften. Dabei war es nicht so sehr die Erkenntnis, dass der radioaktive Zerfall eine Wärmequelle repräsentiert, sondern die Möglichkeit, über den radioaktiven Zerfall das Alter von Gesteinen, schlussendlich das Alter der Erde zu bestimmen. Es war Boltwood (Boltwood 1907), der die ersten Altersbestimmungen mittels des U/Pb-Isotopenverhältnisses durchführte. Damit war eine neue Teildisziplin in den Geowissenschaften geboren: die Geochronologie.

Der radioaktive Zerfall von Uran zu Blei legte die Basis geochronologischer Untersuchungen. 1909 publizierte Joly (Joly 1909) eine frühe Zusammenfassung erster Altersbestimmungen verschiedener Gesteine und Minerale. Wenige Jahre später folgte Arthur Holmes Buch „The Age of the Earth" (Holmes 1913), seinerzeit mit einem ermittelten maximalen Alter der Erde von 1,3 Mrd. Jahren. Alfred Nier (1939) publizierte ein maximales Alter der Erde von 2,2 Mrd. Jahren, ging aber von einem deutlich höheren Alter aus. Schließlich war es Claire Patterson (1956), der auf der Grundlage von Analysen irdischer Gesteine sowie Meteorite das Alter der Erde mit $4{,}55 \pm 0{,}07$ Mrd. Jahren angab. Bouvier und Wadhwa (2010) bestimmten das Alter unseres Sonnensystems auf $4.568{,}22 \pm 0{,}17$ Mio. Jahre.

Aber nicht nur die Geochronologie steht für die Bedeutung der Radioaktivität in den Geowissenschaften. Die Entdeckung weiterer radioaktiver Elemente und ihre Zerfallsprodukte wie Rb-Sr, K-Ar, Sm-Nd, Re-Os oder Lu-Hf und die Entwicklung der entsprechenden Analyseverfahren ergaben viele Anwendungsmöglichkeiten dieser Isotopensysteme auf geowissenschaftliche Fragestellungen und begründete die moderne Isotopengeochemie (White 2017). Dabei stammen die vielfältigen Fragestellungen aus dem Nieder- wie auch dem Hochtemperaturbereich irdischer geologischer Systeme und aus der Kosmochemie.

Mitte der 1930er-Jahre begann die Erfolgsgeschichte der Nutzung stabiler Isotope in den Geowissenschaften. Harold C. Urey (1893–1981) erhielt 1934 den Nobelpreis für Chemie für seine Entdeckung des Deuteriums. Er gilt als Vater der modernen Geochemie der stabilen Isotope.

Die vielfältige Nutzung stabiler Isotope in den vergangenen rund 75 Jahren sowohl in der Grundlagenforschung als auch in den angewandten Geowissenschaften, hier vornehmlich in umweltchemischen Fragestellungen, wurde erst durch die Entwicklung und Verfügbarkeit entsprechender Massenspektrometer möglich (Nier 1947). Dies waren Gasisotopen-Massenspektrometer für die Analyse der sogenannten leichten stabilen Isotope Wasserstoff, Kohlenstoff, Stickstoff, Sauerstoff und Schwefel. Meilensteine der frühen Anwendungen stabiler Isotope auf geowissenschaftliche Fragestellungen sind die Nutzung mariner Karbonate für die

Paläotemperaturbestimmung vergangener Ozeane (McCrea 1950; Epstein und Mayeda 1953), die Nutzung von Eiskernen für die Paläoklimaforschung (Craig 1961; Dansgaard et al. 1969), die Bestimmung von Sauerstoffisotopen in Silikaten (Baertschi 1950) sowie frühe Isotopenstudien zum Kohlenstoff (Craig 1953) und Schwefel in Gesteinen und Mineralen (Thode 1949).

Eine deutliche Erweiterung der Nutzung stabiler Isotope seit den späten 1990er-/frühen 2000er-Jahren hängt mit der Entwicklung der Multikollektor-ICP-Massenspektrometrie (Lu et al. 2017) zusammen. Als sogenannte „nichttraditionelle stabile Isotope" finden die stabilen Isotope von chemischen Elementen höherer Massen (jenseits des Elements Schwefel, vor allem stabile Isotope der Metalle) inzwischen rege Anwendung in der Grundlagen- ebenso wie in der angewandten Forschung (Johnson et al. 2004; Teng et al. 2017).

1.3 Instrumentelle Entwicklungen – Motor des Fortschritts in der Geochemie

Bedeutende Fortschritte in der modernen Geochemie beruhen und beruhen auf den Entwicklungen analytischer und experimenteller Verfahren sowie auf den Ansätzen geochemischer Modellierungen (Johnson et al. 2013). Dabei standen und stehen stets drei grundsätzliche Ansprüche bei der Entwicklung neuer Verfahren im Vordergrund: kleiner, besser, mehr.

Stets war es der Wunsch, immer kleinere Probenmengen zu analysieren oder bei in-situ-Analyseverfahren die räumliche Auflösung der Messungen zu verbessern. Damit Hand in Hand gingen und gehen der Wunsch und die Notwendigkeit, die analytische Genauigkeit zu verbessern. Schließlich sollten diese hochpräzisen Messungen an kleinen Probenmengen auch noch in hoher Anzahl durchgeführt werden. Ein solch hoher Probendurchsatz wurde und wird durch eine kontinuierliche Verbesserung automatisierter Verfahren erreicht.

Das Fundament unseres Verständnisses der geologischen Entwicklung unserer Erde ist die Kenntnis der chemischen Zusammensetzung von Gesteinen und Mineralen sowie die Bestimmung der Haupt- und Spurenelementkonzentrationen (Johnson et al. 2013). Waren es zunächst gravimetrische und spektroskopische Verfahren in der Gesamtgesteinsanalytik, so folgten in der zweiten Hälfte des 20. Jahrhunderts analytische Ansätze wie Röntgenfluoreszenz, Neutronenaktivierung, Chromatographie, thermische Ionisations- und Plasmaquellen-Spektrometrie. Bahnbrechend war die Entwicklung mikroanalytischer Verfahren wie die Elektronenstrahl-Mikrosonde, die Sekundärionen-Massenspektrometrie, laserablationsgestützte Emissions- und Massenspektrometrie oder Synchrotron-Verfahren. Die Möglichkeit, die chemische Zusammensetzung präzise, reproduzierbar und oft automatisiert an immer kleineren Probenmengen ex-situ und in-situ bestimmen zu können, begründete den Fortschritt in unserem Verständnis des Verhaltens der chemischen Elemente bei Redoxreaktionen, Wechselwirkungen zwischen Mineralen und Schmelzen oder Mineralen und Fluiden sowie der planetaren Differenzierung.

Manchmal als die dritte Dimension im Periodensystem der Elemente bezeichnet, hat die Anwendung stabiler und radiogener Isotope maßgeblich zu unserem Verständnis geowissenschaftlicher Prozesse beigetragen (Johnson et al. 2013). Instrumentelle Fortschritte folgten auch dabei den drei übergeordneten Zielen von kleiner, besser und mehr. Die Grundlagen moderner Massenspektrometer wurden durch Nier (Nier 1940) gelegt. Die Isotopenverhältnis-Massenspektrometrie (engl. IRMS – isotope ratio mass spectrometry; Brand 2004) der stabilen Isotope begann in den 1950er-Jahren mit einem Massenspektrometer für die simultane Messung zweier Massengehalte in Einzelproben. Das Massenspektrometer war mit einem Doppeleinlasssystem ausgerüstet, um die Probe im kontinuierlichen Wechsel mit einer Standardsubstanz vergleichen zu können. Der Fortschritt hin zu einer automatisierten Isotopenmessung größerer Probensätze durch die Verknüpfung von Massenspektrometern mit diversen analysespezifischen Peripheriegeräten ermöglichte die Entwicklung sogenannter Continous-flow-Systeme (Hayes et al. 1990), die das Probengas ebenso wie das Standardgas mittels eines inerten Trägergasstroms (in der Regel Helium) der massenspektrometrischen Messung zuführt. Eine Weiterentwicklung dieser Online-Technik sind Analysesysteme, in denen eine Laserfluorinierung mit einem Massenspektrometer verknüpft wurde, um direkt an Gesteins- oder Mineralproben Isotopenmessungen mit hoher Ortsauflösung durchführen zu können (Sharp 1990). Vor allem im Zuge der Klimaforschung ist die Entwicklung einer laserbasierten optischen Absorptionsspektroskopie zu betrachten: die sogenannte Cavity Ring-Down Spectroscopy (O'Keefe und Deacon 1988) oder IRIS – isotope ratio laser spectroscopy. Kompakte und mobile Geräte ermöglichen die schnelle Analyse der Isotopie einer Reihe relevanter Gasspezies wie beispielsweise CO_2, CH_4 und H_2O mit Ergebnissen, die denen der klassischen Gasisotopenverhältnis-Massenspektrometrie vergleichbar sind (Wassenaar et al. 2012; van Geldern et al. 2014; Walker et al. 2015). Dabei sind die IRIS-Geräte ortsungebunden und können bei Feldkampagnen eingesetzt werden.

Für die Messung radiogener Isotope stand bereits in den 1950er-Jahren die Thermionen-Massenspektrometrie (engl. TIMS – thermal ionization mass spectrometry) zur Verfügung. Neben einer fortwährenden Entwicklung der Elektronik sowie der Multikollektoranalytik (Thirlwall 1991), stellte die negative Thermionen-Massenspektrometrie nochmals einen Fortschritt dar, vor allem für die Re-Os-Isotopenmessung (Creaser et al. 1991).

Einen wahren Durchbruch in der Analyse der radiogenen sowohl als auch der stabilen Isotope brachte die Entwicklung der Multikollektor-ICP-Massenspektrometrie ebenfalls in den 1990er-Jahren (Halliday et al. 1998). Dieser analytische Ansatz kann mit einer Laser-Ablation für die hoch-ortsaufgelöste in-situ-Analytik beispielsweise an Mineralen verknüpft werden (Griffin et al. 2000).

Die Analyse fossiler Kohlenwasserstoffe im Bestreben, deren Zusammensetzung, Bildungsprozesse und geologische Vorkommen zu verstehen, war Motivation in den 1960er- und 1970er-Jahren für die Entwicklung der organischen Geochemie als Teildisziplin geowissenschaftlicher Forschung (Kvenvolden 2006). Zentraler analytischer Ansatz war die Verknüpfung der Gaschromatographie mit einer leistungsstarken Massenspektrometrie. Dies erlaubte die Identifizierung einzelner organischer Moleküle und begründete im analytischen Sinne unser Verständnis, dass Erdöl aus Tausenden diskreter organischer Komponenten besteht. Wichtiger noch war die Erkenntnis, dass der organische Inhalt von Sedimentgesteinen über ihre chemische und stabil-isotopische Zusammensetzung wirtschaftlichen Kohlenwasserstoffvorkommen zugeordnet werden konnte (Hunt et al. 2002; Peters et al. 2005). Begleitend wurde klar, dass deren chemische Zusammensetzung sich im Zuge fortschreitender Versenkung und steigender Temperatur- und Druckbedingungen veränderte. Damit wurde die organische Geochemie ein wichtiges Werkzeug für die Bewertung der Wirtschaftlichkeit von Vorkommen fossiler Energieträger (Seifert und Moldowan 1980).

Bahnbrechend war die Erkenntnis, dass sedimentäres organisches Material nicht einfach nur biologischen Ursprungs war, sondern dass mit Hilfe organisch-geochemischer Verfahren wichtige Erkenntnisse über die Entwicklung der Lebewesen und ihrer Lebensbedingungen gewonnen werden konnte. Dieses Verständnis, dass organische Moleküle diagnostische Fingerabdrücke für Organismen, Stoffumsätze und Umweltbedingungen sind, legte in den 1970er-Jahren den Grundstein für die molekulare Paläobiologie (Eglinton 1970; Peterson et al. 2007). Der Begriff des Biomarkers und das Konzept der Nutzung von Biomarkern in einem chemostratigraphischen Kontext führte zu wichtigen Erkenntnissen in der Rekonstruktion organismischer Evolution (Gaines et al. 2009; Abdelhady et al. 2024).

Teil dieser Entwicklung war auch die Verknüpfung von Gaschromatographie mit der Isotopenverhältnis-Massenspektrometrie. Die methodische und instrumentelle Grundlage der sogenannten komponenten-spezifischen Isotopenanalytik (engl. CSIA – compound-specific isotope analysis) bildet die GC-C-MS-Analytik und wurde in der zweiten Hälfte der 1980er-Jahre entwickelt (Hayes et al. 1987; Freeman et al. 1990). Dabei werden gaschromatographisch getrennte Moleküle individuell in einer Verbrennungseinheit zu einem Messgas umgesetzt und dann der Gasisotopenverhältnis-Massenspektrometrie zugeführt. Zentral ist auch hier ein inertes Trägergas, zumeist Helium. Initial für die Kohlenstoffisotopenanalytik angewendet, wurde die komponentenspezifische Isotopenanalytik nach und nach für weitere Isotopensysteme (Wasserstoff, Stickstoff, Chlor, Schwefel) entwickelt. Waren es zunächst Studien in der Grundlagenforschung, ist die komponentenspezifische Isotopenanalytik inzwischen auch in umweltchemischen Fragestellungen ein etabliertes Verfahren (Elsner und Imfeld 2016; Phillips et al. 2022; Liu et al. 2024).

1.4 Zusammenfassung

Die moderne Geochemie untersucht die chemische und isotopische Zusammensetzung terrestrischer und extraterrestrischer Materialien: Gesteine, Minerale und organisches Material, feste, flüssige und gasförmige Substanzen. Geochemische Ansätze finden in allen Teilbereichen geowissenschaftlicher Forschung ihre Anwendung. Fragestellungen und konzeptionelle Betrachtungen, Anwendungen und Ergebnisse fußen oftmals auf den Grundlagen, die durch die „Väter der modernen Geochemie" gelegt wurden. Wichtige Fortschritte in unserem Verständnis geowissenschaftlicher Prozesse liegen aber auch in der Entwicklung dezidierter Analyseverfahren begründet, getreu dem Ansatz kleiner, besser, mehr.

Literatur

Abdelhady AA, Seuss B, Jain S, Fathy D, Sami M, Ali A, Elsheikh A, Ahmed MS, Elewa AMT, Hussain AM (2024) Molecular technology in paleontology and paleobiology: applications and limitations. Quat Int 685:24–38

Baertschi P (1950) Isotopic composition of oxygen in silicate rocks. Nature 166:112–113

Bischof G (1847) Lehrbuch der chemischen und physikalischen Geologie, Bd 1. A. Marcus, Bonn

Boltwood BB (1907) Ultimate disintegration products of the radioactive elements; part II, disintegration products of uranium. Am J Sci 23:77–88

Bouvier A, Wadhwa M (2010) The age of the solar system redefined by the oldest Pb-Pb age of a meteoritic inclusion. Nat Geosci 3:637–641

Brand WA (2004) Mass spectrometer hardware for analyzing stable isotope ratios. In: de Groot PA (Hrsg) Handbook of stable isotope analytical techniques, Bd 1. Elsevier Science, S 835–858

Clarke FW (1908) The data of geochemistry. In: US Geological Survey bulletin, 5. Aufl., S 770, 841.

Clarke FW, Washington HS (1922) The average chemical composition of igneous rocks. Proc Natl Acad Sci U S A 8:108–115

Clarke FW, Washington HS (1924) The composition of the earth's crust. US Government Printing Office, Washington, DC

Craig H (1953) The geochemistry of the stable carbon isotopes. Geochim Cosmochim Acta 3:53–92

Craig H (1961) Isotopic variations in meteoric waters. Science 133:1702–1703

Creaser RA, Papanastassiou DA, Wasserburg GJ (1991) Negative thermal ion mass spectrometry of osmium, rhenium and iridium. Geochim Cosmochim Acta 55:397–401

Dansgaard W, Johnsen SJ, Møller J, Langway CC (1969) One thousand centuries of climatic record from Camp Century on the Greenland ice sheet. Science 166:377–380

Eglinton G (1970) Chemical fossils. W.H. Freeman, San Francisco

Elsner M, Imfeld G (2016) Compound-specific isotope analysis (CSIA) of micropollutants in the environment – current developments and future challenges. Curr Opin Biotechnol 41:60–72

Epstein S, Mayeda TK (1953) Variation of O content of waters from natural sources. Geochim Cosmochim Acta 4:213–224

Fairbridge RW (1998) History of geochemistry. In: Geochemistry. Encyclopedia of earth science. Springer, Dordrecht

Freeman KH, Hayes JM, Trendel J-M, Albrecht P (1990) Evidence from carbon isotope measurements for diverse origins of sedimentary hydrocarbons. Nature 343:254–256

Gaines SM, Eglinton G, Rullkotter J (2009) Echoes of life: what fossil molecules reveal about earth history. Oxford University Press, New York. 367 S.

van Geldern R, Nowak ME, Zimmer M, Szizybalski A, Myrttinen A, Barth JAC, Jost H-J (2014) Field-based stable isotope analysis of carbon dioxide by mid-infrared laser spectroscopy for carbon capture and storage monitoring. Anal Chem 86:12191–12198

Goldschmidt VM (1923) Geochemische Verteilungsgesetze der Elemente I, Skrifter utgivne af det Norske Videnskapsselskapet Akademii i Oslo I Matematisk-Naturvidenskapelig Klasse, Bd 2. Skrifter Norske Videnskaps-Akademi, Oslo, S 1–17

Goldschmidt VM (1930) Geochemische Verteilungsgesetze und kosmische Häufigkeit der Elemente. Naturwissenschaften 18:999–1013

Goldschmidt VM (1933) Grundlagen der quantitativen Geochemie. Fortschritte der Mineralogie, Kristallographie und Petrographie 17:112–156

Goldschmidt VM (1937) Geochemische Verteilungsgesetze der Elemente XI Die Mengenverhältnisse der Elemente und der Atom-Arten. No. 4, 1–148. Skrifter utgivne af det Norske Videnskapsselskapet Akademii i Oslo I Matematisk-Naturvidenskapelig Klasse. Norske Videnskaps-Akademi, Oslo

Griffin WL, Pearson NJ, Belousova E, Jackson SE, van Achterbergh E, O'Reilly SY, Shee SR (2000) The Hf isotope composition of cratonic mantle: LAM-MC-ICPMS analysis of zircon megacrysts in kimberlites. Geochim Cosmochim Acta 64:133–147

Halliday AN, Lee D-C, Christensen JN, Rehkemper M, Yi W, Luo X, Hall CM, Ballentine CJ, Pettke T, Stirling C (1998) Applications of multiple collector-ICPMS to cosmochemistry, geochemistry, and paleoceanography. Geochim Cosmochim Acta 62:919–940

Hayes JM, Takigiku R, Ocampo R, Callot HJ, Albrecht P (1987) Isotopic compositions and probable origins of organic molecules in the Eocene Messel Shale. Nature 329:48–51

Hayes JM, Freeman KH, Popp BN, Hoham CH (1990) Compound-specific isotopic analyses: a novel tool for reconstruction of ancient biogeochemical processes. Org Geochem 16:1115–1128

Holmes A (1913) The age of the earth. Brothers, New York

Hunt JM, Philp RP, Kvenvolden KA (2002) Early developments in petroleum geochemistry. Org Geochem 33:1025–1052

Johnson CM, Beard BL, Albarède F (2004) Geochemistry of non-traditional stable isotopes. Mineralogical Society of America, Washington, DC. S 454

Johnson CM, McLennan SM, McSween HY, Summons RE (2013) Smaller, better, more: five decades of advances in geochemistry. The Geological Society of America Special Paper 500:259–302

Joly J (1909) The surface history of the earth. Clarendon Press, Oxford. S 192

Kvenvolden K (2006) Organic geochemistry – a retrospective of its first 70 years. Org Geochem 37:1–11

Liu X, Zhang J, Richnow HH, Imfeld G (2024) Novel stable isotope concepts to track antibiotics in wetland systems. J Environ Sci. 146:298–303

Lovelock JE (1979) Gaia: a new look at life on earth. Oxford University Press, Oxford/New York. S 157

Lu D, Zhang T, Yang X, Su P, Qian Liu Q, Jiang G (2017) Recent advances in the analysis of non-traditional stable isotopes by multi-collector inductively coupled plasma mass spectrometry. J Anal At Spectrom 32:1848–1861

Lunn F, Brooke HJ, Philips J, Daubeny CGB (1835) Encyclopaedia of chemistry, mineralogy, and geology. R. Griffin & Co, London

Manten AA (1966) Historical foundations of chemical geology and geochemistry. Chem Geol 1:5–31

Mason B (1992) Victor Moritz Goldschmidt: father of modern geochemistry, The Geochemical Society special publication 4., S 184. Geochemical Society, San Antonio

McCrea JM (1950) On the isotopic chemistry of carbonates and a paleotemperature scale. J Chem Phys 18:849–857

Nier AO (1939) The isotopic constitution of radiogenic leads and the measurement of geological time II. Phys Rev 55:153–163

Nier AO (1940) A mass spectrometer for routine isotope abundance measurements. Rev Sci Instrum 11:212–216

Nier AO (1947) A mass spectrometer for isotope and gas analysis. Rev Sci Instrum 18:398–411

O'Keefe AO, Deacon DAG (1988) Cavity ring-down optical spectrometer for absorption measurements using pulsed laser sources. Rev Sci Instrum 59:2544

Patterson C (1956) Age of meteorites and the earth. Geochim Cosmochim Acta 16:230–237

Peters KE, Walters CC, Moldowan JM (2005) The biomarker guide: biomarkers and isotopes in petroleum exploration and earth history. Cambridge University Press, Cambridge, UK. S 700

Peterson KJ, Summons RE, Donoghue PCJ (2007) Molecular palaeobiology. Palaeontology 50:775–809

Phillips E, Bergquist BA, Chartrand MMG, Chen W, Edwards EA, Elsner M, Gilevska T, Hirschorn S, Horst A, Lacrampe-Couloume G, Mancini SA, McKelvie J, Morrill PL, Ojeda AS, Slater GF, Sleep BE, De Vera J, Warr O, Passeport E (2022) Compound specific isotope analysis in hydrogeology. J Hydrol 615:128588

Roth J (1879) Allgemeine und chemische Geologie. Wilhem Hertz, Berlin

Seifert WK, Moldowan JM (1980) The effect of thermal stress on source-rock quality as measured by hopane stereochemistry. Phys Chem Earth 12:229–237

Sharp ZD (1990) A laser-based microanalytical method for the in situ determination of oxygen isotope ratios of silicate and oxides. Geochim Cosmochim Acta 54:1353–1357

Teng F-Z, Watkins JM, Dauphas N (2017) Non-traditional stable isotopes. Rev Mineral Geochem 82:885

Thirlwall MF (1991) Long-term reproducibility of multicollector Sr and Nd isotope ratio analyses. Chem Geol Isot Geosci 94:85–104

Thode HG (1949) Natural variations in the isotopic content of sulphur and their significance. Can J Res 27B:361

Vernadsky W (1924) La géochimie. Alcan, Paris

Vernadsky W (1929) La Biosphère. Alcan, Paris

Walker SA, Azetsu-Scott K, Normandeau C, Kelley DE, Friedrich R, Newton R, Schlosser P, McKay JL, Abdi W, Kerrigan E, Craig SE, Wallace DWR (2015) Oxygen isotope measurements of seawater ($H_2^{18}O/H_2^{16}O$): a comparison of cavity ring-down spectroscopy (CRDS) and isotope ratio mass spectrometry (IRMS). Limnol Oceanogr Methods. https://doi.org/10.1002/lom3.10067

Wassenaar LI et al (2012) Worldwide proficiency test for routine analysis of δ^2H and $\delta^{18}O$ in water by isotope-ratio mass spectrometry and laser absorption spectroscopy. Rapid Commun Mass Spectrom 26:1641–1648.

White WM (2017) History of geochemistry. In: Encyclopedia of geochemistry. Springer, Cham

Grundlagen der Geochemie

2

Im Labor (Foto: H. Strauß)

Inhaltsverzeichnis

2.1 Das Periodensystem der Elemente 12
2.2 Isotope 17
    2.2.1 Stabile Isotope 17
    2.2.2 Radioaktive Isotope 20
2.3 Zusammenfassung 22
Literatur 23

▶ Die Geochemie ist eine naturwissenschaftliche Disziplin, welche – dem Namen entsprechend – die klassischen Fachdisziplinen Geologie und Chemie verbindet. Sie befasst sich mit dem stofflichen Aufbau, der Verteilung, der Stabilität und dem Kreislauf von chemischen Elementen sowie deren Isotopen in Mineralen und Gesteinen, im Boden, im Wasser und in der Atmosphäre. Die Biogeochemie schlägt die Brücke von den Geowissenschaften zu den Biowissenschaften. Fragen zur Entstehung unseres Sonnensystems oder zur Zusammensetzung extraterrestrischer Materialien liegen im Fokus der Kosmochemie. Umweltrelevante Aspekte, resultierend aus der anthropogenen Belastung der Umwelt, stehen im Zentrum der Umweltgeochemie.

2.1 Das Periodensystem der Elemente

Geochemische Untersuchungen zielen darauf ab, ein qualitatives und quantitatives Verständnis für die Prozesse zu erlangen, welche die Bildung und fortwährende Veränderung unserer Erde kontrollieren. Das Fundament dafür bildet die Systematik der chemischen Elemente, ist ein Verständnis des Verhaltens chemischer Elemente in physikalischen, chemischen oder biologisch gesteuerten Reaktionen. Auf der Basis entsprechender Erkenntnisse entwickelte der russische Chemiker Dmitri Ivanovich Mendeleev (1834–1907) im Jahre 1869 das Periodensystem der Elemente. Die Komplexität von Mineralen und Gesteinen führte immer wieder zu Veränderungen und/oder Erweiterungen des klassischen Periodensystems. So war es Viktor Moritz Goldschmidt (1888–1947), von vielen als der Vater der modernen Geochemie betrachtet (Mason 1992), der die chemischen Elemente nach ihren prinzipiellen Verbindungen in Mineralen in lithophile (Silikat-liebende), siderophile (Eisen-liebende) und chalkophile (im strengen Sinne Kupfer-liebende, gemeint ist aber eine starke Affinität zum Schwefel und zur Bildung von Sulfiden) Elemente klassifizierte (Goldschmidt 1930) (Abb. 2.1).

Mit Blick auf das klassische Periodensystem nach Mendeleev, finden sich die lithophilen Elemente mehrheitlich in dessen linkem Bereich. Beispiele sind die Alkali- und Erdalkalielemente der 1. und 2. Hauptgruppe. Diese Elemente sind stark elektropositiv, hochreaktiv und verbinden sich gerne mit Sauerstoff. Ihre Verbindungen sind zumeist als Ionenbindungen ausgeprägt, und aufgrund ihres großen Ionenradius (engl. LILE – large-ion lithophile elements) finden sie sich auf den Oktaederplätzen in silikatischen Mineralen. Kleinere lithophile Elemente wie etwa Al oder Si finden sich dagegen auf den Tetraederplätzen. Elemente im unteren Teil der 1. und 2. Hauptgruppe wie etwa K, Rb, Cs, Sr und Ba, haben Ionenradien, die nicht mehr in die oktaedrischen Plätze der Kristallgitter von Silikatmineralen passen. Sie werden als inkompatible Elemente bezeichnet und verbleiben in einem System aus Schmelze und Mineralen länger in der Schmelze. Weiter rechts im Periodensystem befinden sich Elemente wie Zr, Hf, Nb, Ta oder auch die Seltenen Erdelemente (SEE). Obwohl deren Ionenradius passend für den Einbau in silikatische Minerale ist, verbleiben sie aufgrund ihrer hohen elektrischen Ladung ebenfalls länger in der Schmelze und sind mithin ebenfalls inkompatibel (engl. HFSE – high field strength elements).

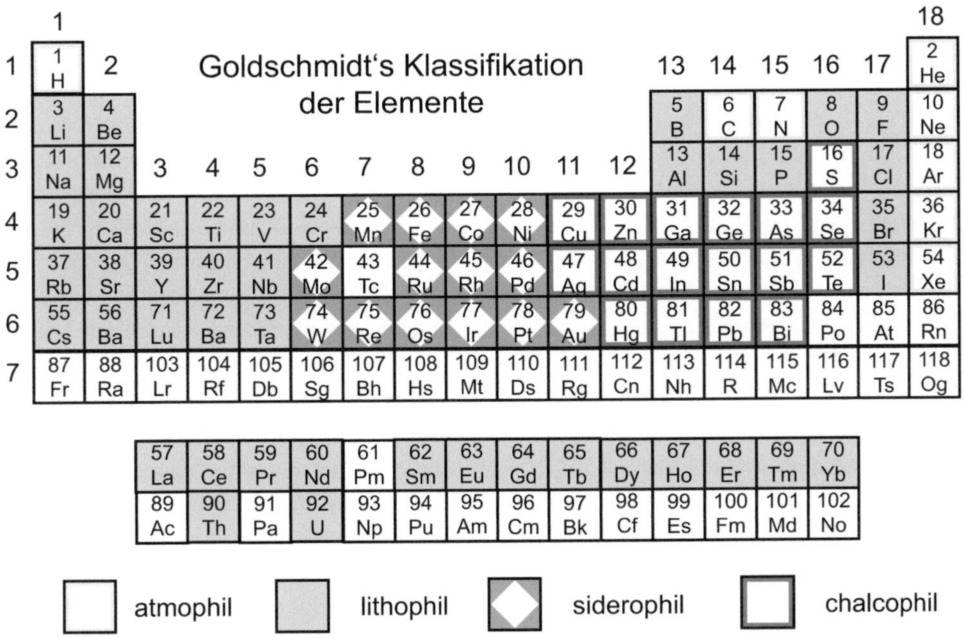

2.1 Das Periodensystem der Elemente

	1																	18
1	1 H	2	\multicolumn{9}{c	}{Goldschmidt's Klassifikation der Elemente}			13	14	15	16	17	2 He
2	3 Li	4 Be											5 B	6 C	7 N	8 O	9 F	10 Ne
3	11 Na	12 Mg	3	4	5	6	7	8	9	10	11	12	13 Al	14 Si	15 P	16 S	17 Cl	18 Ar
4	19 K	20 Ca	21 Sc	22 Ti	23 V	24 Cr	25 Mn	26 Fe	27 Co	28 Ni	29 Cu	30 Zn	31 Ga	32 Ge	33 As	34 Se	35 Br	36 Kr
5	37 Rb	38 Sr	39 Y	40 Zr	41 Nb	42 Mo	43 Tc	44 Ru	45 Rh	46 Pd	47 Ag	48 Cd	49 In	50 Sn	51 Sb	52 Te	53 I	54 Xe
6	55 Cs	56 Ba	71 Lu	72 Ba	73 Ta	74 W	75 Re	76 Os	77 Ir	78 Pt	79 Au	80 Hg	81 Tl	82 Pb	83 Bi	84 Po	85 At	86 Rn
7	87 Fr	88 Ra	103 Lr	104 Rf	105 Db	106 Sg	107 Bh	108 Hs	109 Mt	110 Ds	111 Rg	112 Cn	113 Nh	114 R	115 Mc	116 Lv	117 Ts	118 Og

57 La	58 Ce	59 Pr	60 Nd	61 Pm	62 Sm	63 Eu	64 Gd	65 Tb	66 Dy	67 Ho	68 Er	69 Tm	70 Yb
89 Ac	90 Th	91 Pa	92 U	93 Np	94 Pu	95 Am	96 Cm	97 Bk	98 Cf	99 Es	100 Fm	101 Md	102 No

☐ atmophil   ▨ lithophil   ◆ siderophil   ☐ chalcophil

Abb. 2.1 Goldschmidts Klassifikation der chemischen Elemente. (Verändert nach Goldschmidt 1930)

Siderophile Elemente wie etwa Ni, Co oder die Platingruppenelemente (PGE), befinden sich im Zentrum des klassischen Periodensystems, viele davon in der 8. bis 10. Hauptgruppe. Ihre natürliche Häufigkeit in der Erdkruste ist eher niedrig, dafür hoch in der metallischen Phase von Meteoriten und vermutlich ebenso im Erdkern.

Viele der chalkophilen Elemente wie etwa Ag, Cu, Mo, Pb, Sb oder Zn bilden sulfidisch gebundene Erzminerale. Ihre Anreicherung in der Erdkruste ist Folge der Abscheidung aus hydrothermalen Lösungen, ihr Ursprung sind mehrheitlich die Gesteine des Erdmantels.

Goldschmidt definierte zwei weitere „Klassen" von Elementen: die atmophilen (gasliebende) und die biophilen (angereichert in Tieren und Pflanzen) Elemente, letztere vermutlich in Würdigung des russischen Geochemikers Vladimir Ivanovich Vernadsky (1863–1945), der als Vater der Biogeochemie gilt (Vance und Little 2019). Die atmophilen Elemente umfassen H, N und die Edelgase. Elemente wie etwa C, N, O, S und P fasste Goldschmidt mit Blick auf deren Anreicherung in der Biosphäre als sogenannte biophile Elemente in einer eigenen Klasse zusammen (oft auch als Elemente des Lebens bezeichnet). Diese Differenzierung findet sich nicht mehr in modernen Versionen des Periodensystems der Elemente. Aus der Perspektive der Umweltgeochemie rückt der Begriff biophil im Sinne der Anreicherung beispielsweise verschiedener chalkophiler Elemente wie As, Cd, Hg oder Pb in der Biosphäre aber gelegentlich wieder in den Fokus (Hollabaugh 2007).

Einen konzeptionell anderen Ansatz verfolgt das „Periodensystem der Elemente und Ionen für Geowissenschaftler" von Railsback (2003, 2018). Grundansatz ist die Tatsache, dass das klassische Periodensystem der Elemente diese stets in der Oxidationszahl Null präsentiert, obwohl nur wenige chemische Elemente in der Natur in elementarer Form vorkommen. Mithin erscheint es für Railsback (2003) nur zielführend, die chemischen Elemente in ihren natürlichen Wertigkeiten (also in Oxidationszahlen größer oder kleiner Null) als Ionen zu präsentieren und zu arrangieren. Als Folge dieses konzeptionellen Ansatzes finden sich im Periodensystem der Elemente und Ionen 44 Elemente mehrfach wie beispielsweise das Element Schwefel als Sulfat (S^{6+}), als Sulfit (S^{4+}), als elementarer Schwefel (S^0) und als Sulfid (S^{2-}). Daraus resultiert ein Periodensystem (Abb. 2.2), das sich in seiner Form sehr deutlich von den klassischen Ansätzen unterscheidet. Sichtbar wird dabei der dritte konzeptionelle Unterschied im Vergleich zum klassischen Periodensystem. Für das Periodensystem der Elemente und Ionen für Geowissenschaftler nutzt Railsback (2003) als ordnenden Parameter das Ionenpotential, also das Verhältnis von Ionenladung (oder Oxidationszahl) und Ionenradius (z/r). Dieses kann für jedes Element berechnet werden. Beispielsweise ergibt sich für Si^{4+} aus dem Quotienten der Oxidationszahl 4+ und dem Ionenradius 0,4 Å (0,04 nm) ein Wert für das Ionenpotential von +10. Das Ionenpotential zieht sich als gebogene Linien durch das Periodensystem, unabhängig von der traditionellen Anordnung der chemischen Elemente in Spalten und Reihen. Es verbindet chemische Elemente mit vergleichbarem geochemischem Verhalten. Dementsprechend folgt das Periodensystem von links nach rechts einer Grundordnung und ist in vier Blöcke gegliedert (Abb. 2.2).

Auf der linken Seite finden sich die sogenannten „Harten oder A-Kationen" von H^+ bis U^{6+}. Diese Kationen haben in ihrer äußeren Schale alle Elektronen verloren. Sie bilden in Lösungen Komplexe mit H_2O, OH^- oder O^{2-}, aber auch Verbindungen mit den Halogeniden (F bis I) sowie N und S. Im zentralen Block sind die sogenannten „Mittleren Kationen" und die sogenannten „Weichen Kationen" zusammengefasst. Bei den mittleren Kationen sind in ihrer äußeren Schale einige wenige, bei den weichen Kationen viele Elektronen verblieben. Die mittleren Kationen bilden häufig Verbindungen mit S und O, die weichen Kationen bilden Verbindungen mit C und organischen Liganden. Im dritten Block von links finden sich die Elemente, die in der Natur tatsächlich in elementarer Form vorkommen. Dies sind zumeist Metalle wie Fe, Cu, Ag und Au, aber auch die Nichtmetalle C, S, Si, As, Se und Te sowie die molekularen Gase N_2, O_2 und H_2. Der rechte Block fasst die natürlich vorkommenden Anionen von I^{1-} bis C^{4-} zusammen, deren äußere Schale mit Elektronen gefüllt ist. Schließlich finden sich am linken wie am rechten Rand des „Periodensystems der Elemente und ihrer Ionen für Geowissenschaftler" die Edelgase.

Wie bereits gesagt, durchziehen die Ionenpotential-Linien das Periodensystem und verbinden damit Elemente, die ein vergleichbares chemisches Verhalten zeigen. Diese Gemeinsamkeiten werden durch zahlreiche verschiedene Symbole herausgestellt.

Rote Symbole zeigen beispielsweise an, dass diese Kationen sich in den Phasen wiederfinden, die sich in der Frühphase der Entstehung unseres Sonnensystems bildeten (z. B. CAI – Calcium-reiche Einschlüsse in Meteoriten), sich ebenso in den frühen Kristallisaten magmatischer Schmelzen anreichern oder bei der Bildung der Erdkruste nicht im Erdmantel abgereichert wurden. Braune Symbole kennzeichnen Kationen, die sich bei der chemischen Verwitterung als stabile Phasen in residualen Böden anreichern (z. B. Al^{3+}

2.1 Das Periodensystem der Elemente

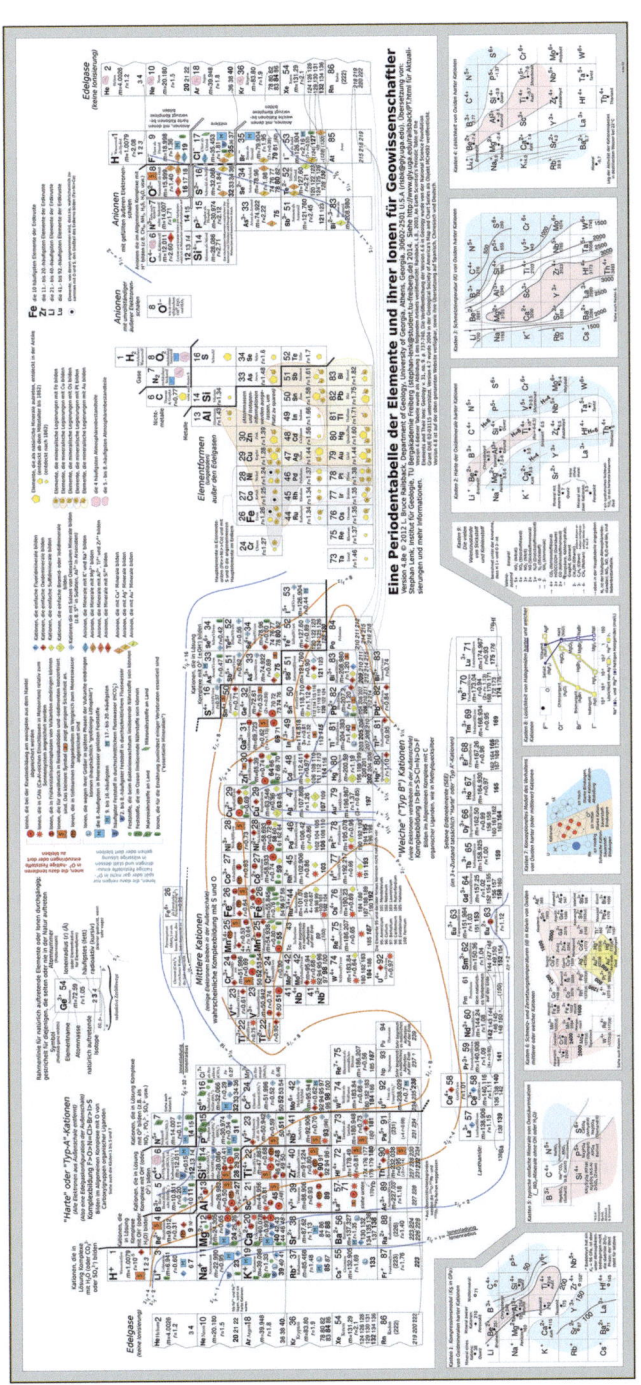

Abb. 2.2 Das Periodensystem der Elemente und Ionen für Geowissenschaftler nach Railsback (2003)

und Fe^{3+}) oder aus dem Meerwasser in die Eisen-Manganknollen und -krusten wandern (Fe^{3+}, $Mn^{3,4+}$, Co^{3+}, Ni^{3+}, Cu^{2+}). Beide, die roten und die braunen Symbole, fassen Kationen zusammen, die zumeist mit Sauerstoff feste Bindungen eingehen (also Minerale bilden). Diese Kationen liegen in einem Streifen, der durch die Ionenpotential-Linien mit Werten von 4 und 8 begrenzt ist.

Blaue Symbole kennzeichnen Kationen und Anionen, die an Land aus Böden ausgewaschen werden und sich im Grundwasser anreichern oder sich mit hohen Konzentrationen im Meerwasser finden (z. B. Na^+, K^+, Ca^{2+}, Mg^{2+}, C^{4+}, S^{6+}, Cl^-, Br^-). Ionen mit Nährstofffunktion (z. B. N^{5+}, P^{5+}, S^{6+}, aber auch Fe^{2+}) sind durch grüne Symbole gekennzeichnet. Dies sind Kationen, die löslich sein müssen, um biologisch verfügbar zu sein und aus dem Grundwasser oder dem Meerwasser in die Zellen übergehen zu können. Gemeinsam repräsentieren blaue und grüne Symbole also Ionen, die lange in Lösung bleiben oder leicht aus der mineralischen Form gelöst werden können.

Gelbe Symbole unterschiedlicher Größe kennzeichnen einfache Sulfide, Bromide oder Iodide. Hier verbinden sich sogenannte mittlere oder weiche Kationen mit S^{2-}, Br^- oder I^- zu einfachen Mineralen, zuletzt bei einem Ionenpotential von 1,0.

Beide Kennzeichen, die Linien gleichen Ionenpotentials sowie die verschiedenen Symbole, erlauben es, im Periodensystem der Elemente und Ionen Nachbarschaften gleichen chemischen Verhaltens zu identifizieren. Chemisch begründete Verwandtschaften lassen sich in geologische Beobachtungen zur Bildung von Mineralen und Gesteinen umsetzen. Sehr allgemein gesprochen, finden sich eher oxidierte Verbindungen im linken Teil und eher reduzierte Verbindungen im rechten Teil des Periodensystems. Beispiele sind Sulfate (S^{6+}), Nitrate (N^{5+}) und Karbonate (C^{4+}) links und S^{2-}, N^{3-} und C^{4-} rechts. Weiterhin finden sich die sogenannten harten Kationen Ti^{4+}, Cr^{6+}, Mo^{6+} und U^{6+} im linken Teil des Periodensystems, die weniger oxidierten Formen Ti^{3+}, Cr^{3+}, Mo^{4+} und U^{4+} dagegen eher im mittleren Teil. Weitere Erläuterungen finden sich bei Railsback (2005).

Im Grunde lässt sich auch die Untergliederung Goldschmidts (1930) im Periodensystem der Elemente und Ionen (nach Railsback 2003) wiederfinden. Die Tatsache jedoch, dass viele chemische Elemente mehrfach vorkommen, erlaubt es darüber hinaus, den unterschiedlichen Charakter einzelner Elemente im Sinne der Mineralbildung zu verstehen. Als Beispiel mag das Fe^{2+} gelten, welches als lithophiles Element in Silikate eingebaut ist und als chalkophiles Element in Sulfide.

Im größeren erdgeschichtlichen Kontext könnte man im Periodensystem der Elemente und Ionen (Railsback 2003) einen rechtsgerichteten Trend als die Entwicklung von präsolaren Bedingungen über das Archaikum zum Paläoproterozoikum verstehen, endend mit dem Great Oxidation Event (Holland 2002). Ein linksgerichteter Trend würde demnach die erdgeschichtliche Entwicklung vom Proterozoikum bis heute begründen, eine Zeit, in welcher der atmosphärische Sauerstoff Elemente wie C, S, Fe, Mo, Cr und U oxidieren konnte (Kump et al. 2011; Wille et al. 2013).

Zusammenfassend erscheint das „Periodensystem der Elemente und Ionen für Geowissenschaftler" von Railsback (2003, 2018) als ein sehr zielführender Ansatz, um ein Verständnis für die Bildung von Mineralen und Gesteinen und damit auch die Stabilität dieser gegenüber der chemischen Verwitterung zu erlangen.

2.2 Isotope

Geologische Prozesse im Nieder- wie im Hochtemperaturbereich sind mit Veränderungen in der geochemischen Zusammensetzung von Gesteinen und Mineralen sowie wässrigen Lösungen verbunden. Gleichzeitig sind sie mit Verschiebungen in den Signaturen der stabilen Isotope von Edukten und Produkten verbunden. Hinzu kommt der natürliche radioaktive Zerfall. Radiogene Isotope erlauben ebenfalls die Rekonstruktion geologischer Prozesse. Der radioaktive Zerfall selbst bietet die Möglichkeit der Altersbestimmung von Mineralen und Gesteinen und damit die Bestimmung der Raten geologischer Prozesse (White 2015)

Das Wort Isotop bedeutet am selben Ort und leitet sich von den beiden griechischen Begriffen „ισοσ" (derselbe) und „τοποσ" (Ort) ab. Jedes chemische Element ist durch dessen Ordnungszahl (oder Atomzahl) definiert, welche der Anzahl von Protonen im Atomkern entspricht. In einem elektrisch neutralen Element entspricht die Anzahl der Protonen (Ladung von $+1$) zugleich der Anzahl der Elektronen (Ladung von -1). Sie bestimmen das chemische Verhalten eines Elementes. Neben den Protonen enthält ein Atomkern eine Anzahl von Neutronen, deren wichtigste Eigenschaften ihre Masse (je Neutron eine Masse von 1) sowie deren Elektroneutralität (Neutronen haben keine Ladung) sind. Die Anzahl von Neutronen verändert nicht die chemischen Eigenschaften wie den Ionenradius, den Valenzzustand oder die Elektronegativität. Isotope haben dieselbe Anzahl von Protonen, unterscheiden sich aber in der Anzahl der Neutronen in deren Atomkernen. Isotope sind also Variationen desselben chemischen Elements und finden sich an derselben Stelle im Periodensystem der Elemente.

Die Masse eines Isotops ergibt sich aus der Summe der Protonen und der Neutronen. Sie bestimmt das Verhalten von Isotopen in der Natur. Etwa ein Viertel aller chemischen Elemente besitzt nur ein Isotop, dies sind sogenannte Mono-Isotope (z. B. F, Al, P, Mn). Die Mehrzahl der chemischen Elemente besitzt zwei oder mehr Isotope.

Unterschieden werden stabile, radioaktive und radiogene Isotope (Alexandre 2020; White 2015). Als stabile Isotope werden solche bezeichnet, deren Anzahl von Protonen und Neutronen sich nicht durch Prozesse auf der Erde verändert. Radioaktive Isotope haben einen instabilen Atomkern und zerfallen mit einer definierten Rate, wobei sowohl Partikel als auch Energie emittiert werden. Radiogene Isotope sind Produkte des radioaktiven Zerfalls, wobei sie entweder stabil sind oder weiter zerfallen. Eine weitere Gruppe sind die sogenannten kosmogenen Isotope. Sie entstehen in der oberen Erdatmosphäre, ein prominentes Beispiel ist ^{14}C, ein radioaktives Isotop, welches für die Datierung genutzt wird (Radiokarbon-Methode).

2.2.1 Stabile Isotope

Die Messung der stabilen Isotope in einem geowissenschaftlichen Kontext begann in den späten 1940er-Jahren. Zusammenfassende Arbeiten zur Geochemie der stabilen Isotope finden sich bei Hoefs (2021) und Sharp(2017). Historisch standen zunächst fünf chemische Elemente im Fokus: H, C, N, O und S. Sie werden auch als die traditionellen stabilen

Isotope bezeichnet. Seit gut 25 Jahren werden vermehrt auch die stabilen Isotope höherer Massen (z. B. Metalle) in geowissenschaftlichen Studien gemessen. Sie werden als sogenannte „nichttraditionelle stabile Isotope" bezeichnet (Teng et al. 2017). Bei Untersuchungen der stabilen Isotope wurde und wird jeweils das Verhältnis des Isotops der höheren Masse über dem Isotop der niedrigen Masse bestimmt, also beispielsweise $^2H/^1H$, $^{13}C/^{12}C$ oder $^{18}O/^{16}O$. Dargestellt wird das Ergebnis als sogenannter Deltawert, der das Isotopenverhältnis einer Probe in Beziehung zum selben Isotopenverhältnis einer Referenzsubstanz (diese repräsentiert den Nullwert) setzt:

$$\delta^{13}C = \left[\left(^{13}C/^{12}C\right)_{Probe} / \left(^{13}C/^{12}C\right)_{Standard} - 1 \right]$$

Als Referenzmaterialien wurden natürliche Substanzen genutzt, die auf der Erde ein entsprechend großes Reservoir repräsentieren oder als sinnvoll im Sinne der inhaltlichen Fragestellung galt:

- Für H und O ist dies Ozeanwasser, genauer Standard Mean Ocean Water (SMOW), mit einem absoluten Verhältnis von $^2H/^1H$ von $153{,}76 \times 10^{-6}$ und einem absoluten Verhältnis von $^{18}O/^{16}O$ von $2005{,}20 \times 10^{-6}$.
- Für C ist es Calcit eines Belemniten der kretazischen Pee-Dee-Formation in South Carolina, USA (PDB), mit einem absoluten $^{13}C/^{12}C$-Verhältnis von $11237{,}2 \times 10^{-6}$.
- Als Referenzmaterial für N dient des atmosphärischen Stickstoffs (AIR) mit einem $^{15}N/^{14}N$-Verhältnis von $3676{,}5 \times 10^{-6}$.
- Für S ist es der Schwefel im Mineral Troilit (FeS) des Canyon Diablo-Meteoriten (abgekürzt CDT), gefunden in Arizona, USA. Das absolute Verhältnis der beiden Schwefelisotope $^{34}S/^{32}S$ ist $45004{,}5 \times 10^{-6}$.

Wie bereits gesagt, haben verschiedene Isotope eines chemischen Elements dieselben chemischen Eigenschaften (aufgrund derselben Anzahl an Protonen im Atomkern), aber aufgrund ihrer unterschiedlichen Masse (aufgrund einer unterschiedlichen Anzahl von Neutronen im Atomkern) ein geringfügig anderes Verhalten in der Natur. Der Massenunterschied zwischen zwei Isotopen desselben chemischen Elements sorgt dafür, dass es zu einer unterschiedlichen Verteilung dieser Isotope bei physikalischen, chemischen oder biologisch gesteuerten Prozessen oder Reaktionen kommt, wenn Edukt und Produkt miteinander verglichen werden. Dieser Effekt wird als Isotopenfraktionierung bezeichnet. Dabei wird zwischen einer Gleichgewichts-Isotopenfraktionierung und einer kinetischen Isotopenfraktionierung differenziert. Bei der Gleichgewichts-Isotopenfraktionierung beruht die Fraktionierung auf der unterschiedlichen Bindungsenergie zwischen den verschiedenen Isotopen desselben chemischen Elements. Der kinetische Isotopeneffekt begründet sich durch einen Unterschied in der Diffusionsrate zwischen verschiedenen Isotopen desselben Elements. Beides, der Unterschied in der Bindungsenergie bzw. der Diffusionsrate, sind eine Funktion der Masse eines Isotops.

2.2 Isotope

Einseitig gerichtete, nichtreversible Prozesse wie etwa Verdunstung oder Diffusion sowie vor allem viele biologisch gesteuerte Reaktionen wie Photosynthese oder Sulfatreduktion sind in der Regel mit einer kinetischen Isotopenfraktionierung verknüpft, da es selten zur Einstellung eines Gleichgewichts kommt. Isotope desselben Elements aber unterschiedlicher Masse zeigen Unterschiede in der Diffusionsrate. Generell ist diese schneller beim Isotop der niedrigeren Masse, langsamer beim Isotop der höheren. Als Konsequenz kommt es in der Regel zu einer Anreicherung des Isotops der niedrigeren Masse im Produkt. Dieses ist, isotopisch betrachtet, also „leichter", da am Isotop der höheren Masse im Vergleich zum Edukt abgereichert. Als Beispiel mag das Molekül $^{12}C^{16}O_2$ (Masse 44) dienen, welches ca. 1,1 % schneller diffundiert als das CO_2-Molekül der Masse 45 ($^{13}C^{16}O_2$). Die kinetische Isotopenfraktionierung wird oft mit ε (Epsilon) oder Δ (Delta) notiert. Beides repräsentiert die Differenz in der Isotopenzusammensetzung zwischen zwei Phasen:

$$\varepsilon_{A-B} = \delta_A - \delta_B \text{ oder } \Delta_{A-B} = \delta_A - \delta_B$$

Kinetische Isotopenfraktionierungen sind in der Regel deutlich größer als Gleichgewichts-Isotopenfraktionierungen. Sie werden häufig experimentell bestimmt.

Gleichgewichts-Isotopenfraktionierungen können sich bei reversiblen Reaktionen einstellen, wenn ein chemisches Gleichgewicht erreicht wurde. Dieses ist die Konsequenz der unbegrenzten Möglichkeit der Hin- und Rückreaktion und stellt sich häufig, aber nicht ausschließlich, bei Hochtemperaturprozessen ein. Mit Blick auf die Isotopenfraktionierung ist es der Unterschied in der Bindungsenergie zwischen zwei Isotopen unterschiedlicher Masse. Die Höhe der Isotopenfraktionierung bei der Einstellung eines Gleichgewichts ist generell niedriger als eine kinetischer Isotopenfraktionierung. Und sie ist bei niedrigeren Temperaturen höher als bei höheren Temperaturen. Als Beispiel mag molekularer Sauerstoff dienen. Aus den beiden häufigsten stabilen Sauerstoffisotopen lassen sich Moleküle der Massen 32 ($^{16}O^{16}O$), 34 ($^{16}O^{18}O$) und 36 ($^{18}O^{18}O$) bilden. Zwischen $^{16}O_2$ und $^{18}O_2$ besteht ein Massenunterschied von 12,5 %, woraus sich Unterschiede in der Dichte und der Bindungskraft ergeben. Letztere ist beim $^{18}O_2$-Molekül höher als beim $^{16}O_2$-Molekül, woraus sich ein höherer Energiebedarf für das Aufbrechen der Bindung ergibt (114,95 versus 114,83 kcal/Mol). Gleiches gilt für $^1H_2$, $^1H^2H$ und $^2H_2$. Aus beidem ergeben sich unmittelbare Konsequenzen für das Wassermolekül. So ist die Bindungsenergie beim $^1H_2^{16}O$-Molekül geringer als beim $^2H_2^{16}O$. Hieraus ergeben sich Unterschiede im Schmelz- und Dampfpunkt, sodass Wassermoleküle der Masse 18 ($^1H_2^{16}O$) bei der Verdunstung bevorzugt in die Dampfphase übergehen (mithin einer kinetischen Isotopenfraktionierung unterliegen). Im Gegensatz dazu kommt es bei der Kondensation von Wasserdampf zu einer Anreicherung von ^2H und ^{18}O im kondensierenden Regentropfen, dabei aber im Isotopengleichgewicht mit dem Wasserdampf. Erkennbar kommt es bei beiden wichtigen Prozessen im globalen Wasserkreislauf zu charakteristischen Fraktionierungen in der Wasserstoff- bzw. der Sauerstoffisotopensignatur und begründet die Nutzung der stabilen H- und O-Isotope im Kontext hydrologischer Untersuchungen.

Die Quantifizierung der Isotopenfraktionierung erfolgt über den sogenannten Fraktionierungsfaktor α (Alpha), beispielsweise im System Wasser-Wasserdampf:

$$\alpha = \left({}^{18}O/{}^{16}O\right)_{Wasserdampf} \Big/ \left({}^{18}O/{}^{16}O\right)_{Wasser}$$

Als Vereinfachung gilt, dass die Differenz der Isotopenzusammensetzung zwischen zwei Phasen in etwa dem Logarithmus des Fraktionierungsfaktors entspricht, multipliziert mit 1000:

$$\delta_A - \delta_B \sim \ln\alpha \times 1.000$$

Die Höhe der Isotopenfraktionierung ist temperaturabhängig. Hierin liegt die Anwendung der stabilen H- und O-Isotope in der (Paläo)Klimaforschung. Auf der Grundlage können aus der Höhe der Isotopenfraktionierung aber auch auf die Bildungstemperatur kogenetisch gebildeter Minerale geschlossen werden. Dieser Sachverhalt begründet die Nutzung ausgewählter stabiler Isotope bei Fragestellungen zur Genese magmatischer oder metamorpher Gesteine sowie der Abscheidung von Erzmineralen.

2.2.2 Radioaktive Isotope

Die Stabilität von Isotopen ist eine Konsequenz der richtigen Kombination aus der Anzahl von Protonen und Neutronen. Haben Isotope mehr oder weniger Neutronen als Protonen, sind sie instabil. Ihre Stabilität erreichen sie durch die Emission von Partikeln und Energie, zusammenfassend als radioaktiver Zerfall bezeichnet. Manche Elemente wie Wasserstoff, Kohlenstoff und Kalium (^{3}H, ^{14}C, ^{40}K) haben nur ein radioaktives Isotop, während die anderen Isotope dieser Elemente stabile Isotope sind. Andere Elemente wie Thorium und Uran (^{232}Th, ^{235}U, ^{238}U) haben nur radioaktive Isotope. Drei Arten des radioaktiven Zerfalls existieren, der Alpha-, Beta- und Gamma-Zerfall (Abb. 2.3):

Abb. 2.3 Arten des radioaktiven Zerfalls. (Verändert nach Alexandre 2020)

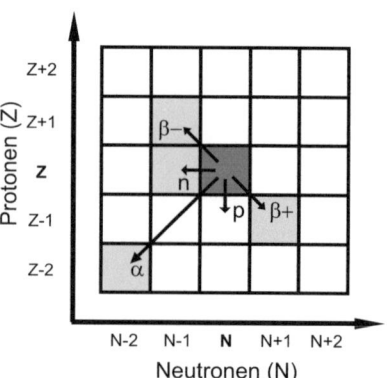

2.2 Isotope

- Beim Alpha-Zerfall emittiert der Atomkern ein Alphateilchen (ein Heliumkern), das aus zwei Protonen und zwei Neutronen besteht. Hierdurch verringert sich die Massenzahl um 4 und die Ordnungszahl um 2.
- Beim Beta-Zerfall emittiert der Atomkern entweder ein Elektron oder ein Positron; dieses entsteht im Atomkern bei der Umwandlung eines Neutrons in ein Proton bzw. eines Protons in ein Neutron. Die Massenzahl bleibt gleich, die Ordnungszahl ändert sich um +1 bzw. −1.
- Beim Gamma-Zerfall emittiert der Atomkern ein hochenergetisches Photon. Massen- und Ordnungszahl bleiben gleich, nur der Anregungszustand des Kerns verringert sich. Gamma-Zerfall tritt zumeist als unmittelbare Folge eines vorangegangenen Alpha- oder Beta-Zerfalls auf.

In der Natur vorkommende Alphastrahler sind ^{238}U und ^{232}Th, ein Beispiel für einen Betastrahler ist ^{40}K, Gammastrahler sind ^{60}Co und ^{192}Ir.

Die Datierung von Mineralen und Gesteinen nutzt den natürlichen radioaktiven Zerfall, Grundlage bildet das Zerfallsgesetz. Die Anzahl radioaktiver Zerfälle dN in der Zeit dt in einem Mineral oder Gestein mit N Atomkernen ist proportional zur Anzahl N der vorhandenen Atomkerne und der Zeit dt. Die grundsätzliche Gleichung des radioaktiven Zerfalls ist

$$dN/dt = -\lambda \cdot N$$

mit der Zerfallskonstante λ, wobei das Minuszeichen anzeigt, dass die Anzahl der nicht zerfallenen Isotope mit der Zeit abnimmt. Integriert man den Zerfall ergibt sich:

$$\ln(N/N_0) = -\lambda \cdot t$$

oder

$$N(t) = N_0 \cdot e^{-\lambda t}$$

Dabei ist N(t) die Anzahl der nicht zerfallenen Atomkerne zu einer beliebigen Zeit t, N_0 die Anzahl der nicht zerfallenen Atomkerne zur Zeit t = 0, e die Eulersche Zahl, λ die Zerfallskonstante und t die Zeit. Daraus ergibt sich, dass die Zahl der nicht zerfallenen Atomkerne mit der Zeit exponentiell abnimmt.

Neben der Zerfallskonstante gibt es noch die Halbwertszeit. Die Halbwertszeit ist sehr unterschiedlich und gibt an, nach welcher Zeit die Hälfte der vorher vorhandenen Atomkerne zerfallen ist, also

$$N/N_0 = 1/2 \text{ oder } t_{1/2} = \ln 2 / \lambda.$$

Die Halbwertszeit ist daher ein Maß dafür, wie lange der radioaktive Zerfall läuft und mithin auch, wie lange dieser für die Datierung von Mineralen und Gesteinen genutzt werden kann. Unterschiedlich lange Halbwertszeiten erlauben es, unterschiedlich weit in die geo-

Tab. 2.1 Datierungsmethoden in den Geowissenschaften. (Aus Alexandre 2020, S. 34)

Mutterisotop	Tochterisotop	Halbwertszeit (Jahre)	Zerfallskonstante λ (Jahre)	Minerale zur Datierung
^{3}H	^{3}He	12,32		Wasser
^{14}C	^{14}N	5.370	$1,21 \times 10^{-4}$	Karbonat, organisches Material
^{40}K	^{40}Ar	$1,19 \times 10^{10}$	$5,5492 \times 10^{-10}$	K-reiche Minerale
^{87}Rb	^{87}Sr	$48,8 \times 10^{9}$	$1,42 \times 10^{-11}$	K-reiche Minerale
^{147}Sm	^{143}Nd	$1,06 \times 10^{11}$	$6,54 \times 10^{-12}$	verschiedene Minerale
^{176}Lu	^{176}Hf	$3,6 \times 10^{10}$	$1,867 \times 10^{-11}$	Granat
^{235}U	^{207}Pb	$7,07 \times 10^{8}$	$9,8571 \times 10^{-10}$	Zirkon, Monazit
^{238}U	^{206}Pb	$4,47 \times 10^{9}$	$1,55125 \times 10^{-10}$	Zirkon, Monazit
^{232}Th	^{208}Pb	$1,4 \times 10^{10}$	$4,948 \times 10^{-11}$	Zirkon, Monazit

logische Vergangenheit zurückzublicken, limitiert aber zugleich auch die Einsatzmöglichkeiten der verschiedenen Datierungsmethoden. Als Faustregel gilt, dass nach fünf Halbwertszeiten 97 % der radioaktiven Isotope zerfallen sind, 99,6 % sind nach acht Halbwertszeiten zerfallen (Albarède 2009).

Prominente Datierungsmethoden sind die Tritium- und die Radiokarbon-Methode mit Halbwertszeiten von 12,35 Jahren (^{3}H) bzw. 5370 Jahren (^{14}C); beide Methoden repräsentieren klassische Anwendungen in der Hydrogeologie, Radiokarbon aber auch in der Archäologie. Langlebige Isotopensysteme (Tab. 2.1) mit Halbwertszeiten zwischen 10^{6} und 10^{11} Jahren (Rb-Sr-, U-Pb-, Nd-Sm- und Lu-Hf) finden ihre Anwendung in der Datierung von Gesteinen und Mineralen für die Rekonstruktion der erdgeschichtlichen Entwicklung.

Durch die Entdeckung der Radioaktivität zum Ende des 19. und Beginn des 20. Jahrhunderts durch Henri Becquerel bzw. Pierre und Marie Curie war eine neue geowissenschaftliche Teildisziplin geboren, die Geochronologie. Erste Ansätze der Altersbestimmung an Mineralen machte Ernest Rutherford im Jahre 1906. Ein Jahr später entdeckte Bertram Boltwood, dass Blei ein stabiles Endprodukt des Uran-Zerfalls ist und dass sich das Häufigkeitsverhältnis von Tochter-Blei zu Mutter-Uran mit zunehmendem Alter erhöhte. Damit war die Uran-Blei-Datierung entdeckt. Der wahre Durchbruch in Richtung Geochronologie erfolgte in den frühen 1930er-Jahren durch den Bau von Massenspektrometern, die erstmalig die genaue Bestimmung des radioaktiven Zerfalls über die Häufigkeitsverhältnisse von Mutter- zu Tochterisotopen erlaubte.

2.3 Zusammenfassung

Die Geochemie untersucht die chemische und isotopische Zusammensetzung von Gesteinen, Mineralen und organischem Material, wobei es sich um feste, flüssige oder gasförmige Substanzen handeln kann. Konzentrationen und Isotopensignaturen sind oftmals diagnostisch und erlauben die Rekonstruktion der Herkunft von Stoffen. Die Veränderungen von Konzentrationen und Isotopensignaturen entlang räumlicher und zeitlicher Skalen begründen unser Verständnis von Stoffumsätzen im Zuge geologischer Prozesse.

Literatur

Albarède F (2009) Geochemistry. Cambridge University Press, Cambridge
Alexandre P (2020) Isotopes and the natural environment. Springer Nature, Cham
Goldschmidt VM (1930) Geochemische Verteilungsgesetze und kosmische Häufigkeit der Elemente. Naturwissenschaften 18:999–1013
Hoefs J (2021) Stable isotope geochemistry, 9. Aufl. Springer,
Hollabaugh CL (2007) Modification of Goldschmidt's geochemical classification of the elements to include arsenic, mercury, and lead as biophile elements. Dev Environ Sci 5:9–31
Holland HD (2002) Volcanic gases, black smokers, and the Great Oxidation Event. Geochim Cosmochim Acta 66:3811–3826
Kump LR, Junium C, Arthur MA, Brasier A, Fallick A, Melezhik V, Lepland A, CČrne AE, Luo G (2011) Isotopic evidence for massive oxidation of organic matter following the Great Oxidation Event. Science 344:1694–1696
Mason B (1992) Victor Moritz Goldschmidt: father of modern geochemistry. Special publication no. 4. The Geochemical Society, New York
Railsback LB (2003) An earth scientist's periodic table of the elements and their ions. Geology 31:737–740 + insert
Railsback LB (2005) A synthesis of systematic mineralogy. Am Mineral 90:1033–1041
Railsback LB (2018) The earth scientists periodic table of the elements and their ions: a new periodic table founded on non-traditional concepts. In: A multidisciplinary perspective on the periodic table. Oxford University Press, New York, S 206–218
Sharp Z (2017) Principles of Stabile Isotope Geochemistry, 2. Aufl. UNM Digital Repository. https://doi.org/10.25844/h9q1-0p82
Teng F-Z, Watkins JM, Dauphas N (2017) Non-traditional stable isotopes. Rev Mineral Geochem 82:885
Vance D, Little SH (2019) The history, relevance, and applications of the periodic system in geochemistry. Struct Bond 181:111–156
White WM (2015) Isotope geochemistry. John Wiley & Sons, Hoboken
Wille M, Nebel O, van Kranendonk MJ, Schönberg R, Kleinhans IC, Ellwood MJ (2013) Mo-Cr isotope evidence for a reducing Archean atmosphere in 3.46-2.76 Ga black shales from the Pilbara, Western Australia. Chem Geol 340:68–76

Wasser – Ein kostbares Gut 3

Öxarár-Wasserfall, Island (Foto: H. Strauß)

Inhaltsverzeichnis

3.1 Der Kreislauf des Wassers 26
3.2 Meerwasser 29
3.3 Niederschläge 31
3.4 Oberflächengewässer 34
3.5 Grundwässer 37
3.6 Zusammenfassung 39
Literatur 39

▶ Die Erde ist der einzige Planet in unserem Sonnensystem, der durch die Anwesenheit von flüssigem Wasser gekennzeichnet ist. Der Blaue Planet, das Abbild unserer Erde vom Weltraum aus betrachtet, spiegelt diese Tatsache eindrücklich wider. 70 % der Erdoberfläche sind von Wasser bedeckt. 3,8 Mrd. Jahre alte gebänderte Eisenformationen gelten seit langem als Beweis für die Existenz flüssigen Wassers bereits früh auf unserer Erde. Wasser ist aber auch ein kostbares Gut, bedroht im Hinblick auf seine Qualität und Verfügbarkeit für die menschliche Nutzung. Vor allem die stetig ansteigende Weltbevölkerung und der damit verknüpfte Raubbau an der Ressource Wasser hat in manchen Regionen unserer Erde bereits zu kritischen Zuständen geführt. Ebenso bedroht der noch vielfach unbekümmerte Umgang mit Schadstoffen der unterschiedlichsten Art und dessen dadurch hervorgerufene Verschmutzung die Qualität der Ressource Wasser. Als Konsequenz dieser Entwicklung definierten die Vereinten Nationen im Jahre 2016 den Zugang zu sauberem Wasser als eines der 17 Ziele nachhaltiger Entwicklung (https://sustainabledevelopment.un.org/sdgs).

3.1 Der Kreislauf des Wassers

Wasser ist nicht stationär (Abb. 3.1). Unserer Vorstellung nach steht die Verdunstung über dem äquatorialen Ozean am Anfang des globalen Wasserkreislaufs (Berner und Berner 2012). Kondensation führt den überwiegenden Teil des Wasserdampfes direkt wieder zurück ins Meer, ein Teil jedoch wird durch die atmosphärische Zirkulation vom Äquator in die hohen geografischen Breiten bewegt. Entlang dieser Passage kommt es über Land immer wieder zu Niederschlägen, in Abhängigkeit der geographischen Breite oder der orographischen Höhe als Regen oder Schnee. Die Niederschläge erreichen die Landoberfläche und erfahren dort unterschiedliche Schicksale. Flüsse transportieren einen Teil des Niederschlags auf direktem Wege als Oberflächenabfluss zurück ins Meer. Ein anderer Teil wird in Seen auf Zeitskalen von Jahren bis Jahrhunderten zwischengespeichert. Wiederum ein anderer Anteil versickert im Boden und regeneriert die Grundwasserreservoire unserer Erde mit durchschnittlichen Verweilzeiten von Jahren bis Tausende von Jahren, wenn man einige der fossilen Grundwasservorräte in den Wüstenbereichen unserer Erde

3.1 Der Kreislauf des Wassers

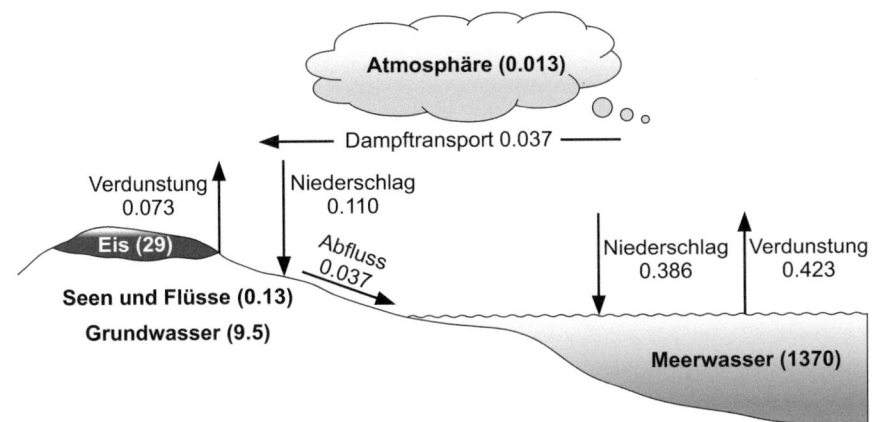

Abb. 3.1 Wasser ist nicht stationär – Schematisches Bild des Wasserkreislaufs auf der Erde, Reservoirgrößen in $10^6 km^3$, Fluxraten in $10^6 km^3$/Jahr. (Verändert nach Berner und Berner 2012)

berücksichtigt. Schließlich, und vor allem in den hohen geographischen Breiten und/oder orographischen Höhen, wird ein Teil des Wassers für eine längere Zeit als Schnee und Eis gespeichert, saisonal als Schnee, oder Hunderte, Tausende oder sogar Millionen von Jahren als Gebirgsgletscher oder in den großen Eisschilden Grönlands und der Antarktis.

Auf globaler Betrachtungsebene gilt der Wasserkreislauf als geschlossen (Berner und Berner 2012), und die vorherrschenden klimatischen Bedingungen definieren auf diesem Maßstab die Größe der verschiedenen Reservoire des Wassers entlang des Wasserkreislaufs.

Qualitativ wie quantitativ lässt sich die Passage des Wassers entlang des Wasserkreislaufs aufgrund charakteristischer Verschiebungen der stabilen Isotope des Wassermoleküls (δ^2H und $\delta^{18}O$) verfolgen. Grundlegende Arbeiten zur Isotopengeochemie meteorischer Wässer erfolgten in den frühen 1960er-Jahren (Craig 1961; Dansgaard 1964).

Aufgrund des unterschiedlich hohen Dampfdrucks der Wassermoleküle verschiedener Masse (beispielsweise das Wassermolekül der Masse 18 mit den Isotopologen $^1H^1H^{16}O$ im Vergleich zum Wassermolekül der Masse 19 mit den Isotopologen $^2H^1H^{16}O$) führt der Prozess der Verdunstung zu einer selektiven Anreicherung der Isotope der leichteren Masse (^1H und ^{16}O versus ^2H und ^{18}O) in der Dampfphase. Diese kinetische Isotopenfraktionierung führt zu einer Verschiebung im δ^2H und im $\delta^{18}O$ (Clark und Fritz 1997). Dies bedeutet, dass der Wasserdampf, der durch die Atmosphärenzirkulation vom Äquator in höhere geographische Breiten verfrachtet wird, im Vergleich zum Meerwasser (mit einem δ^2H- und einem $\delta^{18}O$-Wert von 0 ‰; Bowen 2010) negative Deltawerte aufweist (Abb. 3.2). In der Richtung vergleichbare Verschiebungen in der Isotopensignatur des Wassermoleküls erfolgen entlang orographischer Höhengradienten (Clark und Fritz 1997).

Der Prozess der Kondensation ist im Gegensatz dazu mit einer temperaturabhängigen Gleichgewichts-Isotopenfraktionierung verknüpft. Als Konsequenz reichern sich die Isotope der höheren Masse, also ^2H und ^{18}O, im Niederschlag an. Dies bedeutet, dass die δ^2H- und $\delta^{18}O$-Werte des Wassermoleküls positiver sind als der Wasserdampf, aus dem das

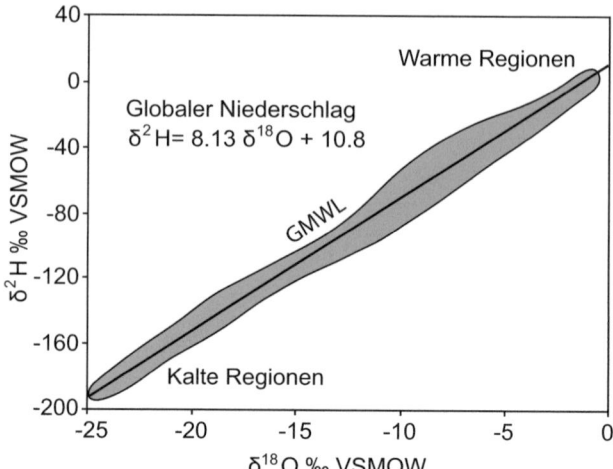

Abb. 3.2 Die globale meteorische Wasserlinie – GMWL. Die Isotopenwerte sind gegen den Standard VSMOW (Vienna Standard Mean Ocean Water) dargestellt. (Verändert nach Clark und Fritz 1997)

Wassermolekül kondensierte. Die Isotopenfraktionierung im System Wasserdampf-Wasser ($\varepsilon_{Wasserdampf-Wasser}$) beträgt bei 25 °C beispielsweise 10,2 ‰ (Clark und Fritz 1997). Mithin ist der Niederschlag im $\delta^{18}O$ um 10,2 ‰ positiver, als der Wasserdampf, aus dem der Wassertropfen kondensierte.

Trotz der vermeintlichen Komplexität des Wasserkreislaufs erkannte bereits Harmon Craig (1961), dass die Isotope des Wassermoleküls meteorischer Wässer in einer definierten Beziehung zueinander stehen (Abb. 3.3). Er definierte diese Beziehung als globale meteorische Wasserlinie (GMWL: $\delta^{2}H = 8 \times \delta^{18}O + 10$ ‰ vs. SMOW). Diese repräsentiert das gewichtete Mittel aus einer quasi unendlichen Anzahl lokaler/regionaler meteorischer Wasserlinien.

Eine Abhängigkeit der Isotopensignatur des Niederschlags von der Temperatur erkannte Willi Dansgaard (1964). Er belegte seinerzeit klar, dass Niederschläge höherer geographischer Breite, und damit bei kühleren Temperaturen gebildet, durch negativere $\delta^{2}H$- und $\delta^{18}O$-Werte gekennzeichnet sind als solche, die in gemäßigten oder niedrigen geographischen Breiten gebildet werden. Dansgaard (1964) definierte einen mathematischen Zusammenhang zwischen der Sauerstoffisotopensignatur des Niederschlags und der Bildungstemperatur ($\delta^{18}O = 0{,}695 \cdot T_{annual} - 13{,}6$ ‰ SMOW) und schuf damit die Grundlage der Klimarekonstruktion anhand der Sauerstoffisotopen, gemessen an Eiskernen.

Die Verknüpfung beider, grundsätzlich auf empirischen Befunden fußenden Erkenntnisse lassen vier Parameter erkennen, die auf unterschiedlichen räumlich-zeitlichen Skalen steuernd auf die Isotopensignatur meteorischer Wässer Einfluss nehmen: die geographische Breite, der Kontinentaleffekt, die orographische Höhe und die Saisonalität. Heute, nach mehr als 50 Jahren intensiver Forschung und Hunderttausenden von Messwerten für meteorische Wässer (beispielsweise zusammengefasst im Global Network of Isotopes in Precipitation – GNIP: www.iaea.org), lassen sich mit hoher Präzision die $\delta^{2}H$- und $\delta^{18}O$-Werte für jeden Ort auf der Erde berechnen (Bowen 2010).

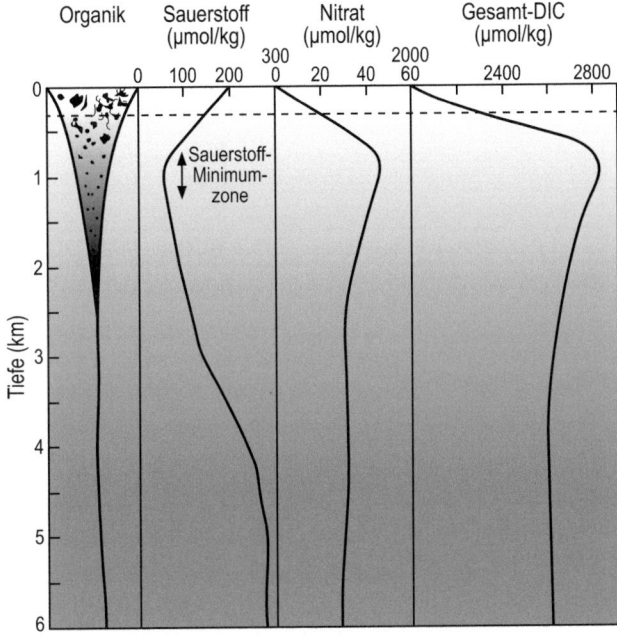

Abb. 3.3 Vertikale Verteilung der Sauerstoff-, Nitrat- und DIC-Konzentrationen als Folge der aeroben Respiration. (DIC=dissolved inorganic carbon) (Verändert nach Kump et al. 1999)

3.2 Meerwasser

Eine Schlüsselerkenntnis der legendären Expedition des Forschungsschiffes H.M.S. Challenger war, dass der heutige Ozean eine große Homogenität in der Salinität und der chemischen Zusammensetzung aufweist (Dittmar 1884). Die Salinität des globalen Meerwassers liegt bei 35 ‰ (Sverdrup et al. 1942; Hay et al. 2006), Ausnahmen bilden (isolierte) Randmeere, in denen beispielsweise der Flusswasserbeitrag die Salinität herabsetzt. So zeigt beispielsweise die Ostsee als Binnenmeer eine deutlich geringere und geographisch sehr variable Salinität zwischen 3 und 20 ‰ (Stammer et al. 2021). Im Gegensatz dazu gibt es Meeresbereiche, in denen starke Evaporation die Salinität zu höheren Werten verschoben hat (z. B. Rotes Meer mit 42 ‰ Salinität; Stammer et al. 2021).

Die Gleichförmigkeit der Salinität spiegelt sich auch in der chemischen Zusammensetzung des Meerwassers wider. Die hauptsächlichen gelösten Inhaltsstoffe des Meerwassers sind Natrium (Na^+), Chlorid (Cl^-), Magnesium (Mg^{2+}), Sulfat (SO_4^{2-}), Calcium (Ca^{2+}) und Kalium (K^+). Sie zeigen homogene Konzentrationen (Tab. 3.1), ihre Verweilzeit ist deutlich größer als die Mischungszeit des globalen Ozeans (ca. 1000 Jahre; Holland 2006), und sie werden als konservative Inhaltsstoffe bezeichnet (Berner und Berner 2012).

Im Gegensatz dazu zeigen beispielsweise das Hydrogenkarbonat (HCO_3^-) oder die prinzipiellen Nährstoffe Nitrat (NO_3^-) und Phosphat (PO_4^{3-}) sehr deutliche Konzentrationsunterschiede in ihrer vertikalen und lateralen Verteilung in der ozeanischen Wassersäule. In der lichtdurchfluteten photischen Zone des Ozeans (im Mittel in den oberen 500 Me-

Tab. 3.1 Hauptinhaltsstoffe des Meerwassers. (Aus Berner und Berner 2012, S. 341)

Ion	Konzentration (g/kg)	Konzentration (mmol/L)
Cl^-	19,353	560
Na^+	10,784	481
Mg^{2+}	1,284	54,1
SO_4^{2-}	2,712	28,9
Ca^{2+}	0,412	10,5
K^+	0,399	10,5
HCO_3^-	0,107[a]	1,8[a]

Anm.: Salinität = 35 ‰, [a]für pH = 8,1, P = 1 atm und 25 °C

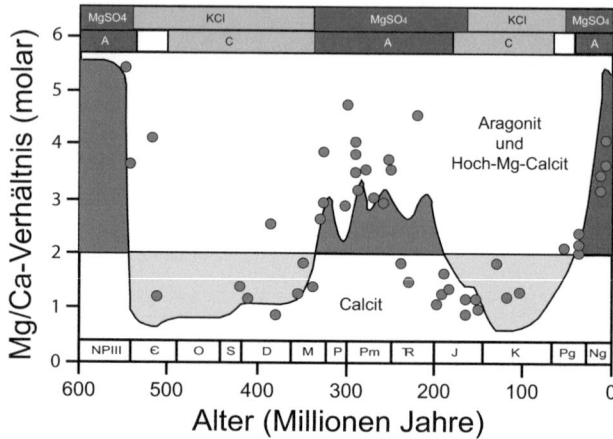

Abb. 3.4 Modellierte zeitliche Variation im Mg/Ca-Verhältnis und das Konzept der Calcit- und Aragonitmeere. Punkte sind Daten aus Flüssigkeitseinschlüssen in Salzen. (Verändert nach Lowenstein et al. 2014)

tern; Falkowski 2014) erfolgt die marine Primärproduktion durch den Prozess der Photosynthese. Die primär produzierte Biomasse fixiert nicht nur das gelöste Kohlendioxid, sondern verarmt das oberflächennahe Wasser auch an den prinzipiellen Nährstoffen Nitrat und Phosphat im Verhältnis C:N:P von 106:16:1 (Redfield 1958). Vor allem die aerobe Respiration der absinkenden toten Biomasse führt den Kohlenstoff und die fixierten Nährstoffe wieder zurück in die ozeanische Wassersäule. Dies erfolgt vornehmlich in Wassertiefen von 500–1500 m und verarmt dabei das Wasser an gelöstem Sauerstoff (daraus resultieren die sog. Sauerstoffminimumzonen in den verschiedenen Ozeanen). Auf diese Weise bilden sich charakteristische vertikale Konzentrationsprofile in der marinen Wassersäule aus (Abb. 3.4). Die Rückführung der Nährstoffe in die photische Zone erfolgt über die ozeanische Tiefenzirkulation, wobei bevorzugte Orte die sog. Auftriebsgebiete sind, wie beispielsweise die Westküste Südamerikas oder die Südwestküste Afrikas. Diese Kombination aus Photosynthese und Respiration und der damit verknüpfte Stofftransfer wird als biologische Pumpe bezeichnet (De La Rocha und Passow 2014).

Der hohen Konstanz in der chemischen Zusammensetzung des heutigen Meerwassers stehen Veränderungen in der Meerwasserzusammensetzung auf geologischen Zeiträumen entgegen. Diese sind in den chemischen Sedimentgesteinen der geologischen Vergangenheit archiviert, wobei sich vor allem biogene und nichtbiogene Karbonate, untergeordnet auch Evaporite, für deren Rekonstruktion bewährt haben. Zeitliche Variationen in der mineralogischen Zusammensetzung mariner Karbonate und Evaporite (Sandberg 1983, 1985; Hardie 1996, 2003) deuten auf Veränderungen in der chemischen Zusammensetzung des Meerwassers hin, im Speziellen zeitliche Änderungen im Mg/Ca-Verhältnis sowie der Sulfatkonzentration. Hardie (1996) verknüpfte diese Variationen in der Meerwasserzusammensetzung kausal mit zeitlichen Veränderungen in der Interaktion zwischen Meerwasser und Ozeanbodengesteinen im Bereich mittelozeanischer Rückensysteme und deren Bedeutung im Vergleich zur kontinentalen Verwitterung. So zeigt das heutige Meerwasser eine Magnesiumkonzentration von 540 mM und eine Sulfatkonzentration von 29 mM. Im Gegensatz dazu sind hydrothermale Fluide an den Schwarzen Rauchern mittelozeanischer Rücken sowohl magnesium- als auch sulfatfrei. Calcium und Silizium, aber auch viele Metalle sind wiederum in den hydrothermalen Fluiden angereichert im Vergleich zum Meerwasser (German und Seyfried Jr 2014). Untersuchungen der chemischen Zusammensetzung von Flüssigkeitseinschlüssen in Halitvorkommen der geologischen Vergangenheit (Abb. 3.4; Lowenstein et al. 2014) bestätigen die Existenz zeitlicher Variationen in der Meerwasserzusammensetzung. Außer der chemischen Zusammensetzung zeigen auch die Isotope von Kohlenstoff, Sauerstoff, Schwefel und Strontium zeitliche Variationen (Veizer et al. 1999; Kampschulte und Strauss 2004; Prokoph et al. 2008; Hoefs und Harmon 2023) als Ausdruck tektonischer, biologischer und klimatischer Veränderungen.

3.3 Niederschläge

Die Kondensation (und Sublimation) von Wasserdampf aus der Verdunstung als Folge der Temperaturerniedrigung ist die physikalische Basis für die Bildung von Regen (und Schnee). Niederschläge sind nicht nur eine wichtige Quelle für das Wasser selbst, sondern liefern einen Beitrag für die chemische Zusammensetzung erdoberflächennaher Kompartimente wie Böden, Fließgewässer und Seen sowie für das Grundwasser. Darüber hinaus repräsentieren Niederschläge aufgrund ihrer chemischen Zusammensetzung auch eine wichtige Komponente im Kreislauf verschiedener chemischer Elemente. Für eine Abschätzung der Bedeutung von Gesteinsverwitterung oder biologischen Prozessen auf die chemische Zusammensetzung kontinentaler aquatischer Systeme ist die Kenntnis über die chemische Zusammensetzung des Niederschlags unerlässlich.

Luftverschmutzung vor allem in urbanen Räumen und die resultierende Wechselwirkung mit dem Wasserdampf der Atmosphäre bedingen, dass Regen nicht chemisch neutral ist. Beginnend in den 1970er-Jahren führten zunehmende Industrialisierung und Urbanisierung in Europa und Nordamerika zu einer – regional variablen – Absenkung des pH-Wertes von Niederschlägen mit weitreichenden Konsequenzen für die Umwelt. Der Begriff des sauren

Regens brachte seinerzeit zum Ausdruck, dass Niederschläge als mehr oder weniger verdünnte Säuren zu betrachten waren, mit entsprechenden Effekten auf terrestrische und aquatische Ökosysteme, aber auch auf Baustoffe und Kulturgüter. Dabei ging es um eine deutliche Absenkung des pH-Wertes unter den natürlichen pH-Wert des Niederschlags, der aufgrund der Lösung des atmosphärischen Kohlendioxyds bei 5,7 liegt (Berner und Berner 2012). Einträge von Schwefeldioxid oder Stickoxyden, die nachfolgende Bildung von Schwefelsäure oder Salpetersäure und deren Dissoziation setzt Protonen frei, die den pH-Wert des Niederschlags in Ballungsräumen und Industrieregionen durchaus auf pH-Werte von 2–4 absenken kann (und in den 1970er- und 1980er-Jahren in manchen Regionen Nordamerikas und Europas durchaus tat) (Graedel und Crutzen 2000).

Die chemische Zusammensetzung des Niederschlags spiegelt verschiedene Eintragsquellen wider, sowohl marine als auch terrestrische und sowohl natürlich als auch anthropogene (z. B. Meersalz, biogene Emissionen, Verbrennung fossiler Energieträger). Eine weitere Aufgliederung unterscheidet gelöste Inhaltsstoffe, die primär auf partikuläres Material in der Atmosphäre zurückgehen (Na^+, K^+, Ca^{2+}, Mg^{2+} und Cl^-) von solchen, die auf atmosphärische Gase zurückzuführen sind (SO_4^{2-}, NH_4^+ und NO_3^-). Die Gesamtlösungsfracht von Niederschlägen liegt im Bereich weniger mg/L, dabei jedoch mit deutlichen Variationen im Hinblick auf die verschiedenen Inhaltsstoffe und eine Differenzierung zwischen eher kontinental oder eher marin geprägtem Niederschlag (Tab. 3.2). Hieraus ergibt sich eine gewisse Hierarchie der Ionen:

$$\underbrace{Cl^- = Na^+ > Mg^{2+}}_{\text{vorwiegend marin}} > K^+ > Ca^{2+} > \underbrace{SO_4^{2-} > NO_3^- = NH_4^+}_{\text{vorwiegend kontinental}}$$

Diese Hierarchie verdeutlicht die unterschiedliche Bedeutung mariner und kontinentaler Eintragsquellen, Letztere auch mit Blick auf anthropogene Beiträge. Der natürliche Anteil an gelösten Inhaltsstoffen ist in küstennahen höher als in küstenfernen Niederschlägen. Entsprechend der vorherrschenden Windrichtung entwickeln sich über den Kontinenten

Tab. 3.2 Chemische Zusammensetzung kontinentaler und mariner Niederschläge. (Aus Berner und Berner 2012, S. 92)

Ion	Kontinentaler Niederschlag	Mariner und küstennaher Niederschlag
Na^+	0,2–1	1–5
Mg^{2+}	0,05–0,5	0,4–1,5
K^+	0,1–0,3	0,2–0,6
Ca^{2+}	0,1–3	0,2–1,5
NH_4^+	0,1–0,05	0,01–0,05
H^+	pH = 4–6	pH = 5–6
Cl^-	0,2–2	1–10
SO_4^{2-}	1–3	1–3
NO_3^-	0,4–1,3	0,1–0,5

Konzentrationen in mg/L

3.3 Niederschläge

entsprechende Gradienten in der chemischen Zusammensetzung des Niederschlags. Vor allem kontinentale Niederschläge werden im Hinblick auf ihre Chlorid- oder Natriumkonzentration gerne auf die Meerwasserzusammensetzung normiert, und es wird eine „Nicht-Meersalz-Zusammensetzung" (engl. *non-sea-salt ion* oder *excess ion*) quantifiziert.

$$\text{excess } SO_4^{2-} = \left[SO_4^{2-}\right] - \left(\left(\left[SO_4^{2-}\right]/\left[Cl^-\right]\right)_{sw} \times \left[Cl^-\right]\right)$$
(Berner und Berner, 2012)

Dieser Ansatz ist einerseits zielführend vor allem für die Quantifizierung anthropogener Beiträge wie Sulfat oder Stickoxyde, andererseits aber auch problematisch, wenn auf den natürlichen Chloridanteil normiert wird, gleichzeitig aber anthropogene Chloridbeiträge in die Atmosphäre berücksichtigt werden müssen.

Synonym für die Bedeutung anthropogener Beiträge auf die chemische Zusammensetzung von Niederschlägen steht seit den 1970er-Jahren der Begriff des sauren Regens. Die seinerzeit weitestgehend ungehinderte Emission von Schwefeldioxyd (SO_2) in die Atmosphäre vor allem aus der Verbrennung fossiler Energieträger führten zu weitreichenden Folgen für unsere natürliche Umwelt, aber auch für Werkstoffe und Kulturgüter. Die prinzipielle Reaktion ist dabei die Bildung schwefliger Säure (H_2SO_3) oder Schwefelsäure (H_2SO_4)

$$SO_2 + H_2O \rightarrow H_2SO_3 \rightarrow 2H^+ + SO_3^{2-}$$
$$SO_3 + H_2O \rightarrow H_2SO_4 \rightarrow 2H^+ + SO_4^{2-}$$

und deren Dissoziation im Niederschlag unter Freisetzung von Protonen. Neben SO_2 sind es Stickstoffverbindungen wie Ammonium und Nitrat, die ebenfalls zur Versauerung des Niederschlags beitragen. Zusätzlich zur nassen Deposition führt auch die trockene Deposition durch Gase und Aerosolpartikel zu Belastungen der Umwelt und der Gefährdung der menschlichen Gesundheit (Stichwort Feinstaub).

Als Konsequenz der Erkenntnis über eine zunehmende Belastung der Umwelt durch die Emission von SO_2 wurden Kraftwerke und Industrieunternehmen mit effizienter Rauchgasentschwefelung ausgerüstet. Daten des Umweltbundesamtes belegen für Deutschland seit den mittleren 1980er-Jahren einen Rückgang in der Belastung der Niederschläge durch Sulfat (aber auch durch Nitrat und Ammonium; Abb. 3.5) und als Konsequenz ein Anstieg im pH von Werten zwischen 4,1 und 4,6 in 1980 zu Werten zwischen 5,0 und 5,3 in 2014.

Während eine effiziente Rauchgasentschwefelung in den sog. Industrienationen Nordamerikas und Europas zu einem deutlichen Rückgang der Umweltbelastungen durch SO_2 geführt haben, zeigen Studien für sog. aufstrebende Industrienationen wie Indien und China (z. B. Lu et al. 2011) einen Anstieg in den SO_2-Emissionen in Abhängigkeit einer zunehmenden Industrialisierung. Belastungen sind auch hier vor allem auf die Nutzung fossiler Energieträger, im Speziellen der Kohle, zurückzuführen. Maßnahmen zur Verringerung der Emissionen führen zumindest in China seit 2006 zu einem langsamen Rückgang in den SO_2-Emissionen (Li et al. 2017).

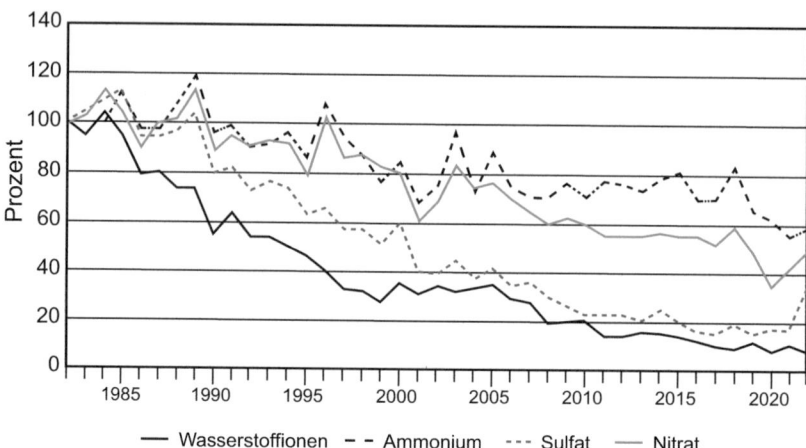

Abb. 3.5 Zeitliche Veränderung der chemischen Zusammensetzung des Niederschlags als Folge des Rückgangs der Schadstoffemissionen in Deutschland. (www.umweltbundesamt.de)

3.4 Oberflächengewässer

Fließgewässer transportieren die Produkte kontinentaler Verwitterung in die Ozeane. Die Flussfracht setzt sich aus partikulären und gelösten Inhaltsstoffen zusammen. Auf die Zusammensetzung Einfluss nehmende Faktoren sind die Geologie des Untergrundes, das Relief und die Größe des Einzugsgebietes, die Präsenz natürlicher oder Stauseen mit Funktion als Sedimentspeicher, die klimatischen Gegebenheiten und die Wasserabflussmenge. Gleichzeitig sind Flüsse seit Jahrtausenden Siedlungsorte, woraus ein vielfältiger anthropogener Beitrag zur chemischen Zusammensetzung von Fließgewässern resultiert.

Die durchschnittlichen Konzentrationen der prinzipiellen Elemente der partikulären Flussfracht (Al, Fe, Si, Ca, K, Mg, Na und P) zeigen charakteristische Unterschiede im Vergleich zur durchschnittlichen Zusammensetzung der oberen kontinentalen Kruste (Berner und Berner 2012). Dabei zeigen schlecht lösliche Elemente wie Aluminium oder Eisen eine klare Anreicherung und gut lösliche Elemente wie Natrium eine deutliche Abreicherung im Vergleich zu den Ausgangsgesteinen. Regionale Unterschiede in der chemischen Zusammensetzung der partikulären Flussfracht existieren und spiegeln vornehmlich Unterschiede in der Geologie des Untergrundes und in den klimatischen Verhältnissen wider, die steuernd auf die Intensität der chemischen Verwitterung wirken.

Mit Blick auf die gelöste Flussfracht (Tab. 3.3) beträgt die Konzentration der prinzipiellen Inhaltsstoffe (Ca^{2+}, Mg^{2+}, Na^+, K^+, Cl^-, SO_4^{2-}, HCO_3^- und SiO_2) ca. 110 mg/L, also etwa das Zwanzigfache der Konzentration dieser Ionen im Niederschlag. Etwa 10 % der gelösten Flussfracht resultiert aus anthropogenen Beiträgen, vor allem Natrium, Chlorid, Sulfat und Nitrat (Berner und Berner 2012). Wie bei der partikulären Flussfracht, finden sich auch im Hinblick auf die gelösten Inhaltsstoffe regionale Unterschiede, sowohl für den geogenen als auch den

3.4 Oberflächengewässer

Tab. 3.3 Chemische Zusammensetzung der gelösten Flussfracht (in mg/L), differenziert nach Kontinenten und geogenen vs. anthropogenen Beiträgen. (Aus Berner und Berner 2012, S. 203)

Kontinent	Ca^{2+}	Mg^{2+}	Na^+	K^+	Cl^-	SO_4^{2-}	HCO_3^-	SiO_2	TDS
Afrika									
Gesamtfracht	5,7	2,2	4,4	1,4	4,1	4,2	26,9	12,0	60,5
Geogene Fracht	5,3	2,2	3,8	1,4	3,4	3,2	26,7	12,0	57,8
Asien									
Gesamtfracht	17,8	4,6	8,7	1,7	10,0	13,3	67,1	11,0	134,6
Geogene Fracht	16,6	4,3	6,6	1,6	7,6	9,7	66,2	11,0	123,5
Südamerika									
Gesamtfracht	6,3	1,4	3,3	1,0	4,1	3,8	24,4	10,3	54,6
Geogene Fracht	6,3	1,4	3,3	1,0	4,1	3,5	24,4	10,3	54,3
Nordamerika									
Gesamtfracht	21,2	4,9	8,4	1,5	9,2	18,0	72,3	7,2	142,6
Geogene Fracht	20,1	4,9	6,5	1,5	7,0	14,9	71,4	7,2	133,5
Europa									
Gesamtfracht	31,7	6,7	16,5	1,8	20,0	35,5	86,0	6,8	212,8
Geogene Fracht	24,2	5,2	3,2	1,1	4,7	15,1	80,1	6,8	140,3
Ozeanien									
Gesamtfracht	15,2	3,8	7,6	1,1	6,8	7,7	65,6	16,3	125,3
Geogene Fracht	15,0	3,8	7,0	1,1	5,9	6,5	65,1	16,3	120,3
Welt: gewichtetes Mittel									
Gesamtfracht	14,7	3,6	7,2	1,4	8,3	11,5	53,0	10,4	110,1
Geogene Fracht	13,4	3,3	5,2	1,3	5,8	8,3	52,0	10,4	99,6
Verschmutzung	1,3	0,3	2,0	0,1	2,5	3,2	1,0	0,0	10,5
Welt: anteilige Verschmutzung	9	8	28	7	30	28	2	0	

anthropogenen Anteil der Gesamtfracht. Die globale durchschnittliche Konzentration der Flusswässer zeigt, dass bei 98 % aller Flüsse Calcium und Hydrogenkarbonat die prinzipiellen gelösten Inhaltsstoffe repräsentieren, lediglich in 2 % aller Flüsse sind Natrium, Chlorid und Sulfat die hauptsächlichen gelösten Inhaltsstoffe (Meybeck 2004). Mithin spiegelt die chemische Zusammensetzung der großen Flüsse eine Mischung aus Produkten der Karbonat- und der Silikatverwitterung wider (Abb. 3.6; Gaillardet et al. 1999). Die chemische Verwitterung erfolgt dabei im Wesentlichen durch Kohlensäure. Seltener spielt Schwefelsäure eine Rolle für die chemische Verwitterung, die aus der Oxidation pyrithaltiger Gesteine resultiert (Calmes et al. 2007).

Aufgrund charakteristisch unterschiedlicher Signaturen bieten die stabilen Isotope des gelösten anorganischen Kohlenstoffs ($\delta^{13}C_{DIC}$; Abb. 3.7), aber auch des gelösten Sulfats ($\delta^{34}S_{SO4}/\delta^{18}O_{SO4}$) die Möglichkeit, diese Prozesse für Einzugsgebiete klar zu identifizieren und damit ihre Bedeutung im regionalen Kontext hervorzuheben. Insbesondere für Einzugsgebiete, in denen die oxidative Pyritverwitterung von Bedeutung ist, erlaubt deren eindeutige Identifizierung eine Präzisierung im Verständnis der chemischen Verwitterung für das jeweilige Einzugsgebiet. Calmes et al. (2007) zeigten als Erste in ihrer Studie des Mackenzie Einzugsgebietes im Norden Kanadas, dass dadurch eine revidierte Bilanzierung im Hinblick auf die Silikatverwitterung als Senke für atmosphärisches CO_2 erforderlich

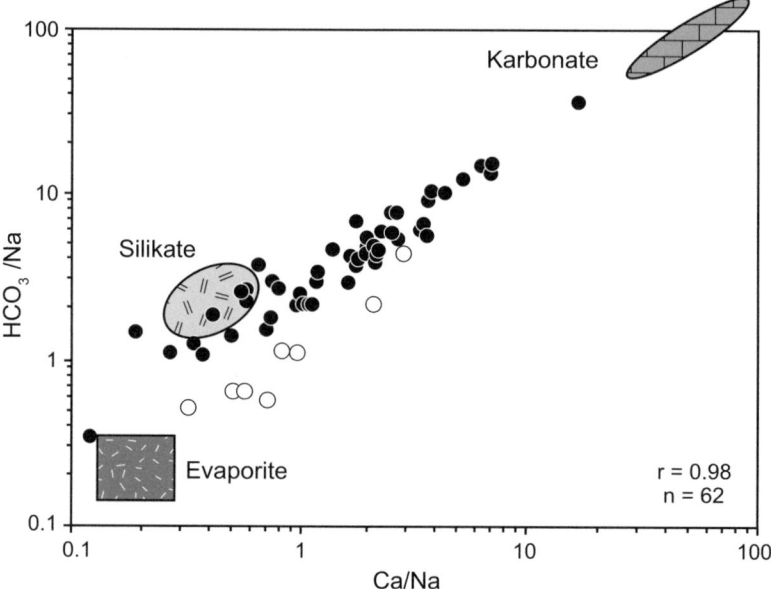

Abb. 3.6 Chemische Zusammensetzung von Fließgewässern als Folge der Verwitterung von Silikaten, Karbonaten und Evaporiten. Die offenen Kreise repräsentieren Flüsse mit hoher anthropogener Belastung. (Verändert nach Gaillardet et al. 1999)

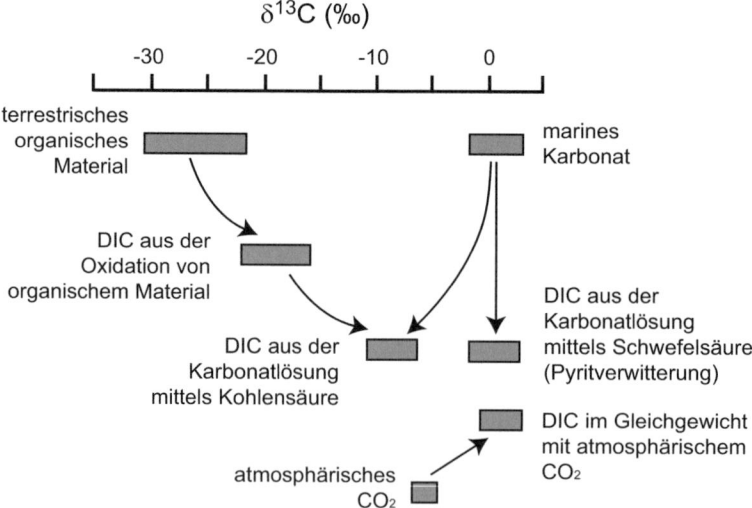

Abb. 3.7 Kohlenstoffisotopie des gelösten anorganischen Kohlenstoffs als Spiegel der Herkunft und relevanter Prozesse. (Verändert nach Pawellek und Veizer 1994)

war bzw. möglich wurde. Vergleichbare Erkenntnisse liefert die Studie von Liu et al. (2017) aus China. Solche Ergebnisse belegen klar die Bedeutung und den Kontext regionaler Studien für die Bilanzierung global wirkender Prozesse und Stoffkreisläufe.

Anthropogene Beiträge zur chemischen Zusammensetzung von Fließgewässern sind mannigfaltig. Im Zusammenhang mit aktivem Bergbau repräsentieren Fließgewässer häufig den Vorfluter für die Einleitung von Grubenwässern. Klassische Beispiele sind in Deutschland die Chloridbelastung diverser Fließgewässer durch den Kalisalzbergbau (Schulz und Canedo-Arguelles 2019) oder Chlorid- und Sulfatfrachten aus dem untertägigen Kohlebergbau (Flintrop et al. 1996; Rinder et al. 2020). Fließgewässer in Regionen intensiver landwirtschaftlicher Nutzung sind häufig durch erhöhte Nitratfrachten gekennzeichnet. Eine eindeutige Zuordnung der Herkunft der Nitratbelastung erfolgt zielgerichtet unter Nutzung der Stickstoff- und Sauerstoffisotope des gelösten Nitrats (Matiatos et al. 2023). So konnten beispielsweise Johannson et al. (2008) und Dähnke et al. (2009) nicht nur die Herkunft der Nitratfracht in fünf deutschen Flüssen identifizieren. Vergleichbar hohe $\delta^{15}N$-Werte in den Oberflächensedimenten der deutschen Bucht belegten zudem eindeutig den Transport der flussbürtigen Nitratfracht in den angrenzenden ozeanischen Raum. Pestizide und Arzneimittelrückstände sind eine weitere große Stoffgruppe anthropogener Herkunft in Fließgewässern, die aufgrund ihrer Toxizität für den Menschen in der jüngeren Zeit großes wissenschaftliches, aber auch öffentliches Interesse erfährt (Wilkinson et al. 2022).

3.5 Grundwässer

Für den Menschen ist das Grundwasser die wichtigste Ressource für das tägliche Trink- und Brauchwasser. Der Schutz dieser Ressource, sowohl im Hinblick auf die Qualität als auch die generelle Verfügbarkeit sollte höchste Priorität genießen. Strenge nationale Richtlinien existieren für die chemische Zusammensetzung von Grundwässern, und dennoch erfährt die Ressource Wasser eine zunehmende Gefährdung durch anthropogene Einträge. Ob Regionen mit intensiver Landwirtschaft, Bergbaufolgelandschaften oder die rapide wachsenden urbanen Ballungsräume, unsere Umwelt und im Speziellen das Grundwasser leiden unter einer stetig zunehmenden anthropogenen Belastung.

Bestimmend für die chemische Zusammensetzung von Grundwässern sind zunächst die chemische Zusammensetzung des Niederschlags und die Veränderungen dieser durch Reaktionen in der Bodenzone und die chemische Verwitterung der Gesteine des Untergrunds. Dementsprechend variabel gestaltet sich die chemische Zusammensetzung des Grundwassers, vor allem in Abhängigkeit der geologischen Verhältnisse des Untergrundes. Klassische Studien zur chemischen Verwitterung resultierten in der Erkenntnis über die unterschiedliche Mobilität von Elementen

$$Ca > Na > Mg > Si > K > Al = Fe$$

begründet in der Stabilität silikatischer Minerale gegenüber chemischer Verwitterung durch Kohlensäure (Berner und Berner 2012).

Deutlich verwitterungsanfälliger sind die chemischen Sedimente, Karbonate und vor allem Evaporite. Wird die Geologie des Untergrundes durch Karbonatgesteine bestimmt, entwickelt sich eine charakteristische Karstlandschaft mit typischen Oberflächenformen (z. B. Dolinen, Höhlen), aber auch mit besonderen hydrologischen Verhältnissen. Als Folge der Reaktion der Karbonatgesteine mit dem Sicker- und Grundwasser (Kohlensäureverwitterung) bestimmen Calcium und Hydrogenkarbonat die chemische Zusammensetzung des Grundwassers (Clark 2015). Als Folge der Interaktion zwischen Grundwasser und Evaporitgesteinen kommt es zu hohen Lösungsfrachten und einer Zusammensetzung, die die Lösung von Salzen (z. B. NaCl) oder Sulfat (z. B. $CaSO_4$) widerspiegeln. Entsprechend aufgesalzene Grundwässer machen eine Aufbereitung als Trink- oder Brauchwasserquelle erforderlich. Vergleichbares ergibt sich als Folge der Intrusion von Meerwasser in küstennahe Grundwasserleiter (Carreira et al. 2014).

Der Beitrag geogener Prozesse zur chemischen Zusammensetzung des Grundwassers lässt sich in erster Näherung durch den Vergleich dieser mit der chemischen Zusammensetzung des Niederschlags ziehen.

Regional sehr unterschiedlich sind anthropogene Beiträge ins Grundwasser, wobei auch hier charakteristische Stoffgruppen und ihre Quellen differenziert werden können, wie etwa industrielle oder kommunale Abwässer, Beiträge aus der Landwirtschaft oder organische Schadstoffe (PAK, BTEX, Pestizide, Arzneimittelreste).

Unabhängig von den unterschiedlichen Eintragsquellen, sowohl geogener als auch anthropogener Beiträge, beeinflussen die Redoxbedingungen im Grundwasser dessen chemische Zusammensetzung. Als Folge der Respiration von gelöstem und/oder partikulärem organischen Kohlenstoff entwickeln sich in Grundwasserleitern häufig sauerstoffarme oder sauerstofffreie, anoxische Bedingungen. Dies führt zur Lösung redoxsensitiver Elemente, allen voran Eisen (Fe^{2+}) und Mangan (Mn^{2+}). Sichtbare Folge anoxischer Bedingungen im Grundwasserleiter ist die Ausfällung rostroter Eisenhydroxyde/-oxyde im Bereich von Brunnen oder natürlichen Quellen aufgrund des Kontakts dieser Grundwässer mit dem Luftsauerstoff.

Variable Redoxbedingungen im Grundwasserleiter, von oxisch bis anoxisch, steuern zugleich die mikrobiellen Prozesse im Grundwasserleiter. Resultierend ist eine Sequenz mikrobieller Redoxprozesse, gesteuert über die Energiebilanz der Reaktionen (Abb. 3.8; Stumm und Morgan 1996). Mikrobiell gesteuerte Umsatzprozesse in Grundwasserleitern haben eine große Relevanz vor allem im Zusammenhang mit den vielfältigen anthropogenen Beiträgen ins Grundwasser. Sie bestimmen entscheidend das natürliche Selbstreinigungspotential (engl. *natural attenuation*) eines Grundwassers. Dies betrifft sowohl Inhaltsstoffe wie das Nitrat oder das Sulfat durch mikrobiell gesteuerte Nitrat- oder Sulfatreduktion, als auch den Abbau organischer Schadstoffe. Punktförmige Eintragsquellen organischer Schadstoffe wie beispielsweise die zahlreichen ehemaligen Kokereistandorte im nördlichen Ruhrgebiet zeigen eine ausgeprägte Redoxzonierung und den mikrobiellen Abbau der organischen Schadstoffe. Letzterer lässt sich überzeugend durch die Kombination von Konzentrationsgradienten und diagnostischen Verschiebungen der stabilen Isotope nachweisen (Nagel 2011).

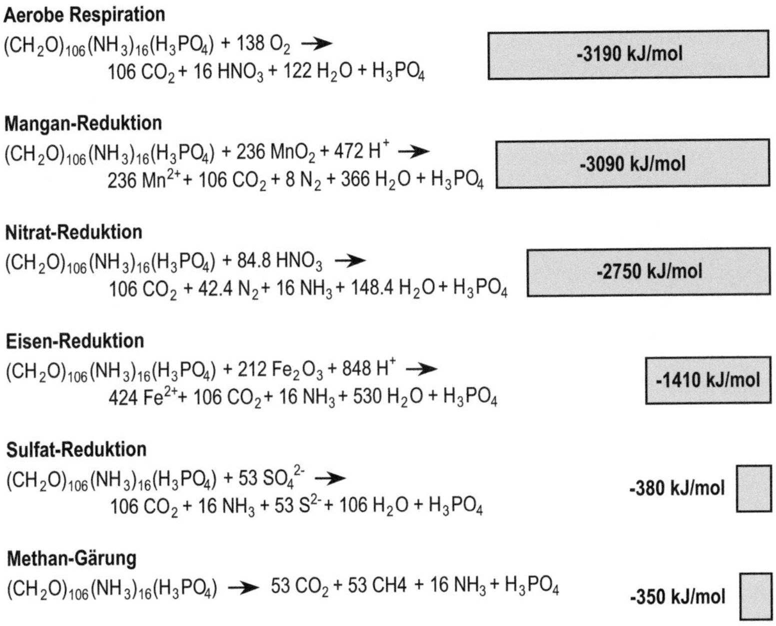

Aerobe Respiration
$(CH_2O)_{106}(NH_3)_{16}(H_3PO_4) + 138\ O_2 \rightarrow$
$\quad 106\ CO_2 + 16\ HNO_3 + 122\ H_2O + H_3PO_4$ — -3190 kJ/mol

Mangan-Reduktion
$(CH_2O)_{106}(NH_3)_{16}(H_3PO_4) + 236\ MnO_2 + 472\ H^+ \rightarrow$
$\quad 236\ Mn^{2+} + 106\ CO_2 + 8\ N_2 + 366\ H_2O + H_3PO_4$ — -3090 kJ/mol

Nitrat-Reduktion
$(CH_2O)_{106}(NH_3)_{16}(H_3PO_4) + 84.8\ HNO_3 \rightarrow$
$\quad 106\ CO_2 + 42.4\ N_2 + 16\ NH_3 + 148.4\ H_2O + H_3PO_4$ — -2750 kJ/mol

Eisen-Reduktion
$(CH_2O)_{106}(NH_3)_{16}(H_3PO_4) + 212\ Fe_2O_3 + 848\ H^+ \rightarrow$
$\quad 424\ Fe^{2+} + 106\ CO_2 + 16\ NH_3 + 530\ H_2O + H_3PO_4$ — -1410 kJ/mol

Sulfat-Reduktion
$(CH_2O)_{106}(NH_3)_{16}(H_3PO_4) + 53\ SO_4^{2-} \rightarrow$
$\quad 106\ CO_2 + 16\ NH_3 + 53\ S^{2-} + 106\ H_2O + H_3PO_4$ — -380 kJ/mol

Methan-Gärung
$(CH_2O)_{106}(NH_3)_{16}(H_3PO_4) \rightarrow 53\ CO_2 + 53\ CH_4 + 16\ NH_3 + H_3PO_4$ — -350 kJ/mol

Abb. 3.8 Sequenz mikrobiell gesteuerter Redoxprozesse. (Verändert nach Schulz und Zabel 2006)

3.6 Zusammenfassung

Wasser ist nicht stationär. Entlang des Wasserkreislaufs interagiert das Wasser, wechselwirkt die Hydrosphäre mit der Atmosphäre, der Biosphäre und der Lithosphäre. Dies geht einher mit einer Veränderung der chemischen Zusammensetzung des Wassers. Entscheidenden Einfluss auf die Zusammensetzung haben zudem die zahlreichen und in hohem Maße variablen anthropogenen Beiträge. Die Konzentrationen und Isotopensignaturen gelöster und partikulärer Bestandteile sind ein Spiegel ihrer Herkunft und einer Vielzahl verschiedener physikalischer, chemischer und biologischer gesteuerter Prozesse. Fundierte Kenntnisse dieser Prozesse begründen das notwendige Verständnis, die wichtige Ressource Wasser auch für die Zukunft in ausreichender Menge und qualitativ hochwertig zu sichern.

Literatur

Berner EK, Berner RA (2012) Global environment. Princeton University Press, Princeton/Oxford
Bowen GJ (2010) Isoscapes: spatial pattern in isotopic biogeochemistry. Annu Rev Earth Planet Sci 38:161–187
Calmes D, Gaillardet J, Brenot A, France-Lanord C (2007) Sustained sulfide oxidation by physical erosion processes in the Mackenzie River basin: climatic perspectives. Geology 35:1003–1006

Carreira PM, Marques JM, Nunes D (2014) Source of groundwater salinity in coastline aquifers based on environmental isotopes (Portugal): natural vs. human interference. A review and reinterpretation. Appl Geochem 41:163–175

Clark ID (2015) Groundwater geochemistry and isotopes. CRC Press, Boca Raton

Clark ID, Fritz P (1997) Environmental isotopes in hydrogeology. CRC Press, Boca Raton

Craig H (1961) Isotopic variations in meteoric waters. Science 133:1702–1703

Dähnke K, Bahlmann E, Emeis K (2009) A nitrate sink in estuaries? An assessment by means of stable nitrate isotopes in the Elbe estuary. Limnol Oceanogr 53:1504–1511

Dansgaard W (1964) Stable isotopes in precipitation. Tellus 16:436–468

De La Rocha CL, Passow U (2014) The biological pump. In: Treatise on geochemistry, 2. Aufl. Elsevier, Amsterdam

Dittmar W (1884) Report on researches into the composition of ocean water collected by *H.M.S. Challenger*. Chal Rep 1:1–251

Falkowski PG (2014) Biogeochemistry of primary production in the sea. In: Treatise on geochemistry, 2. Aufl. Elsevier, Amsterdam

Flintrop C, Hohlmann B, Jasper T, Korte C, Podlaha OG, Scheele S, Veizer J (1996) Anatomy of pollution: rivers of North-Rhine Westphalia, Germany. Am J Sci 296:58–98

Gaillardet J, Dupre B, Louvat P, Allegre CJ (1999) Global silicate weathering and CO_2 consumption rates deduced from the chemistry of large rivers. Chem Geol 159:3–30

German CR, Seyfried WE Jr (2014) Hydrothermal processes. In: Treatise on geochemistry, 2. Aufl. Elsevier, Amsterdam

Graedel TE, Crutzen PJ (2000) Atmosphäre im Wandel – Die empfindliche Lufthülle unseres Planeten. Spektrum Akademischer Verlag, Heidelberg

Hardie LA (1996) Secular variation in seawater chemistry: an explanation for the coupled variation in the mineralogies of marine limestones and potash evaporites over the past 600 my. Geology 24:279–283

Hardie LA (2003) Secular variations in Precambrian seawater chemistry and the timing of Precambrian aragonite seas and calcite seas. Geology 31:785–788

Hay WW, Migdisov A, Balukhovsky AN, Wold CN, Flögel S, Söding E (2006) Evaporites and the salinity of the ocean during the Phanerozoic: implications for climate, ocean circulation and life. Palaeogeogr Palaeoclimatol Palaeoecol 240:3–46

Hoefs J, Harmon RS (2023) Isotopic history of seawater: the stable isotope character of the global ocean at present and in the geological past. Isot Environ Health Stud. https://doi.org/10.1080/10256016.2023.2271127

Holland HD (2006) The oxygenation of the atmosphere and oceans. Philos Trans R Soc B 361:903–915

Johannson A, Dähnke K, Emeis K (2008) Isotopic composition of nitrate in five German rivers discharging into the North Sea. Org Geochem 39:1678–1689

Kampschulte A, Strauss H (2004) The sulfur isotopic evolution of Phanerozoic sea water based on the analysis of structurally substituted sulfate in carbonates. Chem Geol 204:255–286

Kump LR, Kasting JF, und Crane RG (1999) The Earth System. Prentice Hall, Upper Saddle River, New Jersey

Li C, McLinden C, Fioletov V, Krotkov N, Carn S, Joiner J, Streets D, He H, Ren X, Li Z, Dickerson RR (2017) India is overtaking China as the world's largest emitter of anthropogenic sulfur dioxide. Sci Rep 7:14303

Liu J, Li S, Zhong J, Zhu X, Guo QJ, Lang Y, und Han X (2017) Sulfate sources constrained by sulfur and oxygen isotopic compositions in the upper reaches of the Xijiang River, China. Acta Geochim 36:611-618

Lowenstein TK, Kendall B, Anbar AD (2014) The geologic history of seawater. In: Treatise on geochemistry, 2. Aufl. Elsevier, Amsterdam

Lu Z, Zhang Q, Streets DG (2011) Sulfur dioxide and primary carbonaceous aerosol emissions in China and India, 1996–2010. Atmos Chem Phys 11:9839–9864

Matiatos I, Moeck C, Vystavna Y, Marttila H, Orlowski N, Jessen S, Evaristo J, Sebilo M, Koren G, Dimitriou E, Müller S, Panagopoulos Y, Stockinger MP (2023) Nitrate isotopes in catchment hydrology: insights, ideas and implications for models. J Hydrol 626:130326

Meybeck M (2004) Global occurrence of major elements in rivers. In: Treatise on geochemistry. Elsevier, Amsterdam

Nagel A, Strauss H, Stephan M, und Achten C (2011) Nachweis von Natural Attenuation mittels Isotopenuntersuchungen an einem ehemaligen Kokereistandort. Grundwasser 16:235-245

Pawellek F, Veizer J (1994) Carbon cycle in the upper Danube and its tributaries: d13CDIC constraints. Isr J Earth Sci 43:187-194

Prokoph A, Shields GA, Veizer J (2008) Compilation and time-series analysis of a marine carbonate $\delta^{18}O$, $\delta^{13}C$, $^{87}Sr/^{86}Sr$ and $\delta^{34}S$ database through Earth history. Earth-Sci Rev 87:113–133

Redfield AC (1958) The biological control of chemical factors in the environment. Am Sci 46:205–221

Rinder T, Dietzel M, Stammeier JA, Leis A, Bedoya-Gonzalez D, Hilberg S (2020) Geochemistry of coal mine drainage, groundwater, and brines from the Ibbenbüren mine, Germany: a coupled elemental-isotopic approach. Appl Geochem 121:104693

Sandberg PA (1983) An oscillating trend in Phanerozoic nonskeletal carbonate mineralogy. Nature 305:19–22

Sandberg PA (1985) Nonskeletal aragonite and pCO_2 in the Phanerozoic and Proterozoic. In: Sundquist ET, Broecker WS (Hrsg) The carbon cycle and atmospheric CO_2, natural variations archean to present, Geophysical monograph 32. American Geophysical Union, Washington, DC, S 585–594

Schulz CJ, Canedo-Arguelles M (2019) Lost in translation: the German literature on freshwater salinization. Philos Trans R Soc B 374:20180007

Schulz HD, Zabel M (2006) Marine Geochemistry. 2. Aufl., 574 S., Springer, Berlin Heidelberg

Stammer D, Sena Martins M, Köhler JK, Köhl A (2021) How well do we know ocean salinity and its changes? Prog Oceanogr 190:102478

Stumm W, Morgan JJ (1996) Aquatic chemistry. John Wiley & Sons, New York

Sverdrup HV, Johnson MW, Fleming RH (1942) The oceans. Prentice Hall, Englewood Cliffs

Veizer J, Ala D, Azmy K, Bruckschen P, Buhl D, Bruhn F, Carden GAF, Diener A, Ebneth S, Godderis Y, Jasper T, Korte C, Pawellek F, Podlaha OG, Strauss H (1999) $^{87}Sr/^{86}Sr$, $\delta^{13}C$ and $\delta^{18}O$ evolution of Phanerozoic seawater. Chem Geol 161:59–88

Wilkinson JL, Boxall ABA, Kolpin DW, Leung KMY, Lai RWS, Galban-Malagon C, Adell AD, Mondon J, Metian M, Marchant RA, Bouzas-Monroy A, Cuni-Sanchez A, Coors A, Carriquiriborde P, Rojo M, Gordon C, Cara M, Moermond M, Luarte T, Petrosyan V, Perikhanyan Y, Mahon CS, McGurk CJ, Hofmann T, Kormoker T, Iniguez V, Guzman-Otazo J, Tavares JL, De Figueiredo FG, Razzolini MTP, Dougnon V, Gbaguidi G, Traore O, Blais JM, Kimpe LE, Wong M, Wong D, Ntchantcho R, Pizarro J, Ying G-C, Chen C-E, Paez M, Martınez-Lara JM, Otamonga J-P, Pote J, Ifo SA, Wilson P, Echeverrıa-Saenz S, Udikovic-Kolic N, Milakovic M, Fatta-Kassinos D, Ioannou-Ttofa L, Belusova V, Vymaza J, Cardenas-Bustamante M, Kassa BA, Garric J, Chaumot A, Gibba P, Kunchulia I, Seidensticker S, Lyberatos G, Halldorsson HP, Melling M, Shashidhar T, Lamba M, Nastiti A, Supriatin A, Pourang N, Abedini A, Abdullah O, Gharbia SS, Pilla F, Chefetz B, Topaz T, Yao KM, Aubakirova B, Beisenova R, Olaka L, Mulu JK, Chatanga P, Ntuli V, Blama NT, Sherif S, Aris AZ, Looi LJ, Niang M, Traore ST, Oldenkamp R, Ogunbanwo O, Ashfaq M, Iqbal M, Abdeen Z, O'Dea A, Morales-Saldaña JM, Custodio M, de la Cruz H, Navarrete I, Carvalho F, Gogra AB, Koroma BM, Cerkvenik-Flajs V, Gombac M, Thwala M, Choi K, Kang H, Ladu JLC, Rico A, Amerasinghe P, Sobek A, Horlitz G, Zenker AK, King AC, Jiang J-J, Kariuki R, Tumbo M, Tezel U, Onay TT, Lejju JB, Vystavna Y, Vergeles Y, Heinzen H, Perez-Parada A, Sims DB, Figy M, Good D, Teta C (2022) Pharmaceutical pollution of the world's rivers. Proc Natl Acad Sci 119:e2113947119

Chemische Verwitterung

4

Karstberge am Li-Fluss, China (Foto: H. Strauß)

Inhaltsverzeichnis

4.1	Grundzüge der chemischen Verwitterung	44
4.2	Die Mineralogie der chemischen Verwitterung	45
4.3	Silikatverwitterung	48
4.4	Karbonatverwitterung	53
4.5	Sulfidverwitterung	54
4.6	Die chemische Verwitterung im Kontext der Erdsystementwicklung	55
4.7	Verwitterungslagerstätten	56
4.8	Zusammenfassung	58
Literatur		59

▶ Verwitterung ist die Interaktion zwischen Lithosphäre, Atmosphäre, Hydrosphäre und Biosphäre. Sie erfolgt auf ganz unterschiedlichen räumlichen und zeitlichen Skalen von Reaktionen im Submillimeter-Bereich zwischen einzelnen Mineralkörnern und einer fluiden Phase bis zu Einflüssen auf globale geochemische Kreisläufe über Millionen von Jahren. Verwitterung steht mithin aufgrund der vielschichtigen Interaktionen im Zentrum des Systems Erde.

4.1 Grundzüge der chemischen Verwitterung

Bereits im 19. Jahrhundert wurden die Grundlagen unseres Verständnisses der chemischen Verwitterung gelegt. So zeigten bereits Ebelman (1845) und Bischof (1847) unabhängig voneinander den Bezug zwischen der Silikatverwitterung und atmosphärischem CO_2 auf, auch wenn erst Urey (1952) eine der grundlegenden Gleichungen zur Silikatverwitterung und nachfolgenden Karbonatbildung formulierte

$$CaSiO_3 + CO_2 \leftrightarrow CaCO_3 + SiO_2.$$

Damit zeigte Urey zugleich auf, dass die Silikatverwitterung als Regulativ für den atmosphärischen CO_2-Gehalt verstanden werden müsse, ein nach wie vor aktuelles Paradigma (Kasting 2019).

Belt (1874) stellte die Bedeutung der Vegetation und die Produktion organischer Säuren in der Bodenzone für die chemische Verwitterung heraus, während Darwin (1881) auf die Bedeutung des Regenwurms bei der Bodenbildung und Gesteinsverwitterung hinwies.

Eine erste zusammenfassende Darstellung der vielschichtigen Aspekte der chemischen Verwitterung stammt von Merrill (1906).

Verwitterung umfasst physikalische, chemische und biologisch gesteuerte Prozesse, die zur Zersetzung der Gesteine an der Erdoberfläche führen. Dabei gehen die mechanische Zerlegung eines Gesteins bzw. Gesteinsverbandes durch vorwiegend physikalische Prozesse und die Auflösung von Mineralen durch chemische Reaktionen Hand in Hand. Ebenso wie durch die beeindruckende Kraft der Wurzelsprengung im Hinblick auf die Disintegration eines Gesteinsverbands ergibt sich über die Nährstoffverfügbarkeit in Folge der chemischen Verwitterung eine direkte Wechselwirkung mit der Biosphäre. Verwitterungsprozesse, egal

4.2 Die Mineralogie der chemischen Verwitterung

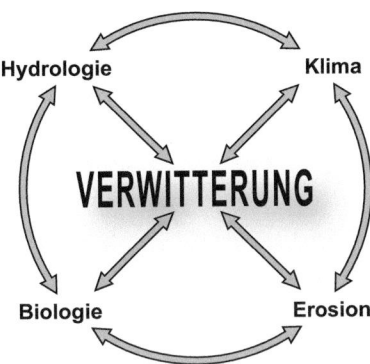

Abb. 4.1 Wechselwirkung von chemischer Verwitterung und Klima. (Verändert nach Frings und Buss 2019)

ob als physikalisch, chemisch oder biologisch klassifiziert, wechselwirken dabei in vielfältiger Art und Weise mit den vorherrschenden klimatischen Bedingungen (Abb. 4.1).

Das resultierende Verwitterungsmaterial wird durch Fließgewässer in partikulärer und gelöster Form abtransportiert, findet aber über das Sickerwasser der Bodenzone auch Eingang in das Grundwasser. Verwitterung wirkt mithin bestimmend auf Bodenbildung und die chemische Zusammensetzung von Oberflächen- und Grundwässern. Schlussendlich nehmen die Produkte der chemischen Verwitterung Einfluss auf die Zusammensetzung des Meerwassers.

Eine Betrachtung der chemischen Verwitterung kann unterschiedlich erfolgen: über die Prozesse (kongruente Lösung, inkongruente Lösung, Oxidation), aber auch über Veränderungen in der chemischen Zusammensetzung der beteiligten Lösungen (Oberflächen- und Grundwässer) und die komplementären Veränderungen in der Mineralogie (Primär- und Sekundärminerale).

4.2 Die Mineralogie der chemischen Verwitterung

Die chemische Verwitterung führt zur Zersetzung von Mineralen. Im Zuge der Verwitterung kommt es aber nicht nur zur Mineralzersetzung, sondern häufig auch zu Mineralneubildungen. Ursächlich ist die chemische Verwitterung auf die Unterschiede in den physikochemischen Rahmenbedingungen der heutigen Umwelt zu denen, die während der Bildung der verwitternden Gesteine und Minerale herrschten, zurückzuführen. Dies ist eine Erkenntnis, die bereits auf Goldich (1938) zurückgeht. Dieser postulierte, dass die silikatischen Minerale, die zuerst und bei hohen Temperaturen aus einer Schmelze auskristallisieren (z. B. der Olivin) auch am schnellsten verwittern. Damit war eine wichtige Grundlage in der Betrachtung der chemischen Verwitterung gelegt. Magmatische Gesteine wie Granit oder Basalt kristallisieren bei vergleichsweise hohen Temperaturen aus einer Schmelze. Sedimentgesteine bilden sich erdoberflächennah, ob als klastische Sedimente wie Sand- oder Tonsteine als Folge von Erosion und Deposition oder ob als chemische Sedimente in Folge der Präzipitation gelöster Inhaltsstoffe (Kalk, Gips, Salz). Metamorphe Gesteine wiederum bilden sich bei höheren Temperaturen und Drücken, unabhängig ob aus einem magmatischen oder sedimentären Ausgangsgestein.

Aus der mineralogischen Perspektive betrachtet, differenziert die chemische Verwitterung Primärminerale (Tab. 4.1), die zersetzt werden, von Sekundärmineralen (Tab. 4.2), die sich unter den vorherrschenden Umweltbedingungen aus den chemischen Produkten der Verwitterung bilden. Tab. 4.1 zeigt neben den Primärmineralen auch den vorherrschenden Prozess der chemischen Verwitterung und differenziert dabei eine kongruente von einer in-

Tab. 4.1 Primärminerale bei der chemischen Verwitterung. (Berner und Berner 2012, S. 160)

Mineral	Zusammensetzung	Verwitterndes Gestein	Reaktionstyp
Olivin	$(Mg,Fe)_2SiO_4$	magmatisch	Oxid. des Fe kong. Lsg. durch Säuren
Pyroxene	$Ca(Mg,Fe)Si_2O_6$ oder $(Mg,Fe)SiO_3$	magmatisch	Oxid. des Fe kong. Lsg. durch Säuren
Amphibole	$Ca_2(Mg,Fe)_5Si_8O_{22}$	magmatisch, metamorph	Oxid. des Fe
Plagioklas	$NaAlSi_3O_8$ (Albit) $CaAl_2Si_2O_8$ (Anorthit)	magmatisch, metamorph	inkong. Lsg. durch Säuren
Kalifeldspat	$KAlSi_3O_8$	magmatisch, metamorph	inkong. Lsg. durch Säuren
Biotit	$K(Mg,Fe)_3(AlSi_3O_{10})(OH)_2$	metamorph, magmatisch	inkong. Lsg. durch Säuren Oxid. des Fe
Muskovit	$KAl_2(AlSi_3O_{10})(OH)_2$	metamorph	inkong. Lsg. durch Säuren
Vulkanisches Glas	Ca,Mg,Na,K,Al,Fe-Silikat	magmatisch	inkong. Lsg. durch Säuren und H_2O
Quarz	SiO_2	magmatisch, metamorph, sedimentär	verwitterungs-resistent
Calcit	$CaCO_3$	sedimentär	kong. Lsg. durch Säuren
Dolomit	$CaMg(CO_3)_2$	sedimentär	kong. Lsg. durch Säuren
Pyrit	FeS_2	sedimentär	Oxid. des Fe und S
Gips	$CaSO_4 \cdot 2\,H_2O$	sedimentär	kong. Lsg. durch H_2O
Anhydrit	$CaSO_4$	sedimentär	kong. Lsg. durch H_2O
Halit	$NaCl$	sedimentär	kong. Lsg. durch H_2O

Oxid. = Oxidation; kong./inkong. Lsg. = kongruente/inkongruente Lösung

Tab. 4.2 Sekundärminerale der chemischen Verwitterung. (Berner und Berner 2012, S. 161)

Mineral	Zusammensetzung
Hämatit	Fe_2O_3
Goethit	$FeO(OH)$
Gibbsit	$Al(OH)_3$
Kaolinit	$Al_2Si_2O_5(OH)_4$
Smektit	$(Ca, Na)_{0,5}(Al_3MgSi_8O_{20})(OH)_4 \cdot n\,H_2O$
Vermiculit	$Mg_{0,7}(Mg, Fe, Al)_6(Si, Al)_8O_{20}(OH)_4 \cdot 8\,H_2O$
Calcit	$CaCO_3$
Opaline Kieselsäure (kein Mineral)	$SiO_2 \cdot n\,H_2O$
Gips	$CaSO_4 \cdot 2\,H_2O$

4.2 Die Mineralogie der chemischen Verwitterung

kongruenten Lösung und die Oxidation. Kongruente Lösung bedeutet die komplette chemische Zersetzung und das Abführen der Verwitterungsprodukte in gelöster Form. Im Gegensatz dazu werden bei der inkongruenten Lösung manche Bestandteile in gelöster Form abtransportiert, während es gleichzeitig zur Mineralneubildung kommt. Die chemische Verwitterung erfolgt in der Regel durch Säuren (organische Säuren, Kohlensäure, Schwefelsäure), manchmal aber auch einfach nur durch Wasser. Minerale mit chemischen Elementen, die in reduzierter Form vorliegen (wie beispielsweise Eisen und Schwefel), werden oft durch molekularen Sauerstoff oxidiert. Auch hierbei kommt es nahezu unmittelbar zur Mineralneubildung aus den Oxidationsprodukten. So führt die oxidative Verwitterung des Pyrits (FeS_2) zur Bildung von Gips ($CaSO_4 \times 2\,H_2O$) und Goethit ($FeOOH$). Ein Vergleich der beiden Tab. 4.1 und 4.2 zeigt, dass manche Minerale (Gips, Calcit) sowohl bei den Primär- als auch bei den Sekundärmineralen aufgeführt sind. Schließlich erlaubt eine Betrachtung der chemischen Verwitterung aus mineralogischer Sicht eine Reihung der Minerale im Sinne ihrer zunehmenden Verwitterbarkeit (Tab. 4.3), ein Ansatz, den bereits Goldich (1938) aufzeigte. Dieser qualitativen Betrachtung über die Verwitterbarkeit stellten beispielsweise Lasaga (1984) und Brantley (2004) in erster Näherung eine quantitative Perspektive an die Seite: die Zeit, die es benötigt, um 1 mm eines silikatischen Minerals bei pH 5 zu lösen (Tab. 4.4).

Tab. 4.3 Verwitterbarkeit von Mineralen. (Berner und Berner 2012, S. 161)

Mineral	Zusammensetzung
Halit	NaCl
Gips, Anhydrit	$CaSO_4 \cdot 2\,H_2O$, $CaSO_4$
Pyrit	FeS_2
Calcit	$CaCO_3$
Dolomit	$CaMg(CO_3)_2$
Vulkanisches Glas	Ca,Mg,Na,K,Al,Fe-Silikat
Olivin	$(Mg,Fe)_2SiO_4$
Ca-Plagioklas	$CaAl_2Si_2O_8$ (Anorthit)
Pyroxene	$Ca(Mg,Fe)Si_2O_6$ oder $(Mg,Fe)SiO_3$
Ca-Na-Plagioklas	$Na_{1-x}Ca_xAl_{1+x}Si_{3-x}O_8$
Amphibol	$Ca_2(Mg,Fe)_5Si_8O_{22}$
Na-Plagioklas	$NaAlSi_3O_8$ (Albit)
Biotit	$K(Mg,Fe)_3(AlSi_3O_{10})(OH)_2$
Kalifeldspat	$KAlSi_3O_8$
Muskovit	$KAl_2(AlSi_3O_{10})(OH)_2$
Smektit	$(Ca, Na)_{0,5}(Al_3MgSi_8O_{20}(OH)_4 \cdot n\,H_2O$
Quarz	SiO_2
Kaolinit	$Al_2Si_2O_5(OH)_4$
Gibbsit Hämatit, Goethit	$Al(OH)_3$, Fe_2O_3, $FeO(OH)$

Anm.: Die Verwitterbarkeit nimmt nach unten hin ab (siehe auch Goldich 1938)

Tab. 4.4 Verwitterbarkeit silikatischer Minerale im Experiment. (Berner und Berner 2012, S. 162)

Mineral	Durchschnittliche Stabilität (Jahre)
Olivin (Forsterit)	2000
Amphibol (Tremolit)	10.000
Pyroxen (Enstatit)	16.000
Ca-Plagioklas (Anorthit)	80.000
Pyroxen (Diopsid)	140.000
Na-Plagioklas (Albit)	500.000
Muskovit	720.000
Kalifeldspat	740.000
Quarz	34.000.000

Anm.: Experimentelle Verwitterung bei einem Mineraldurchmesser von 1 mm und einem pH = 5

4.3 Silikatverwitterung

Silikate sind Bestandteil der meisten Gesteine. Wenige Silikate verwittern durch kongruentes Lösen wie etwa Olivin oder Pyroxen durch Reaktion mit Kohlensäure:

$$Mg_2SiO_4 + 4H_2CO_3 \rightarrow 2Mg^{2+} + 4HCO_3^- + H_4SiO_4$$
$$2H_2O + CaMgSi_2O_6 + 4H_2CO_3 \rightarrow Ca^{2+} + Mg^{2+} + 4HCO_3^- + 2H_4SiO_4.$$

Die meisten Silikatminerale verwittern durch inkongruente Lösung und bilden aufgrund des enthaltenen Eisens und Aluminiums Eisenoxide bzw. -hydroxide (Hämatit bzw. Goethit) und Tonminerale (z. B. Kaolinit oder Smektit). Die Verwitterung des Feldspatminerals Albit ($NaAlSi_3O_8$), einem Na-Plagioklas, durch Reaktion mit der organischen Oxalsäure ($H_2C_2O_4$) mag hier als Beispiel dienen (Berner und Berner 2012).

Zunächst setzt die Dissoziation der Oxalsäure zwei Protonen frei, die dann den Albit zersetzen:

$$H_2C_2O_4 \rightarrow 2H^+ + C_2O_4^{2-}$$
$$4H^+ + 4H_2O + NaAlSi_3O_8 \rightarrow Al^{3+} + Na^+ + 3H_4SiO_4.$$

Das Oxalation ($C_2O_4^{2-}$) ist nicht stabil und verbindet sich mit dem Aluminium (Al^{3+}) zu Aluminiumoxalat

$$Al^{3+} + C_2O_4^{2-} \rightarrow Al(C_2O_4)^+.$$

Als Gesamtreaktion der Verwitterung von Albit durch Oxalsäure ergibt sich damit

$$2H_2C_2O_4 + 4H_2O + NaAlSi_3O_8 \rightarrow Al(C_2O_4)^+ + Na^+ + C_2O_4^{2-} + 3H_4SiO_4$$

4.3 Silikatverwitterung

eine typische Reaktion in der Bodenzone. Sowohl das Aluminiumoxalat als auch das Oxalation selbst unterliegen der bakteriellen Zersetzung, wobei sich Hydrogenkarbonat und, in Abhängigkeit des pH-Wertes im Boden, ein Tonmineral (beispielsweise Kaolinit) oder das Aluminiumhydroxid Gibbsit (Al(OH)$_3$) bilden

$$2\,C_2O_4^{2-} + O_2 + 2\,H_2O \rightarrow 4\,HCO_3^-$$
$$2\,Al(C_2O_4)^+ + O_2 + 2\,H_4SiO_4 \rightarrow Al_2Si_2O_5(OH)_4 + 4\,CO_2 + H_2O + 2\,H^+.$$

In Summe lässt sich die Reaktion von Albit mit Oxalsäure nun wie folgt formulieren

$$4\,H_2C_2O_4 + 2\,O_2 + 9\,H_2O + 2\,NaAlSi_3O_8 \rightarrow$$
$$Al_2Si_2O_5(OH)_4 + 2\,Na^+ + 4\,HCO_3^- + 2\,H^+ + 4\,CO_2 + 4\,H_4SiO_4.$$

Die Protonen und das Kohlendioxid reagieren spontan miteinander

$$H^+ + HCO_3^- \rightarrow CO_2 + H_2O.$$

Berücksichtigt man diese Reaktion und verknüpft sie mit der bisherigen, so ergibt sich für die Reaktion von Albit mit Oxalsäure folgende Reaktionsgleichung:

$$4\,H_2C_2O_4 + 2\,O_2 + 7\,H_2O + 2\,NaAlSi_3O_8 \rightarrow$$
$$Al_2Si_2O_5(OH)_4 + 2\,Na^+ + 2\,HCO_3^- + 4\,H_4SiO_4 + 6\,CO_2.$$

Aus dieser Reaktion resultieren das Sekundärmineral Kaolinit sowie Natrium, Hydrogenkarbonat, Kieselsäure und Kohlendioxid in Lösung, ohne eine Spur des ursprünglichen Reaktionspartners Oxalsäure. Mithin könnte die Reaktion auch unter Beteiligung von Kohlensäure erfolgt sein

$$2\,H_2CO_3 + 9\,H_2O + 2\,NaAlSi_3O_8 \rightarrow$$
$$Al_2Si_2O_5(OH)_4 + 2\,Na^+ + 2\,HCO_3^- + 4\,H_4SiO_4,$$

da die Verwitterungsprodukte dieselben sind. Der Unterschied ergibt sich lediglich durch die Reaktion

$$4\,H_2C_2O_4 + 2\,O_2 \rightarrow 8\,CO_2 + 4\,H_2O,$$

was der oxidativen Zersetzung der Oxalsäure entspricht (beispielsweise durch aerobe bakterielle Respiration in der Bodenzone). Auch aufgrund der Tatsache, dass Grund- und Fließgewässer durch mehr oder weniger hohe Konzentrationen an Hydrogenkarbonat gekennzeichnet sind (Gaillardet et al. 1999), Spuren der Oxalsäure jedoch fehlen, ist es durchaus gerechtfertigt, die Silikatverwitterung generell als Reaktion silikatischer Minerale mit Kohlensäure zu betrachten. Die „biologische Herkunft" des Kohlenstoffs aus dem oxidativen Umsatz organischen Materials in der Bodenzone wird durch die negative δ^{13}C-Signatur des gelösten anorganischen Kohlenstoffs in Grund- und Oberflächenwässern bestätigt (Pawellek und Veizer 1994; Yang et al. 1996).

Möglichkeiten, die Auswirkungen der chemischen Verwitterung zu dokumentieren, sind vielfältig. Klassische Arbeiten hierzu stammen beispielsweise von White et al. (2008, 2009), die sich mit Veränderungen in der mineralogischen und chemischen Zusammensetzung unterschiedlich alter Regolithe auf marinen Terrassen entlang der kalifornischen Küste befassten. Diese zeigen Veränderungen in der Natriumkonzentration des Mineralbestandes und des Porenwassers mit der Tiefe (Abb. 4.2). Geringe Na-Konzentrationen, sowohl in der Festphase als auch im Porenwasser im oberen Teil des Profils, sind das Ergebnis einer intensiven chemischen Verwitterung des Albits. Der Anstieg der Na-Konzentration in der Festphase im tieferen Profilabschnitt zeigt den geringer werdenden Einfluss der chemischen Verwitterung. Gleichzeitig dokumentiert die Zunahme der Na-Konzentration im Porenwasser mit der Tiefe das komplementäre Signal, nämlich den Transport des gelösten Natriums aus der chemischen Zersetzung des Albits durch das Sickerwasser in die tieferen Abschnitte des Terrassenprofils. Vergleichbare Tiefenprofile begründen unser Verständnis der chemischen Verwitterung und den Wechsel in der Elementchemie sowohl im verwitternden Mineral als auch im komplementären Porenwasser. Entlang eines Tiefenprofils verändern sich diese vom vollständig verwitterten oberflächennahen Regolith zum unverwitterten Protolith (dem Ausgangsgestein) in der Tiefe. Die Zone dazwischen mit dem Konzentrationsgradienten repräsentiert die Verwitterungsfront.

Die Verwitterungsfront bleibt in einem mineralogisch homogenen Regolith mehr oder weniger stationär zwischen den beiden Endgliedern, also dem unverwitterten Ausgangsgestein in der Tiefe und dem komplett oder zumindest intensiv verwitterten Regolith im oberen Profilabschnitt. Der Tiefengradient in der mineralogischen bzw. chemischen Zusammensetzung spiegelt dabei die Verwitterungsrate (mol/m/s) wider und wird durch verschiedene Faktoren (Temperatur, Lösungsangebot, pH-Wert, Mineralogie) bestimmt. Ein Anstieg in der

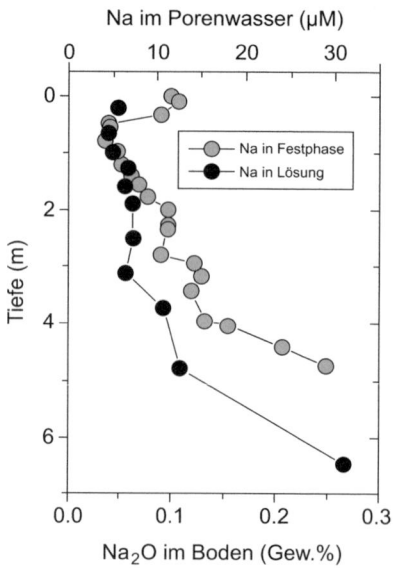

Abb. 4.2 Veränderung der Na-Konzentration im Verwitterungsprofil. (Verändert nach White et al. 2008)

4.3 Silikatverwitterung

Verwitterungsrate resultiert in einem flachen Gradienten der Verwitterungsfront. Dies bedeutet im vorliegenden Beispiel, dass der Anstieg der Na-Konzentration schneller erfolgt. Ein zweiter Faktor ist die Verwitterungsgeschwindigkeit (m/s). Eine Steigerung dieser sorgt dafür, dass sich die Verwitterungsfront schneller in die Tiefe verlagert.

Eine Quantifizierung der Intensität der chemischen Verwitterung erfolgt weniger über individuelle Konzentrationsgradienten als über Verwitterungsindizes. Diese tragen der Tatsache Rechnung, dass die verschiedenen Minerale eines Gesteins unterschiedlich schnell verwittern, wodurch sich der Mineralbestand und auch die chemische Zusammensetzung verändern. Aus der chemischen Zusammensetzung lassen sich die Verwitterungsindizes berechnen. Viele folgen dabei derselben Grundannahme, dass sich Al_2O_3 als häufigstes Element neben SiO_2 bei der chemischen Verwitterung immobil verhält. Mithin normieren einige der prominenten Verwitterungsindizes wie etwa der Chemical Index of Alteration (CIA; Nesbitt und Young 1982; Algeo et al. 2025) die Konzentrationsänderungen der mobileren Phasen auf das Aluminium. Beim Chemical Index of Alteration

$$CIA = (100) \times \left[Al_2O_3 / (Al_2O_3 + CaO + Na_2O + K_2O) \right]$$

bedeutet ein Wert um 50 ein unverwittertes und ein Wert nahe 100 ein (nahezu) komplett verwittertes Gestein. Mithin steigt der CIA-Wert mit zunehmender chemischer Verwitterung.

Bedeutend im Kontext der chemischen Verwitterung ist die Frage, welche Faktoren die Verwitterungsrate bestimmen. Hierbei können intrinsische von extrinsischen Faktoren unterschieden werden (White und Brantley 2003). Intrinsische Faktoren sind die physikalischen und chemischen Parameter eines Minerals wie etwa die chemische und mineralogische Zusammensetzung sowie dessen Oberflächengröße. Dominieren intrinsische Faktoren die chemische Verwitterung, so verläuft diese immer und überall nach vergleichbaren Kriterien. Extrinsische Faktoren spiegeln die physikochemischen Rahmenbedingungen der Verwitterungsumgebung wider wie etwa die Lösungszusammensetzung, die klimatischen Bedingungen oder die Intensität biologischer Prozesse. Diese sorgen für jeweils individuelle Verläufe in der chemischen Verwitterung, die auch experimentell schwer nachzustellen sind.

Mineralzusammensetzung und Kristallstruktur werden als primäre intrinsische Faktoren betrachtet, die die chemische Verwitterung kontrollieren (Goldich 1938; Amonette et al. 1988; Oelkers 2001; White et al. 2002). Dabei kommt den oftmals heterogen ausgebildeten Mineraloberflächen (beispielsweise bei zonierten Mineralen) besondere Bedeutung im Fortschritt der chemischen Verwitterung zu. Wichtigster extrinsischer Faktor bei der chemischen Verwitterung ist die Zusammensetzung der Verwitterungslösung (Brantley 2004), wobei sich der Fortschritt der chemischen Verwitterung verlangsamt, wenn sich zwischen Lösung und verwitterndem Mineral ein chemisches Gleichgewicht einstellt. Wie schnell sich ein solches Gleichgewicht einstellt, hängt mit dem Volumen und der Verweildauer der fluiden Phase zusammen. Mithin bestimmt das Zusammenspiel von Hydrologie und der sich entwickelnden Zusammensetzung der Verwitterungslösung die Intensität der chemischen Verwitterung (Abb. 4.1). Dieses Zusammenspiel lässt sich entlang eines raum-zeitlichen Verwitterungs-

Abb. 4.3 Zonierung innerhalb eines Verwitterungsprofils. (Verändert nach White und Buss 2014)

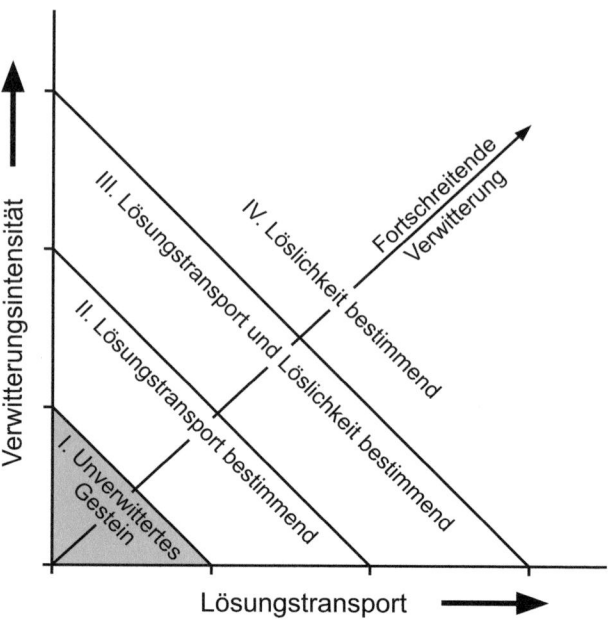

profils vom unverwitterten Protolith zum finalen Regolith nachzeichnen (White und Buss 2014; Abb. 4.3). Am Anfang steht das unverwitterte Gestein (Zone I). Meteorische Wässer dringen über Klüfte oder Poren in das unverwitterte Gestein ein und die Reaktion einzelner Minerale mit der fluiden Phase beginnt. Lösungsprodukte werden abtransportiert, woraus ein Masseverlust im Gestein resultiert. Zugleich verändert sich die chemische Zusammensetzung der Verwitterungslösung. Da in dieser Initialphase das Wasser-Gesteins-Verhältnis noch klein ist und sich rasch ein chemisches Gleichgewicht zwischen Mineral und Verwitterungslösung einstellt, wird der Fortschritt der chemischen Verwitterung durch den Lösungstransport und die damit einhergehende Vergrößerung der Wasserwegsamkeiten (sekundäre Porosität, Erweiterung der Klüfte) bestimmt (Zone II). Mit zunehmender Zeit schreitet die chemische Verwitterung durch Zunahme von Lösungstransport und Massenabnahme voran, und die Wasserwegsamkeiten vergrößern sich. Dies führt zu einem größeren Wasser-Gesteins-Verhältnis, sodass die Lösung nun untersättigt ist (Zone III). In Folge bestimmt nun die Löslichkeit der Minerale den Fortschritt der chemischen Verwitterung und nicht mehr primär Lösungsvolumen und Lösungstransport (Zone IV). Die weitere Vergrößerung des Wasser-Gesteins-Verhältnisses steigert die Intensität der chemischen Verwitterung, bestimmend für den Fortschritt bleibt aber die Löslichkeit der Minerale. Die chemische Verwitterung entwickelt sich also von einem System, welches initial durch den Lösungstransport definiert wird, zu einem System, welches in zunehmendem Maße durch die Reaktionskinetik bestimmt wird.

Unbestritten ist die Beziehung zwischen chemischer Verwitterung und den klimatischen Verhältnissen. Dies betrifft die unmittelbare Zusammensetzung der Verwitterungslösung, vor allem aber eine langzeitliche Steuerfunktion auf die Klimaentwicklung durch die Silikatverwitterung als Senke für atmosphärisches CO_2. Die Bedeutung des Klimas für die chemische Verwitterung im Vergleich zu anderen steuernden Parametern wie Topographie, Tektonik, Lithologie wird kontrovers diskutiert, belegt auch durch unterschiedliche Ergebnisse der einzelnen Studien (Riebe et al. 2004; Gislason et al. 2009; Crawford et al. 2019). Wichtige Parameter sind dabei die Temperatur, aber auch die Niederschlagsmenge und das Abflussverhalten. Diese Parameter zeigen generell eine positive Korrelation zur Intensität der chemischen Verwitterung (Gislason et al. 2009).

Wie eingangs genannt, muss insbesondere in Regionen mit ausgeprägtem Relief die physikalische Verwitterung in die Betrachtung der chemischen Verwitterung einbezogen werden, um die Entwicklung von Verwitterungsprofilen richtig zu bewerten. Eine entsprechende Beziehung lässt sich ebenso auf dem Maßstab eines individuellen Flusseinzugsgebietes aufzeigen (von Blankenburg 2005; Gislason et al. 2009). Die Kausalität ergibt sich dabei aus der Freilegung unverwitterter Mineral- bzw. Gesteinsoberflächen, was zu einer Intensivierung der chemischen Verwitterung führt. Der damit verknüpfte Effekt, den die Kombination aus physikalischer und chemischer Verwitterung auf die Landschaftsentwicklung hat, wird weiter unten behandelt.

4.4 Karbonatverwitterung

Beeindruckende Zeugnisse intensiver Karbonatverwitterung sind die Karstlandschaften unserer Erde, allen voran vielleicht die Kegelberge entlang des Li-Flusses in Südchina.

Im Vergleich zu den Silikaten verwittern Karbonate sehr viel einfacher und schneller und in der Regel durch kongruente Lösung. Klassische Reaktionsgleichungen der Verwitterung von Calcit und Dolomit durch Kohlensäure sind

$$H_2CO_3 + CaCO_3 \rightarrow Ca^{2+} + 2\,HCO_3^-$$
$$2\,H_2CO_3 + CaMg(CO_3)_2 \rightarrow Ca^{2+} + Mg^{2+} + 4\,HCO_3^-.$$

Im Vergleich zu den silikatischen Mineralen ist die Häufigkeit karbonatischer Minerale geringer, und dennoch dominieren Hydrogenkarbonat und Calcium die chemische Zusammensetzung von Grund- und Oberflächenwässern (Gaillardet et al. 1999).

Der Karbonatlösung folgt unter Umständen in räumlichem und zeitlichem Miteinander die Wiederausfällung. Prominentes Beispiel der Wiederausfällung gelöster Karbonate in Regionen mit vorwiegend karbonatischen Gesteinen sind die Stalagmiten und Stalaktiten in Höhlen. Der Bildung dieser geht die kongruente Lösung des Karbonatgesteins durch Kohlensäure voraus. Die Kohlensäure zirkuliert auf Klüften durch das Gestein. Karbonatlösung führt in Folge zu einer Vergrößerung der Klüfte und Bildung eines zunehmend größer werdenden Netzwerkes aus Wasserwegsamkeiten. Entlang dieser werden die Lösungsinhalte, also Ca^{2+} und HCO_3^- bei der Lösung von Calcit, abgeführt. Immer größer werdende Hohlräume bilden sich, schlussendlich entstehen Karsthöhlen. Ist ein solcher Hohlraum mit der Atmosphäre verbunden, ist die Höhlenluft in der Regel durch eine niedrige CO_2-Konzentration charakterisiert. Tritt das Karbonat-haltige Sickerwasser (H_2CO_3, HCO_3^-, CO_2 sowie Ca^{2+}) in den Höhlenraum ein, kommt es zur Entgasung von CO_2. Damit verschiebt sich das Gleichgewicht zu Gunsten der Karbonatbildung:

$$H_2CO_3 \leftrightarrow H_2O + CO_2$$
$$Ca^{2+} + 2HCO_3^- \rightarrow CaCO_3 + H_2CO_3.$$

Die Kohlensäure (oder auch organische Säuren) bildet sich in der darüber liegenden Bodenzone. Dabei stammt das CO_2 der Kohlensäure aus der bakteriellen Zersetzung organischen Materials in der Bodenzone, wie durch negative Kohlenstoffisotopenwerte ($\delta^{13}C$) erkennbar ist.

Auch in der Bodenzone kann es zur Ausfällung von Calcit kommen, vor allem unter ariden Klimabedingungen. Dabei stammen das Calcium und das Hydrogenkarbonat aus der Verwitterung von Karbonaten oder Silikaten. Auch hier wird die Mineralpräzipitation durch die CO_2-Entgasung initiiert, aber die Mineralbildung erfolgt in der Regel sehr nahe an der Erdoberfläche. Solche Bodenkarbonate werden als Caliche bezeichnet (Retallack 2001).

4.5 Sulfidverwitterung

Die Sulfidverwitterung spielt sowohl in natürlichen als auch in anthropogen belasteten Systemen wie etwa ehemaligen Bergbauregionen eine Rolle. Klassischerweise wird hier die oxidative Verwitterung des Pyrits (FeS_2) betrachtet. Pyrit ist ein häufiges Sulfidmineral in Erzlagerstätten, kommt aber auch in marinen feinkörnigen siliziklastischen Gesteinen wie etwa den Schwarzschiefern sowie in anderen organikreichen sedimentären Ablagerungen wie etwa der Kohle vor. Die Verwitterung des Pyrits an der Erdoberfläche erfolgt zumeist mikrobiell katalysiert durch sulfidoxidierende Bakterien (Stumm und Morgan 1996):

$$4FeS_2 + 15O_2 + 8H_2O \rightarrow 2Fe_2O_3 + 8H_2SO_4$$
$$H_2SO_4 \rightarrow 2H^+ + SO_4^{2-}.$$

Deutlich wird, dass die resultierende Verwitterungslösung aufgrund der Freisetzung von Protonen einen sauren Charakter hat. Der pH-Wert der Lösung ist dabei abhängig von der Anwesenheit weiterer Minerale, vor allem von Karbonaten, die eine neutralisierende Wirkung auf den pH der Verwitterungslösung haben. Das gelöste Sulfat kann in Anwesenheit von gelöstem Calcium und unter evaporativen Bedingungen Gips ($CaSO_4 \times 2H_2O$) bilden. Gipskristalle als Ausblühungen auf verwittertem Schwarzschiefer sind die Folge.

Die Verwitterung von Pyrit in Karbonatgesteinen führt in der Regel nicht zur Bildung saurer Verwitterungslösungen, da die resultierende Acidität durch das Karbonat gepuffert wird:

$$4FeS_2 + 15O_2 + 8H_2O \rightarrow 2Fe_2O_3 + 8H_2SO_4$$
$$16H^+ + 16CaCO_3 \rightarrow 16Ca^{2+} + 16HCO_3^-$$

zusammenfassend dargestellt als

$$4\,FeS_2 + 15\,O_2 + 8\,H_2O + 16\,CaCO_3 \rightarrow 2\,Fe_2O_3 + 16\,Ca^{2+} + 8\,H_2SO_4 + 16\,HCO_3^-.$$

Die sich bildende Verwitterungslösung ist dementsprechend ein Ca-SO$_4$-HCO$_3$-Wasser, eine Zusammensetzung, wie sie für Grund- und Oberflächenwässer in Karstregionen typisch ist.

Die Karbonatlösung durch Schwefelsäure aus der Pyritoxidation, eine resultierende Freisetzung von CO_2 und einen damit verbundenen Einfluss auf die globale Klimaentwicklung diskutieren beispielsweise Torres et al. (2014, 2017) und Kemeny et al. (2021a, b). Auch wenn die Zahl der darauf untersuchten Wassereinzugsgebiete derzeit noch klein ist, zeigt sich, dass die Freisetzung von CO_2 durch die Folgen der Pyritoxidation im Vergleich zu bilanzierten Vorstellungen über die Wirkung der Silikatverwitterung als CO_2-Senke in denselben Einzugsgebieten signifikant ist.

Die Schwefelsäure aus der Sulfidoxidation kann auch durch Reaktion mit Silikatmineralen neutralisiert werden und ist damit zugleich eine weitere Möglichkeit der Silikatverwitterung:

$$H_2SO_4 + 9\,H_2O + 2\,NaAlSi_3O_8 \rightarrow Al_2Si_2O_5(OH)_4 + 2\,Na^+ + SO_4^{2-} + 4\,H_4SiO_4.$$

Unter extrem sauren Bedingungen in Folge intensiver Pyritverwitterung kann es sogar zur Auflösung von Sekundärmineralen wie Kaolinit oder Hämatit kommen

$$6\,H^+ + Al_2Si_2O_5(OH)_4 \rightarrow 2\,Al^{3+} + 2\,H_4SiO_4 + H_2O$$
$$6\,H^+ + Fe_2O_3 \rightarrow 2\,Fe^{3+} + 3\,H_2O,$$

in dessen Folge sich Sulfatminerale wie Alunit (KAl$_3$(SO$_4$)$_2$(OH)$_6$) oder Jarosit (KFe$_3$(SO$_4$)$_2$(OH)$_6$) bilden, typische Anzeiger für saure Böden, wie sie in Bergbaufolgelandschaften auftreten.

4.6 Die chemische Verwitterung im Kontext der Erdsystementwicklung

Aspekte der chemischen Verwitterung überlappen mit vielen Aspekten anderer geowissenschaftlicher Teildisziplinen (u. a. Mineralogie, Hydrologie, Geomorphologie, Tektonik, Klimatologie), was die Bedeutung der chemischen Verwitterung für das System Erde unterstreicht. Neben der steuernden Funktion für das Klima reichen weitere Querverbindungen vom Nährstofffluss und damit einem direkten Einfluss auf die Entwicklung des Lebens über die Lagerstättenbildung bis hin zur Landschaftsentwicklung (Frings und Buss 2019).

Eine der prominenten Konsequenzen der chemischen Verwitterung ist die Freisetzung von Nährstoffen. Dabei geht es sowohl um klassische Nährstoffe wie etwa das Phosphat, als auch Elemente wie Kalium, Magnesium und Calcium, wie auch um die sogenannten

Mikronährstoffe wie etwa Eisen, Bor, Zink, Molybdän oder Nickel. Diese spielen eine wichtige Rolle beispielsweise in den enzymatisch gesteuerten Stoffwechselvorgängen (Lohan und Tagliabue 2018).

Ebenso bedeutsam ist der Einfluss der chemischen Verwitterung auf die Hydrologie eines Einzugsgebietes und dies auf unterschiedlichen räumlichen Skalen. Die Lösung von Primärmineralen und die Bildung von Sekundärmineralen wie etwa Tonmineralen steuert physikalische Faktoren wie die Porosität und die Permeabilität. Mit Blick auf die Intensität der chemischen Verwitterung ergibt sich hier eine verstärkende Rückkopplung. Aber auch in den tiefer gelegenen, noch weitestgehend unverwitterten Abschnitten eines Profils führt die chemische Verwitterung zur Bildung und Vergrößerung von Wasserwegsamkeiten, was ebenfalls den Prozess der Verwitterung eines Gesteinsverbandes vorantreibt. Ein Faktor ist dabei auch die Erhöhung der Verweilzeit des Wassers und damit eine Verlängerung der Wasser-Gesteins-Wechselwirkung.

Auf dem Maßstab eines Einzugsgebietes steuert die Verwitterung und die Verknüpfung physikalischer, chemischer und biologisch gesteuerter Prozesse die Landschaftsentwicklung. Es ist mithin das komplexe Zusammenspiel einer Reihe von Faktoren, von denen die chemische Verwitterung durchaus 50 % des Resultats verursachen kann (Dixon und von Blanckenburg 2012). Dennoch ist die physikalische Verwitterung, sind Erosion und Freilegung unverwitterter Gesteins- und Mineraloberflächen maßgeblich für Fortschritt der chemischen Verwitterung verantwortlich. Dixon und von Blanckenburg (2012) nennen in dem Zusammenhang 150 t/km^2/Jahr als obere Grenze für die Verwitterung in silikatischen Gesteinsverbänden unter den heutigen Umweltbedingungen.

Bereits erwähnt wurde die wechselseitige Beziehung zwischen chemischer Verwitterung und dem Klima (Kasting 2019). Die Silikatverwitterung durch Kohlensäure ist nicht nur bestimmend für die Hydrochemie von Grund- und Oberflächenwässern (Ca^{2+} und HCO_3^-), sondern führt über die nachfolgende Präzipitation mariner Karbonate ultimativ zur Speicherung von atmosphärischem CO_2 als Ausgleich des CO_2 aus dem subaerischen Vulkanismus und der Ozeanbodenspreizung. Eine anthropogene Verstärkung der natürlichen Silikatverwitterung wird als Maßnahme für eine gesteigerte Speicherung von atmosphärischem CO_2 unter dem Stichwort Geo-Engineering diskutiert (Köhler et al. 2010).

4.7 Verwitterungslagerstätten

Ein abschließender Blick soll der chemischen Verwitterung und der Bildung von Verwitterungs- oder Residuallagerstätten gelten. Ein weiterer Begriff in diesem Zusammenhang ist der Begriff der supergenen Anreicherung. Gemeint ist hier eine sekundäre Anreicherung ausgewählter Elemente bis hin zu Konzentrationen von wirtschaftlicher Bedeutung, die oberflächennah unter den vorherrschenden Umweltbedingungen erfolgt oder erfolgt ist.

Eine tiefgründige intensive chemische Verwitterung, wie sie etwa in den tropischen Regionen der Erde erfolgt, führt zu einem charakteristischen eisen- und aluminiumreichen Boden, dem Laterit (Abb. 4.4). Dieser kann in Abhängigkeit vom Ausgangsgestein, den Verwitterungsbedingungen und der Verwitterungsdauer Dutzende von Metern mächtig werden. Unter den

4.7 Verwitterungslagerstätten

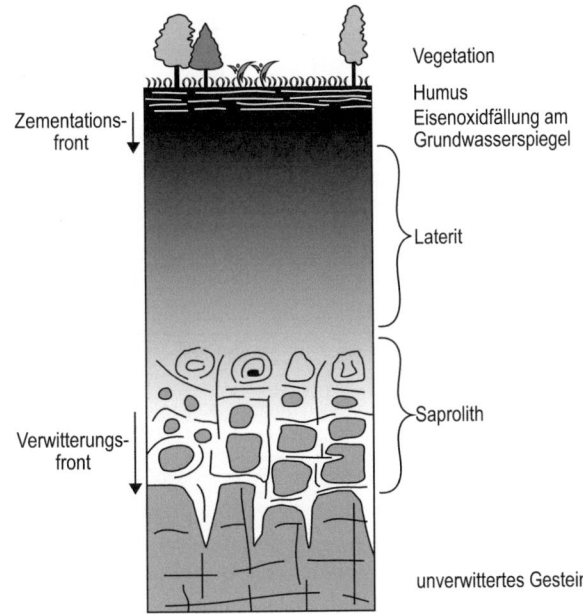

Abb. 4.4 Schematisches Profil eines lateritischen Bodens. (Verändert nach Neukirchen und Ries 2014)

heute herrschenden Umweltbedingungen gibt schwerlösliches Eisenoxyhydroxyd dem lateritischen Boden seine charakteristische rote Farbe. In diesen Böden haben Verwitterungslösungen die leicht löslichen Elemente abgeführt, und nur die weniger löslichen Elemente wie Aluminium, Silizium und Eisen bleiben zurück, ebenso wie wenige verwitterungsresistente Minerale (z. B. Zirkon).

Ein klassisches Beispiel für wirtschaftlich bedeutende Verwitterungslagerstätten ist der Bauxit. Als Bauxit wird ein Aluminiumerz bezeichnet, welches hauptsächlich aus Aluminiumhydroxyd besteht wie etwa dem Mineral Gibbsit. Aluminiumhydroxyd repräsentiert im Grunde das Verwitterungsendprodukt der Feldspatverwitterung. Lateritische Bauxite entwickeln sich aus feldspatreichen und eisenarmen Gesteinen, zumeist magmatischen (Graniten) oder metamorphen (Gneisen), aber auch aus sedimentären (Tonschiefern) Gesteinen. Im Zuge der Silikatverwitterung kommt es zunächst zur Bildung von Tonmineralen wie Kaolinit ($Al_2Si_2O_5(OH)_4$) und im Weiteren durch den Verlust von SiO_2 zur Bildung von Gibbsit ($Al(OH)_3$). Wichtige Bauxitlagerstätten finden sich in Australien, Brasilien und Indien (U. S. Geological Survey 2025).

Ein weiteres Beispiel sind supergene Eisenlagerstätten. Chemische Verwitterungsprozesse transformieren sedimentär gebildete gebänderte Eisenformationen (engl. *banded iron formation* – BIF) mit einem Fe-Gehalt von 15–30 Gewichtsprozent durch Lösung und Abfuhr von Silizium zu wirtschaftlich bedeutenden, zumeist hämatitischen (Fe_2O_3) Reicherzen mit Fe-Gehalten >60 Gew. %. Wie am Beispiel der Eisenerzlagerstätte Sishen in Südafrika rekonstruiert, ist eine Kombination aus geologisch-tektonischer Entwicklung und physikalischen und chemischen Prozessen ursächlich verantwortlich (Abb. 4.5). In einer Schichtenfolge aus einem Karbonat und einer überlagernden gebänderten Eisenformation, bestehend aus Fe-reichen Lagen und kieselsäurereichen Cherts (Hornstein)

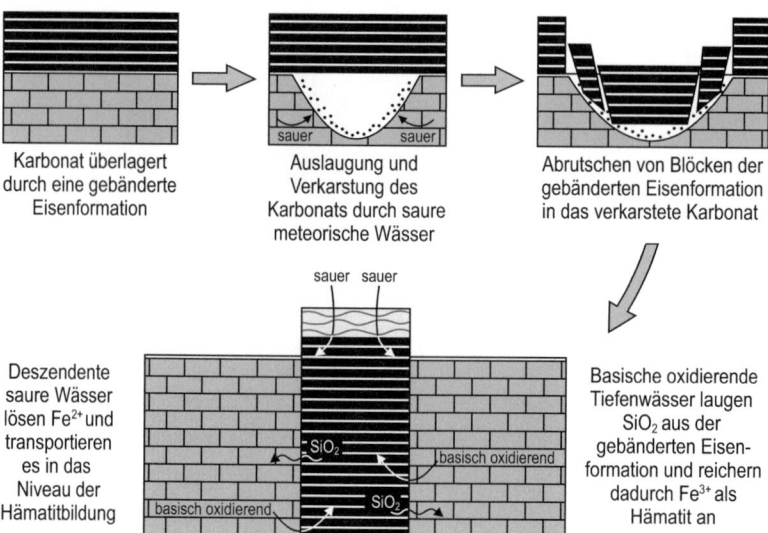

Abb. 4.5 Supergene Eisenanreicherung, Sishen, Südafrika. (Verändert nach Smith und Beukes 2016)

kommt es durch saure Sickerwässer zur Auslaugung der Karbonate im Untergrund und zum Zerbrechen der Schichtenfolge und Nachrutschen der originären Eisenformation. Weitere Sickerwässer erfahren aufgrund des umgebenden karbonatischen Gesteins eine Erhöhung des pH-Wertes. In Folge dessen lösen diese Wässer nun das SiO_2 aus der Eisenformation und führen es ab, wodurch sich das Eisen entsprechend anreichert, vollständig oxidiert wird und schlussendlich als hämatitisches Reicherz vorliegt (Smith und Beukes 2016).

Weitergehende Ausführungen zum Thema Verwitterungslagerstätten finden sich in der lagerstättenkundlichen Literatur wie etwa bei Neukirchen und Ries (2014) oder Pohl (2020).

4.8 Zusammenfassung

Die chemische Verwitterung von Gesteinen und Mineralen ergibt sich aus dem Unterschied in den physikochemischen Rahmenbedingungen (Temperatur und Druck) während der Bildung und den heute herrschenden Umweltbedingungen. Je größer dieser Unterschied ist, desto schneller schreitet die chemische Verwitterung voran. Die chemische Verwitterung wirkt gleichermaßen auf einem mikroskopischen Maßstab und trägt auf makroskopischer Skala, gemeinsam mit eher physikalischen Prozessen, zur Landschaftsprägung bei. Im Kontext der chemischen Verwitterung wird einerseits die Lösung von Mineralen betrachtet, andererseits ergeben sich aber auch authigene Neubildungen aufgrund der geänderten physikochemischen Rahmenbedingungen. Schließlich kann die chemische Verwitterung auch zu einer wirtschaftlich bedeutenden Anreicherung ausgewählter Elemente führen.

Literatur

Algeo TJ, Hong H, Wang C (2025) The chemical index of alteration (CIA) and interpretation of ACNK diagrams. Chem Geol 671:122474

Amonette J, Ismail FT, Scott AD (1988) Oxidation of biotite by different oxidizing solutions at room temperature. Soil Sci Soc Am J 49:772–777

Belt T (1874) The naturalist in Nicaragua. University of Chicago Press, Chicago

Berner EK, Berner RA (2012) Global environment. Princeton University Press, Princeton/Oxford

Bischof G (1847) Lehrbuch der chemischen und physikalischen Geologie, Erster Band. Adolf Marcus, Bonn

von Blankenburg F (2005) The control mechanisms of erosion and weathering at basin scale from cosmogenic nuclides in river sediment. Earth Planet Sci Lett 237:462–479

Brantley SL (2004) Reaction kinetics of primary rock-forming minerals under ambient conditions. In: Treatise on geochemistry. Elsevier, Amsterdam, S 73–118

Crawford JT, Hinckley ES, Litaor MI, Brahney J, Neff JC (2019) Evidence for accelerated weathering and sulfate export in high alpine environments. Environ Res Lett 14:124092

Darwin CR (1881) The formation of vegetable mould through the action of worms with some observations on their habits. John Murray, London

Dixon JL, von Blanckenburg F (2012) Soils as pacemakers and limiters of global silicate weathering. Compt Rendus Geosci 344:597–609

Ebelman JJ (1845) Sur les produits de la decomposition des espèces minérales de la famille des silicates. Ann Min 7:3–66

Frings PJ, Buss HL (2019) The central role of weathering in the geosciences. Elements 15:229–234

Gaillardet J, Dupré B, Louvat P, Allègre CJ (1999) Global silicate weathering and CO_2 consumption rates deduced from the chemistry of large rivers. Chem Geol 159:3–30

Gislason SR, Oelkers EH, Eiriksdottir ES, Kardjilov MI, Gisladottir G, Sigfusson B, Snorrason A, Elefsen S, Hardardottir J, Torssander P, Oskarsson N (2009) Direct evidence of the feedback between climate and weathering. Earth Planet Sci Lett 277:213–222

Goldich SS (1938) A study of rock weathering. J Geol 46:17–58

Kasting JF (2019) The Goldilocks Planet? How silicate weathering maintains earth „just right". Elements 15:235–240

Kemeny PC, Lopez GI, Dalleska NF, Torres M, Burke A, Bhatt MP, Adkins JF (2021a) Sulfate sulfur isotopes and major ion chemistry reveal that pyrite oxidation counteracts CO_2 drawdown from silicate weathering in the Langtang-Trisuli-Narayani River system, Nepal Himalaya. Geochim Cosmochim Acta 294:43–69

Kemeny PC, Torres MA, Lamb MP, Webb SW, Dalleska N, Cole T, Hou Y, Marske J, Adkins JF, Fischer WW (2021b) Organic sulfur fluxes and geomorphic control of sulfur isotope ratios in rivers. Earth Planet Sci Lett 562:116838

Köhler P, Hartmann J, Wolf-Gladrow DA (2010) Geoengineering potential of artificially enhanced silicate weathering of olivine. Proc Natl Acad Sci 107:20228–20233

Lasaga AC (1984) Chemical kinetics of water–rock interaction. J Geophys Res 89:4009–4025

Lohan MC, Tagliabue A (2018) Oceanic micronutrients: trace metals that are essential for marine life. Elements 14:385–390

Merrill GP (1906) A treatise on rocks, rock weathering and soils. Macmillan, New York

Nesbitt HW, Young GM (1982) Early Proterozoic climates and plate motions inferred from major element chemistry of lutites. Nature 199:715–717

Neukirchen F, Ries G (2014) Die Welt der Rohstoffe. Springer Spektrum, Berlin/Heidelberg

Oelkers EH (2001) General kinetic description of multioxide silicate mineral and glass dissolution. Geochim Cosmochim Acta 65:3703–3719

Pawellek F, Veizer J (1994) Carbon cycle in the upper Danube and its tributaries: $\delta^{13}C_{DIC}$ constraints. Isr J Earth Sci 43:187–194

Pohl WL (2020) Economic geology: principles and practise, 2. Aufl. Schweizerbart'sche Verlagsbuchhandlung, Stuttgart

Retallack GJ (2001) Soils of the past: an introduction to paleopedology, 2. Aufl. John Wiley, Hoboken

Riebe CS, Kirchner JK, Finkel RC (2004) Erosional and climatic effects on longterm chemical weathering rates in granitic landscapes spanning diverse climate regimes. Earth Planet Sci Lett 224:547–562

Smith AJB, Beukes NJ (2016) Palaeoproterozoic banded iron formation-hosted high-grade hematite iron ore deposits of the Transvaal Supergroup, South Africa. Episodes 39. https://doi.org/10.18814/epiiugs/2016/v39i2/95778

Stumm W, Morgan JJ (1996) Aquatic chemistry. Wiley and Sons, New York

Torres MA, West AJ, Li G (2014) Sulphide oxidation and carbonate dissolution as a source of CO_2 over geological timescales. Nature 507:346–349

Torres MA, Moosdorf N, Hartmann J, Adkins JF, West AJ (2017) Glacial weathering, sulfide oxidation, and global carbon cycle feedbacks. Proc Natl Acad Sci 114:8716–8720

Urey HC (1952) On the early chemical history of the earth and the origin of life. Proc Natl Acad Sci 38:351

U.S. Geological Survey (2025) Mineral Commodity Summaries 2025. U.S. Geological Survey, Reston VA, 212 S

White AF, Brantley SL (2003) The effect of time on the weathering of silicate minerals: why do weathering rates differ in the laboratory and field? Chem Geol 202:479–506

White AF, Buss HL (2014) Natural weathering rates of silicate minerals. In: Treatise on geochemistry. Elsevier, Amsterdam, S 115–155

White AF, Blum AE, Schulz MS, Huntington TG, Peters NE, Stonestrom DA (2002) Chemical weathering of the Panola Granite: solute and regolith elemental fluxes and the dissolution rate of biotite. In: Water-rock interaction, ore deposits, and environmental geochemistry: a tribute to David A. Crerar. The Geochemical Society, St. Louis, S 37–59

White AF, Schulz MS, Vivit DV, Blum AE, Stonestrom DA, Anderson SP (2008) Chemical weathering of a marine terrace chronosequence, Santa Cruz, California. I: Interpreting rates and controls based on soil concentration-depth profiles. Geochim Cosmochim Acta 72:36–68

White AF, Schulz MS, Stonestrom DA, Vivit DV, Fitzpatrick J, Bullen TD, Maher K, Blum AE (2009) Chemical weathering of a marine terrace chronosequence, Santa Cruz California. Part II: solute profiles, gradients and the comparison of short and long-term weathering rates. Geochim Cosmochim Acta 73:2769–2803

Yang CK, Telmer K, Veizer J (1996) Chemical dynamics of the ‚St. Lawrence' riverine system: $\delta D_{H2O}, \delta^{18}O_{H2O}, \delta^{13}C_{DIC}, \delta^{34}S_{sulfate}$ and dissolved $^{87}Sr/^{86}Sr$. Geochim Cosmochim Acta 60:851–866

Diagenese – Ein biogeochemisches Experiment

5

Diagenetische Karbonatkonkretionen, Laesa Fluss, Bornholm (Foto: G. Strauß)

Inhaltsverzeichnis

5.1	Grundprinzipien der Diagenese..	62
5.2	Porenwässer und die Hydrochemie der Diagenese klastischer Sedimente..........	64
5.3	Authigene Mineralbildung im Zuge der Sedimentdiagenese...............................	68
5.4	Die Isotopen-Biogeochemie der Sedimentdiagenese...	72
	5.4.1 Kohlenstoffisotope...	72
	5.4.2 Schwefelisotope..	73
	5.4.3 Sauerstoffisotope..	74
5.5	Diagenese von Karbonaten...	76
5.6	Zusammenfassung..	78
Literatur..		78

▶ Kompaktion, Entwässerung, Konzentrationsgradienten, mikrobielle und abiotische Redoxreaktionen, Mineralneubildungen, Zementation, Lithifizierung sind Charakteristika der Diagenese. Diagenese fasst alle Prozesse zusammen, die aus Lockersedimenten feste Sedimentgesteine werden lassen. Die zeitliche Dimension der Diagenese ist oft schwer zu fassen, Begriffe wie Früh- oder Spätdiagenese sind eher deskriptiv. Nur unzureichend verdeutlichen sie, dass diagenetische Prozesse entlang der gesamten zeitlichen Entwicklung eines Sedimentbeckens agieren, im Verlaufe der allmählichen Versenkung und auch im Kontext einer späteren Exhumierung, mithin ggf. über Millionen von Jahren.

5.1 Grundprinzipien der Diagenese

Im Zuge der Diagenese verändern sich die mineralogische Zusammensetzung eines Sedimentes sowie dessen Porosität und Permeabilität. Ersteres ist die Folge von Minerallösung und Mineralneubildung als Reaktion auf die sich fortwährend ändernden geochemischen Rahmenbedingungen während der allmählichen Versenkung. Letzteres resultiert aus der mechanischen Kompaktion und der mineralchemischen Zementierung eines Lockersedimentes. Beides, Kompaktion und Zementierung, gehen Hand in Hand entlang der raum-zeitlichen Entwicklung eines sedimentären Ablagerungsraumes.

Die rein mechanische Kompaktion eines Lockersedimentes als Reaktion auf eine zunehmende Überdeckung und damit einen steigenden Druck resultiert im Verlust des Porenraumes unter gleichzeitiger Entwässerung und Entgasung. Außerdem kommt es zur Einregelung der Mineralkörner wie beispielsweise der Tonminerale parallel zur Schichtung. Chemisch kommt es durch die Veränderung von Temperatur, pH und Eh (Redoxpotential) zu Reaktionen der Minerale mit dem im Porenraum befindlichen Wasser. Instabile Minerale werden gelöst, neue authigene Minerale entstehen unter den sich ändernden geochemischen Rahmenbedingungen. Im Zuge der Diagenese entfernt sich der Chemismus des Porenwassers (engl. oft als *interstitial water* bezeichnet) zunehmend von dessen ur-

5.1 Grundprinzipien der Diagenese

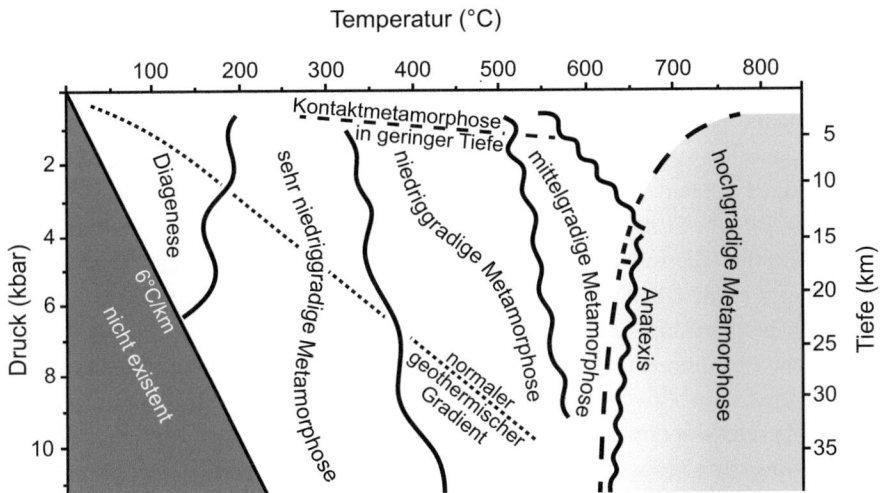

Abb. 5.1 Diagenese und Metamorphose in Abhängigkeit von Druck, Temperatur und Tiefe. (Verändert nach Hesse und Gaupp 2021)

sprünglicher Zusammensetzung. Gleichzeitig füllen Mineralneubildungen den verbliebenen Porenraum und führen so allmählich zur Zementierung und Lithifizierung eines Lockersedimentes. Alternativ kann eine verstärkte Lösung zur Bildung sekundärer Porosität führen.

Die Diagenese umfasst den Zeitraum von der Ablagerung und beginnenden Überdeckung eines Sedimentes bis zum Beginn der Metamorphose in Folge kontinuierlicher Absenkung (Versenkungsdiagenese, engl. *burial diagenesis*). Dabei existiert keine wirklich scharf definierte Grenze zwischen Diagenese und Metamorphose; mit Blick auf die Temperatur wird im Allgemeinen 200 °C als das Ende der Diagenese und der Beginn metamorpher Reaktionen betrachtet (Abb. 5.1; Hesse und Gaupp 2021). Eine spätere Exhumierung bringt auch kompaktierte Sedimentgesteine in den Wirkungsbereich meteorischer Wässer unter erdoberflächennahen Rahmenbedingungen. Resultierende Veränderungen in der chemischen und mineralogischen Zusammensetzung werden mit dem Begriff der meteorischen Diagenese (engl. *meteoric diagenesis*) zusammengefasst.

Nicht nur die Grundlagenforschung befasst sich mit den vielschichtigen Aspekten der Diagenese. Auch die Bildung der fossilen Energieträger Erdöl, Gas und Kohle (Morad et al. 2010) sowie die Bildung verschiedener sedimentärer Erzlagerstätten (z. B. Blei-Zink-Lagerstätten vom Mississippi Valley-Typ; Leach et al. 2010) erfolgen im Kontext diagenetischer Rahmenbedingungen. Im Folgenden werden die grundsätzlichen geochemischen Veränderungen im Zuge diagenetischer Prozesse zusammengefasst, wobei marine Sedimente im Fokus stehen. Für eine weiterführende Betrachtung der Diagenese klastischer Sedimente sei auf Hesse und Gaupp (2021), zur Geochemie der Karbonatdiagenese auf Arvidson und Morse (2014) und Swart (2015) verwiesen.

5.2 Porenwässer und die Hydrochemie der Diagenese klastischer Sedimente

Ohne Wasser keine Diagenese: Das Porenwasser eines Lockersedimentes ist Transport- und Reaktionsmedium zugleich. Biogeochemische Prozesse im Porenraum, Lösung und Neubildung von Mineralen, für alles ist die Anwesenheit von Wasser notwendig. Dies gilt gleichermaßen für den Stoffaustausch zwischen dem Sediment und der überlagernden Wassersäule und die Wechselwirkung zwischen dem Porenwasser und der mineralischen Matrix sowie der enthaltenen Organik. Der Porenraum und das dort enthaltene Porenwasser sind der biogeochemische Reaktor der Diagenese.

Diagenetische Reaktionen im Porenraum beginnen mit dem Wasser, welches bei der Ablagerung im Porenraum zwischen den Mineralkörnern eingeschlossen ist (engl. *connate water*). Dieses Porenwasser im Bereich der Sediment-Wasser-Grenze spiegelt die chemische Zusammensetzung der überlagernden Wassersäule wider und ist damit zunächst ein Archiv der vorherrschenden Umweltbedingungen bzw. der geochemischen Rahmenbedingungen bei der Sedimentablagerung. Die anschließende Überlagerung mit weiterem Sediment und die vielfältigen Prozesse während der Früh- bis Spätdiagenese verändern die chemische Zusammensetzung der Porenwässer. Dies ist zunächst deutlicher in Veränderungen von Konzentration und Isotopie der gelösten Inhaltsstoffe zu erkennen, als durch einen Blick auf Veränderungen in der mineralogischen Zusammensetzung eines Lockersedimentes. Generell bietet die chemische Zusammensetzung des Porenwassers und ihre zeitliche Veränderung, insbesondere entlang vertikaler Tiefenprofile wie sie in Sedimentkernen aufgezeichnet ist, die Möglichkeit, die diagenetische Entwicklungsgeschichte eines Sedimentes zu rekonstruieren. Dabei können sowohl die jeweils vorherrschenden Prozesse als auch die Art des Lösungstransportes in der Sedimentsäule (Advektion vs. Diffusion) identifiziert werden. Dies beinhaltet auch die Frage, ob sich ein chemisches Gleichgewicht einstellen konnte, was für spätere Modellierungen der Diageneseentwicklung wichtig ist.

Diagenetische Reaktionen führen im Porenraum zu Veränderungen in Konzentration und Isotopie der im Porenwasser gelösten Inhaltsstoffe. Intensität und Ausprägung dieser Veränderungen hängen dabei von deren Nachlieferung durch Diffusion oder Advektion ebenso ab, wie von den vorherrschenden Reaktionen. Bestimmend ist hierbei die Sedimentationsrate (sie bestimmt das Ausmaß der Nachlieferung durch Diffusion aus der überlagernden Wassersäule) und das Angebot an reaktiver Organik. Beide steuernden Parameter sind dabei miteinander verknüpft (Canfield 1993). Dabei liefert der Umsatz organischen Materials die chemische Energie für die diagenetischen Reaktionen und ist mithin deren Motor.

Sedimentär eingetragene organische Substanz, also Kohlenstoff in reduzierter Form, wird durch mikrobielle Redoxreaktionen abgebaut. Marines sedimentäres organisches Material mit der chemischen Formel $(CH_2O)_{106}(NH_3)_{16}(H_3PO_4)$ (Redfield 1958), in den nachfolgenden Reaktionsgleichungen allgemeingültig als CH_2O abgekürzt, ist sehr reaktionsfreudig. Dabei repräsentiert der reduzierte Kohlenstoff die Energiequelle (Elektronendonator) für im Sediment lebende Bakterien, Reaktionspartner sind im Poren-

Reaktion	ΔG^0 (kJ mol^{-1})
Aerobe Respiration	
$[CH_2O] + O_2 \rightarrow CO_2 + H_2O$	-479
Nitratreduktion	
$5[CH_2O] + 4NO_3^- \rightarrow 2N_2 + 4HCO_3^- + CO_2 + 3H_2O$	-453
Manganreduktion	
$[CH_2O] + 3CO_2 + H_2O + 2MnO_2 \rightarrow 2Mn^{2+} + 4HCO_3^-$	-349
Eisenreduktion	
$[CH_2O] + 7CO_2 + 4Fe(OH)_3 \rightarrow 4Fe^{2+} + 8HCO_3^- + 3H_2O$	-114
Sulfatreduktion	
$2[CH_2O] + SO_4^{2-} \rightarrow H_2S + 2HCO_3^-$	-77
$4H_2 + SO_4^{2-} + H^+ \rightarrow HS^- + 4H_2O$	-152
$CH_3COO^- + SO_4^{2-} + 2H^+ \rightarrow 2CO_2 + HS^- + 2H_2O$	-41
Methanogenese	
$4H_2 + HCO_3^- + H^+ \rightarrow CH_4 + 3H_2O$	-136
$CH_3COO^- + H^+ \rightarrow CH_4 + CO_2$	-28

Abb. 5.2 Redoxzonierung und Abfolge mikrobiell gesteuerter Umsatzprozesse. (Verändert nach Froelich et al. 1979)

wasser gelöster molekularer Sauerstoff sowie weitere gelöste oder partikuläre Stoffe (Elektronenakzeptoren). Aufgrund der unterschiedlichen Energieeffizienz der verschiedenen möglichen Redoxreaktionen (Gibbs-Energie oder Freie Enthalpie) ergibt sich eine sequentielle räumliche Anordnung dieser (Abb. 5.2; Froelich et al. 1979). Je höher der Gehalt an organischer Materie im Sediment, messbar beispielsweise durch den Gehalt an organischem Kohlenstoff (engl. *total organic carbon* – TOC), desto dichter sind die Bakterienpopulationen und desto intensiver erfolgt der mikrobielle Abbau der sedimentären Organik. Hieraus ergibt sich, dass sich die Kaskade aufeinander folgender Redoxreaktionen im Bereich von wenigen Dezimetern oder sogar Zentimetern ausbildet, ist das Sediment von einer mikrobiellen Matte überdeckt oftmals sogar im Bereich weniger Millimeter (Schulz und Zabel 2006).

Die Oxidation organischer Substanz mit molekularem Sauerstoff (aerobe Respiration) erfolgt im oberen Bereich der Sedimentsäule, beginnend an der Sediment-Wasser-Grenze. Der Sauerstoff ist entweder noch originär im eingeschlossenen Porenwasser gelöst und/oder wird bei fortschreitendem Verbrauch durch Diffusion aus der überlagernden Wassersäule nachgeliefert. Erneut spielen hier die Sedimentationsrate sowie das Angebot an organischem Material die entscheidende Rolle für die Mächtigkeit des Sediments, in der aerobe Respiration für den oxidativen Abbau verantwortlich ist. Dies lässt sich beispielsweise durch die Eindringtiefe von Sauerstoff ins Sediment bestimmen (Abb. 5.3), in küstennahen Sedimenten beträgt diese wenige Millimeter bis Zentimeter, in küstenfernen Bereichen liegt sie im Bereich von Dezimetern bis zu mehreren Metern (Canfield et al. 2005).

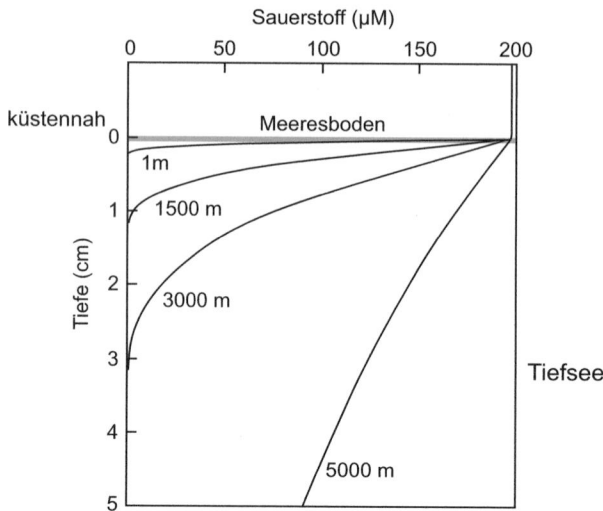

Abb. 5.3 Vertikale Veränderung der Sauerstoffkonzentration in marinen Sedimenten in Abhängigkeit der Wassertiefe. (Verändert nach Canfield et al. 2005)

Chemisch stellt sich der oxidative Abbau organischer Substanz mittels molekularen Sauerstoffs wie folgt dar:

$$CH_2O + O_2 \rightarrow CO_2 + H_2O$$

Das resultierende CO_2 wird im Wasser als Kohlensäure gelöst und dissoziiert zu Hydrogenkarbonat (HCO_3^-) und einem Wasserstoffion (H^+):

$$CO_2 + H_2O \rightarrow H_2CO_3 \rightarrow HCO_3^- + H^+$$

Das Hydrogenkarbonat verbleibt im Porenwasser gelöst oder vermag im Nachgang zur karbonatischen Zementation des Porenraumes beitragen. Berücksichtigt man die tatsächliche Formel für sedimentäre organische Substanz (Redfield 1958) wird klar, dass neben dem Kohlenstoff auch weitere Nährstoffe wie Stickstoff und Phosphor freigesetzt werden, im Verhältnis C:N:P von 106:16:1 (Redfield 1958). Die Zone der aeroben Respiration ist im Sediment leicht durch eine braun-gelbliche Färbung zu erkennen, die von Eisen- und Manganoxiden oder -hydroxiden herrührt. Zudem wird das oxische Sediment oft durch benthische Organismen durchwühlt (Bioturbation).

Übersteigt in Folge fortschreitender aerober Respiration der Sauerstoffverbrauch die Sauerstoffnachlieferung, wird Sauerstoff limitierend und schlussendlich komplett aufgezehrt. Nun schließen sich mit zunehmender Sedimenttiefe anaerobe Stoffwechselpfade an.

Sinkt die Sauerstoffkonzentration unter einen Schwellenwert von 0,5 mL/L H_2O (Devol 1978), tritt im Porenwasser gelöstes Nitrat an die Stelle des molekularen Sauerstoffs als Oxidationsmittel (Elektronenakzeptor). Diese Zone wird oft als suboxische Zone beschrieben, auch wenn dieser Begriff kritisch betrachtet wird (Canfield und Thamdrup 2009). Fakultativ aerobe Bakterien übernehmen nun den mikrobiell gesteuerten Abbau der sedimentären Organik mittels Nitrat, weshalb dieser Bereich der Sedimentsäule als Nitratreduktionszone (Abb. 5.2) bezeichnet wird. Das Nitrat stammt dabei aus dem oxidativen Umsatz der Organik durch aerobe Respiration und hat sich im unteren Bereich der Oxidationszone angereichert.

Mit zunehmender Sedimenttiefe stellen sich sauerstofffreie, anoxische Bedingungen ein. In räumlicher Nachfolge der Nitratreduktion und partiell mit der Nitratreduktionszone überlappend schließen sich mit zunehmender Tiefe die Mangan- und Eisenreduktion als weitere mikrobielle Redoxreaktionen an (Abb. 5.2), die den Abbau der sedimentären Organik weiter vorantreiben. Entscheidend für die Bedeutung dieser beiden Redoxprozesse ist hier die Löslichkeit der mineralischen Mangan- und Eisenoxide/-hydroxide.

Mit deutlich reduzierter Energieausbeute folgt unterhalb der Zone der Eisenreduktion (und partiell mit dieser überlappend) die Sulfatreduktion (Abb. 5.2). Mit einer Konzentration von 28 mM spielt Sulfat in marinen Sedimenten eine bedeutende Rolle im Kanon der mikrobiell gesteuerten oxidativen Abbaureaktionen sedimentärer organischer Substanz. Genauer, im marinen Bereich ist die bakterielle Sulfatreduktion nach der aeroben Respiration die zweitwichtigste Abbaureaktion (Jørgensen 1982) und trägt ggf. zur Hälfte des mikrobiellen Abbaus der sedimentären Organik in marinen Sedimenten bei.

Chemisch stellt sich diese sog. organoklastische Sulfatreduktion wie folgt dar:

$$2\,CH_2O + SO_4^{2-} \rightarrow H_2S + 2\,HCO_3^-$$

Das resultierende Sulfid (S^{2-}) verbindet sich in der Regel mit gelöstem Eisen zunächst zu metastabilen Eisenmonosulfiden (z. B. Greigit – Fe_3S_4 oder Mackinawit – $(Fe,Ni)_{1+x}S$). Diese Minerale repräsentieren Vorläuferphasen auf dem Weg zum diagenetisch stabilen Eisendisulfidmineral Pyrit (FeS_2; Rickard 2015). Die Sulfatreduktionszone und damit verbundene Präzipitation von Eisensulfid ist durch eine Schwarzfärbung des Sedimentes leicht erkennbar, neben einem offensichtlichen unangenehmen Geruch des Schwefelwasserstoffs nach faulen Eiern.

Ist das Sulfat als Reaktionspartner für den Umsatz sedimentären organischen Materials erschöpft, schließt sich unterhalb der Sulfatreduktionszone die Zone der Methanbildung an. Zwei Prozesse sind hierbei von Bedeutung: die CO_2-Reduktion und die Fermentation. Das CO_2 stammt dabei aus der Oxidation der organischen Substanz, dessen Reduktion zum Methan erfolgt mittels molekularem Wasserstoff gemäß den nachfolgenden Gleichungen:

$$CH_2O + H_2O \rightarrow CO_2 + 4\,H^+$$
$$CO_2 + 8\,H^+ \rightarrow CH_4 + 2\,H_2O$$

Alternativ können auch weitere organische Verbindungen von methanogenen Bakterien durch Fermentation umgesetzt werden, wie etwa das Azetat:

$$CH_3COOH \rightarrow CH_4 + CO_2$$

Energetisch gesehen stehen diese Prozesse am Ende der sequentiellen Prozesskaskade mikrobieller Umsatzprozesse sedimentären organischen Materials (Abb. 5.2; Froelich et al. 1979).

Vor allem marine Sedimente und ihre Porenwasserprofile zeigen oft gegenläufige Konzentrationsentwicklungen für gelöstes Sulfat und gelöstes Methan. Aufwärts diffundierendes Methan trifft auf gelöstes Sulfat und es kommt zur anaeroben sulfatgestützten Methanoxidation (SD-AOM: *sulfate dependent anaerobic oxidation of methane*; Reeburgh 1976, 1980; Borowski et al. 1996; Hinrichs et al. 1999; Boetius et al. 2000):

$$CH_4 + SO_4^{2-} \rightarrow HCO_3^- + HS^- + H_2O$$

Diese Zone in der Sedimentsäule wird als Sulfat-Methan-Übergangszone (engl. *sulfate methane transition zone* – SMTZ) bezeichnet.

Jüngere Studien zeigen, dass vor allem in nichtmarinen sowie küstennahen brackischen Standorten die Oxidation von Methan auch an die Reduktion von Nitrat, Mangan und Eisen geknüpft sein kann (für ein Zusammenfassung siehe Wallenius et al. 2021).

Zusammenfassend kann festgestellt werden, dass der Umsatz sedimentären organischen Materials durch eine sequentielle Folge mikrobiell gesteuerter Redoxreaktionen die diagenetische Entwicklung eines Sedimentes bestimmt. Der Nachweis entsprechender Reaktionen erfolgt über die Bestimmung vertikaler Gradienten in den Konzentrationen der gelösten Reaktionspartner im Porenwasserprofil eines Sedimentes. Die Eindeutigkeit der Aussage wird durch die Messung charakteristischer Veränderungen der stabilen Isotope noch verstärkt.

Neben der Freisetzung und/oder dem Verbrauch gelöster Inhaltsstoffe kommt es im Zuge der Diagenese aber auch zu Mineralneubildungen. Sie entziehen dem Porenwasser gelöste Inhaltsstoffe und verändern somit ebenfalls deren Konzentration in den Porenwasserprofilen. Solche authigenen Mineralbildungen sind ein weiteres charakteristisches Phänomen der Diagenese von Sedimenten.

5.3 Authigene Mineralbildung im Zuge der Sedimentdiagenese

Verschiedene Karbonatminerale (Calcit, Dolomit, Siderit), aber auch Pyrit und Baryt sind typische authigene Mineralbildungen, die aufgrund ihrer sehr unterschiedlichen Bildungsbedingungen verschiedene Aspekte zur Rekonstruktion der Sedimentdiagenese beitragen können. Hinzu kommen verschiedene Tonminerale. In siliziklastischen sedimentären Abfolgen stechen dabei vor allem diagenetische Konkretionen hervor, die im Kontext eines intensiven mikrobiellen Umsatzes organischen Materials zu verstehen sind. Ausgangspunkt der relevanten Redoxreaktionen ist ein lokal begrenztes, hohes Angebot an reaktiver Organik, zumeist in Form toter tierischer Materie. Als eindeutiger Hinweis finden sich häufig Makrofossilien im Zentrum solcher Konkretionen (Bojanowski und Clarkson 2012; Yoshida et al. 2015).

Das hohe Angebot an reaktiver Organik befördert – wie zuvor beschrieben – den intensiven mikrobiellen Umsatz dieser und führt zur Ausbildung eines extrem steilen Redoxgradienten, einschließlich der raschen Etablierung lokaler anoxischer Bedingungen, wie sie für die mikrobielle Sulfatreduktion und/oder Methanogenese erforderlich sind. Auch wenn das umgebende Sediment ggf. eher suboxische Bedingungen zeigt, kommt es in solch lokal begrenzten Mikromilieus bereits zur Sulfatreduktion und/oder Methanogenese (Bojanowski und Clarkson 2012). Der intensive oxidative Umsatz des organischen Materials führt in Folge zur Karbonatübersättigung und dem beginnenden Wachstum karbonatischer Konkretionen, wobei das eingeschlossene Fossil oft den Kristallisationskern bildet (Yoshida et al. 2018). Das Wachstum der Konkretion wird von der Intensität des Umsatzes der Organik, und damit dem Angebot/der Nachlieferung an CO_3^{2-}-Ionen sowie dem Angebot an reaktiven Kationen (hier primär Ca^{2+}, Mg^{2+}; Fe^{2+}) bestimmt. Diese werden zumeist durch Diffusion herantransportiert.

Entsprechend des Kationenangebots kommt es zur Bildung calcitischer oder dolomitischer Konkretionen, ggf. mit wechselndem Fe-Gehalt. Chemisch zonierte Konkretionen spiegeln dabei ein räumlich-zeitlich wechselndes Angebot an Kationen als Reaktionspartner wider. Aus der Sulfatreduktion resultierendes Sulfid wird bei entsprechendem Fe^{2+}-Angebot parallel zur Karbonatbildung als Eisensulfid präzipitiert (Raiswell 1987). Ist das Sulfatangebot dagegen limitiert und/oder rasch erschöpft, steht ein mögliches Fe-Angebot für die Bildung sideritischer ($FeCO_3$) Konkretionen zur Verfügung (Bojanowski und Clarkson 2012).

Zusammenfassend spiegelt die mineralogische Komplexität gerade der karbonatischen Konkretionen die räumlich-zeitliche Variabilität der geochemischen Rahmenbedingungen im Bereich der Diagenese wider. Ausgangspunkt ist ein lokal hohes Angebot an reaktiver, d. h. mikrobiell abbaubarer organischer Substanz. Dieses steuert ursächlich die Entwicklung der Redoxbedingungen (sehr verallgemeinert aerob vs. anaerob), welche den Rahmen für die generell ablaufenden mikrobiell gesteuerten Redoxreaktionen bestimmen. Die Ausprägung der Karbonatmineralogie (im Sinne calcitischer, dolomitischer oder sideritischer Konkretionen) wird schlussendlich durch die Verfügbarkeit der Kationen und deren Bindung an mögliche weitere Reaktionspartner (wie im Falle des gelösten Sulfids für reaktives Fe^{2+}) bestimmt.

Pyrit findet sich nahezu ubiquitär in marinen Sedimenten und ist das Produkt bakterieller Sulfatreduktion und nachfolgender Reaktion des resultierenden Sulfids mit reaktivem Fe^{2+}. Unser Verständnis der geochemischen Rahmenbedingungen der Pyritbildung fußt auf frühen Arbeiten von Berner (1970, 1980) sowie Raiswell und Berner (1985, 1986), neuere Arbeiten stammen von Rickard (2012, 2014, 2015).

Aufgrund der notwendigen Ausprägung anoxischer Bedingungen für die mikrobielle Sulfatreduktion (Jørgensen et al. 2019) findet die Pyritbildung in der Regel im Sediment statt und ist damit ein wichtiger Prozess der Diagenese mariner klastischer Sedimente. Nur in Fällen, in denen das Bodenwasser oder Teile der Wassersäule anoxisch sind, kommt es bereits in der Wassersäule zur Sulfatreduktion; das klassische Beispiel dafür ist das Schwarze Meer (Neretin et al. 2006). Bestimmend für die Pyritbildung (wie oben erwähnt in Nachfolge einer monosulfidischen Vorläuferphase wie etwa Greigit oder Mackinawit) ist die Verfügbarkeit von reaktivem organischem Kohlenstoff, gelöstem Sulfat und reaktivem Eisen. Alle drei Reaktionspartner können prinzipiell limitierend für die Pyritbildung sein, auch wenn im marinen Bereich zunächst von einem unbegrenzten Sulfatreservoir ausgegangen wird. Demzufolge bestimmt das Angebot an reaktiver Organik die Dauer und Intensität des initialen Prozesses der bakteriellen Sulfatreduktion (Raiswell und Berner 1985), sichtbar an einer positiven Korrelation des Gehaltes an organischem Kohlenstoff und pyritgebundenem Schwefel (Abb. 5.4). Vor allem in organikreichen Sedimenten kann aufgrund hoher Sulfatreduktionsraten die Verfügbarkeit an reaktivem Eisen die Pyritbildung limitieren, sodass entstehendes Sulfid mit dem sedimentären organischen Material reagiert (Amrani 2014) oder aus dem Sediment in die Wassersäule diffundiert und dort oxidiert wird (Jørgensen et al. 2019).

Die Verfügbarkeit von reaktivem Eisen (für eine Definition des Begriffes siehe Raiswell und Canfield 2012) in klastischen Sedimenten korreliert mit den Redoxbedingungen des Bodenwassers und erlaubt über den Quotienten von hochreaktivem Fe (z. B. Ferrhydrit, Goethit oder Hämatit reagieren in Stunden oder Tagen mit gelöstem Sulfid zu Eisensulfid) zu Gesamt-Fe und den Quotienten von pyritgebundenem Fe zu hochreaktivem Fe (Abb. 5.5) die Charakterisierung der entsprechenden Milieubedingungen bei der Pyritbildung (Raiswell und Canfield 2012). Schlussendlich kann auch die Verfügbarkeit von gelöstem Sulfat im Porenwasser limitierend für den Prozess werden, wenn die Intensität der

Abb. 5.4 Korrelation der Gehalte an organischem Kohlenstoff und Pyritschwefel als Hinweis auf die bakterielle Sulfatreduktion für marine und nichtmarine Sedimente. (Verändert nach Raiswell und Berner 1986)

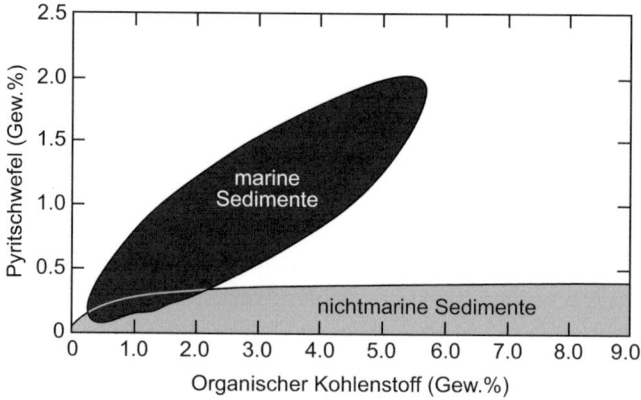

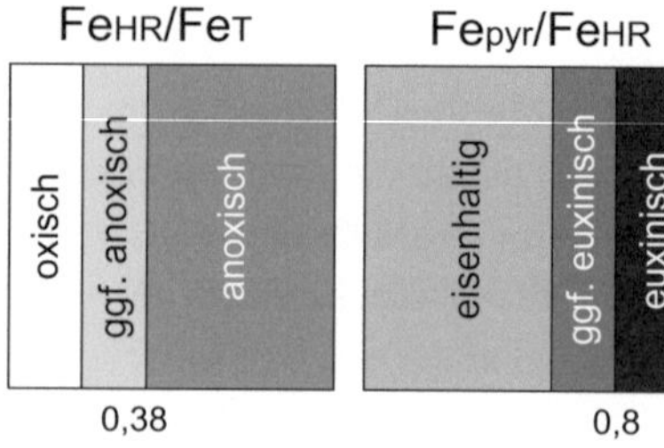

Abb. 5.5 Eisenspeziierung als Hinweis auf vorherrschende Milieubedingungen in marinen klastischen Sedimenten. *FeHR* hochreaktives Fe; *FeT* Gesamt-Fe. (Verändert nach Raiswell und Canfield 2012)

Sulfatreduktion die (diffusive) Sulfatnachlieferung überschreitet. Eindeutige Hinweise für eine existierende Sulfatlimitierung bei der bakteriellen Sulfatreduktion ergeben sich aus den Schwefelisotopenwerten des sedimentären Pyrits.

Auch der Prozess der mikrobiellen Sulfatreduktion und nachfolgenden Pyritbildung erfolgt ggf. über einen längeren Zeitraum. Studien zur Pyritmorphologie machen deutlich, dass frühdiagenetisch gebildete framboidale Pyrite im Verlauf der fortschreitenden Diagenese überwachsen werden von späteren Pyritgenerationen, wie beispielsweise großen idiomorphen Pyritkristallen als spätdiagenetische Bildungen (Wilkin et al. 1996; Lin et al. 2016; Rickard 2014). Auch hier liefern Schwefelisotopendaten der verschiedenen Pyritgenerationen wichtige Hinweise zur Rekonstruktion der Bildungsbedingungen des sedimentären Pyrits (Lin et al. 2016, 2017).

Baryt bildet sich in der marinen Wassersäule im Zuge der Zersetzung partikulären organischen Materials (mariner Baryt), im übersättigen Porenwasser oder durch Kontakt Ba-reicher Fluide mit SO_4-reichem Meerwasser (diagenetischer Baryt) oder präzipitiert aus hydrothermalen Lösungen (hydrothermaler Baryt). Die unterschiedliche Genese lässt sich dabei durch die Schwefel-, Sauerstoff- und Strontiumisotopensignaturen des Baryts klären (Paytan et al. 2002). Vor allem der mikrokristalline marine Baryt wird als Indikator der marinen Primärproduktion und des Exports organischen Kohlenstoffs in das marine Sediment genutzt (Dehairs et al. 1980; Paytan und Griffith 2007). Im unteren Bereich der Sulfatreduktionszone sowie unterhalb dieser in der Zone der Methanbildung kommt es aufgrund der Sulfatuntersättigung zur Lösung des sedimentären Baryts. Während das Sulfat durch sulfatreduzierende Bakterien oder die anaerobe Methanoxidation verbraucht wird, diffundiert das gelöste Barium in höhere Teile der Sedimentsäule. Trifft es dort auf gelöstes Sulfat im Porenwasser, präzipitiert das Barium quantitativ als Baryt in Konkretionen oder Lagen und bildet eine sog. Barytfront (Torres et al. 1996; Dickens 2001). Massive Barytbildungen finden sich beispielsweise an kalten Methanquellen und bezeugen damit die beschriebene Abfolge der verschiedenen Redoxzonen und die komplexen Wechselwirkungen zwischen Sulfat und Methan (Aloisi et al. 2003; Torres et al. 2003; Arndt et al. 2006).

Organikreiche Schwarzschiefer führen häufig Barytkonkretionen. Goldberg et al. (2005) beschreiben Lagen mit Baryt-Pyrit-Konkretionen aus unterkambrischen Schwarzschiefern der Yangtze-Plattform in China. Gut ausgebildete idiomorphe Pyritkristalle im Kern der Konkretionen und ihre Schwefelisotopensignatur bezeugen deren diagenetische Bildung via bakterieller Sulfatreduktion des Porenwassersulfats, vergleichbar mit im Sediment dispers verteiltem, frühdiagenetisch gebildetem Pyrit außerhalb der Baryt-Pyrit-Konkretionen. Um den Pyrit im Kern der Konkretionen präzipitierte später der Baryt, wobei dessen Kristallgröße vom Kern zum Randbereich zunimmt und ein konzentrisches Wachstum widerspiegelt. Außergewöhnlich positive Schwefelisotopenwerte ($\delta^{34}S$ zwischen +63‰ und +75‰) liegen deutlich oberhalb der Schwefelisotopensignatur des frühkambrischen Meerwassers ($\delta^{34}S$ um +35‰; Kampschulte und Strauss 2004). Sie bezeugen einerseits eine Veränderung der Schwefelisotopensignatur durch fortschreitende bakterielle Sulfatreduktion, andererseits spiegelt das Fehlen eines eindeutigen Gradienten in der Schwefelisotopensignatur des Baryts vom Kern zum Randbereich der Konkretionen eine vergleichsweise rasche Barytpräzipitation aus einem isotopisch homogenen Sulfatreservoir wider. Dies entspricht einer Sulfatfront wie aus vergleichbaren sedimentären Milieus beschrieben (Arndt et al. 2006).

Zusammenfassend betrachtet spiegeln auch die authigene Pyrit- und Barytbildung, ob nun als dispers verteilte individuelle Kristalle oder in Form von Konkretionen, die räumlich-zeitliche Komplexität der Sedimentdiagenese wider. Wie eingangs gesagt, tragen authigene Mineralbildungen entscheidend zur Rekonstruktion der Diagenesegeschichte eines Sedimentes bei, komplementär zur Hydrochemie bzw. Biogeochemie der Porenwässer. Analytische Werkzeuge reichen von der Petrographie über die Geochemie bis hin zu Isotopenuntersuchungen. Gerade letztere, die Signaturen ausgewählter Isotopensysteme, liefern oftmals entscheidende Hinweise zur Prozessidentifikation und -charakterisierung.

5.4 Die Isotopen-Biogeochemie der Sedimentdiagenese

Konzentrationsgradienten in Porenwasserprofilen sowie petrographische und geochemische Untersuchungen authigener Mineralbildungen liefern wichtige Erkenntnisse zur Rekonstruktion der Diagenese eines Sedimentes. Da insbesondere mikrobiell katalysierte Redoxreaktionen mit häufig deutlichen und diagnostischen Verschiebungen in den stabilen Isotopen der Reaktionspartner verknüpft sind, spielen Isotopenuntersuchungen ebenfalls eine wichtige Rolle in der Entschlüsselung der Diagenesegeschichte eines Sedimentes.

5.4.1 Kohlenstoffisotope

Zentral für die diversen mikrobiell gesteuerten Redoxreaktionen ist der Umsatz sedimentär eingetragenen organischen Materials oder des Methans. Sedimentäres organisches Material mariner Sedimente ist durch negative $\delta^{13}C$-Werte zwischen -34 und $-20‰$ gekennzeichnet, als Folge der Diskriminierung gegenüber dem ^{13}C-Isotop bei der photosynthetischen Kohlenstofffixierung (Deines 1980; O'Leary 1981; Hayes et al. 1999). Biogenes Methan zeigt noch deutlich negativere $\delta^{13}C$-Werte zwischen -120 und $-45‰$ (Whiticar 1999). Während der oxidative Umsatz des organischen Materials oder Methans zu CO_2 mit keiner signifikanten Verschiebung in der Isotopensignatur verknüpft ist, kommt es im Zuge der nachfolgenden Lösung des CO_2 in Wasser (über die Kohlensäuredissoziation zum Hydrogenkarbonat) hingegen zu einer Isotopenfraktionierung um ca. $7‰$ (Freeman und Hayes 1992), sodass der $\delta^{13}C_{HCO3-}$-Wert des resultierenden Hydrogenkarbonats um diesen Betrag zum Positiven hin verschoben ist. Somit wird deutlich, dass diagenetisch gebildete Karbonate wie beispielsweise karbonatische Zemente im Porenraum oder Karbonatkonkretionen zumeist entsprechend negative $\delta^{13}C$-Werte zeigen (Swart 2015). Dies steht in deutlichem Gegensatz zum gelösten anorganischen Kohlenstoff der marinen Wassersäule, der $\delta^{13}C$-Werte zwischen −3 und +3 ‰ zeigt (Swart 2015). Damit erlaubt die Kohlenstoffisotopensignatur diagenetisch gebildeter Karbonate die Differenzierung der möglichen Quellen des zuvor gelösten anorganischen Kohlenstoffs, aus dem diese hervorgegangen sind. Hier stechen besonders die authigenen Karbonate hervor, deren Kohlenstoffquelle oxidiertes biogenes Methan ist und dementsprechend ebenfalls durch deutlich negative $\delta^{13}C$-Werte gekennzeichnet sind (Bohrmann et al. 1998; Aloisi et al. 2003; Kocherla et al. 2015; Crémière et al. 2016; Chen et al. 2021). Werden bei der Methanogenese, beispielsweise bei der Azetatfermentation, jedoch gleichzeitig Methan und Kohlendioxid gebildet, zeigt das Methan (und ggf. durch dessen Oxidation gebildetes CO_2) die bereits erwähnten deutlich negativen $\delta^{13}C$-Werte. Demgegenüber verzeichnet das aus der Fermentation resultierende CO_2 bzw. HCO_3^- an ^{13}C angereicherte, durchaus auch positive $\delta^{13}C$-Werte (Anderson und Arthur 1983; Grossman 1996).

5.4.2 Schwefelisotope

Mit Blick auf einen mikrobiell gesteuerten Umsatz organischen Kohlenstoffs kommt es beim Umsatz der Elektronenakzeptoren (Nitrat, Eisenoxid, Sulfat, CO_2) zu einer Diskriminierung des Isotops der höheren Masse, also ^{15}N gegenüber ^{14}N bei der Nitratreduktion, ^{56}Fe gegenüber ^{54}Fe bei der Eisenreduktion, ^{34}S gegenüber ^{32}S bei der Sulfatreduktion sowie ^{13}C gegenüber ^{12}C bei der Methanogenese (Sharp 2017; Hoefs 2021). Während sich das leichtere Isotop im Reaktionsprodukt anreichert, verbleibt das Isotop der höheren Masse im Edukt.

In marinen Sedimenten ist neben der aeroben Respiration vor allem die bakterielle Sulfatreduktion der prinzipielle anaerobe Prozess, der für den Umsatz organischen Kohlenstoffs verantwortlich ist (Jørgensen et al. 2019). Reaktionspartner und Elektronenakzeptor ist das im Meerwasser gelöste Sulfat, heute mit einer Schwefelisotopensignatur von +21‰ (Tostevin et al. 2014). Die bakterielle Sulfatreduktion ist mit einer deutlichen Isotopenfraktionierung des Schwefels von bis zu 70 ‰ (Sim et al. 2011) verknüpft, sodass das resultierende Sulfid entsprechend am ^{34}S-Isotop verarmt ist. Sedimentärer Pyrit in rezenten marinen Sedimenten zeigt $\delta^{34}S$-Werte im Mittel um −20 ‰ (Canfield 2001), durchaus aber auch deutlich negativere Werte bis −50 ‰ (Strauss 1997). Übersteigt der Sulfatumsatz die Sulfatnachlieferung, wird das gelöste Sulfat allmählich limitierend. Fortschreitende Sulfatreduktion ist jedoch auch weiterhin mit einer Isotopenfraktionierung verknüpft, sodass sich sukzessive das gelöste Sulfat am ^{34}S-Isotop anreichert. In Folge zeigt auch spätdiagenetisch gebildeter Pyrit deutlich weniger negative oder sogar positive $\delta^{34}S$-Werte.

Detaillierte petrographische Untersuchungen zur Pyritmorphologie, verknüpft mit hoch-ortsaufgelöster Schwefelisotopenanalytik, vermag eine solche Entwicklung eindeutig sichtbar zu machen (Abb. 5.6; Lin et al. 2016). Vor allem im Zuge der sulfatgestützten anaeroben Methanoxidation stellen sich aufgrund des hohen Umsatzes oft sulfatlimitierte Bedingungen ein. Das resultierende Sulfid, archiviert als sedimentäres

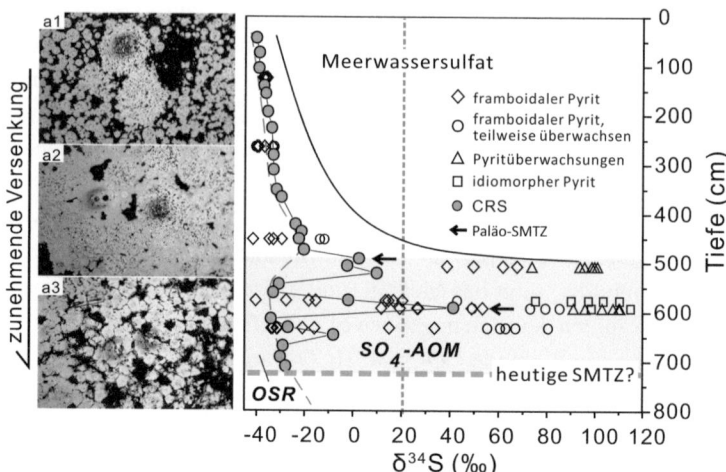

Abb. 5.6 Differenzierung organoklastischer Sulfatreduktion (OSR) und sulfatgestützter anaerober Methanoxidation (SO$_4$-AOM) mittels Schwefelisotopie verschiedener Pyritgenerationen. Rasterelektronenmikroskopie-Aufnahmen zeigen unterschiedliche Pyritmorphologien im Zuge zunehmender Versenkungsdiagenese. *SMTZ* Sulfat-Methan-Übergangszone. (Verändert nach Lin et al. 2016)

Eisensulfid, besitzt als Folge des Umsatzes von stark an ^{34}S angereichertem Porenwassersulfat oftmals extrem positive δ^{34}S-Werte mit Maximalwerten höher als +100 ‰ (Lin et al. 2016, 2017).

Deutlich wird, dass vor allem aufgrund der diagnostischen Isotopenfraktionierungen die vielfältigen mikrobiellen Redoxreaktionen in den gelösten Inhaltsstoffen des Porenwassers und den mineralischen Produkten der Sedimentdiagenese archiviert werden. Entsprechende Isotopenuntersuchungen sind mithin ein zielführendes analytisches Werkzeug im Kontext der Rekonstruktion der Diagenesegeschichte eines Sedimentes bzw. Sedimentgesteins. Es bleibt dabei jedoch festzuhalten, dass in Abhängigkeit der sedimentären Milieubedingungen unterschiedliche mikrobielle Redoxreaktionen stattfinden. Aufgrund des häufig hohen Nitratangebotes aber fehlendem Sulfatangebotes in nichtmarinen Standorten spielen neben der aeroben Respiration Nitratreduktion und Methanogenese eine bedeutende Rolle, während im marinen Bereich vor allem die Sulfatreduktion und, bei entsprechend hohem Angebot an reaktiver Organik, die Methanogenese für den anaeroben Kohlenstoffumsatz verantwortlich zeichnen (Falkowski 2014).

5.4.3 Sauerstoffisotope

Ohne Wasser keine Diagenese: Vor diesem Hintergrund bieten Sauerstoffisotopenanalysen vor allem der diagenetischen Karbonate (Zemente und Konkretionen) die Möglichkeit, die Herkunft der Wässer (marin, brackisch, meteorisch) zu charakterisieren sowie Aussagen zur Temperatur der Karbonatbildung zu treffen. Grundsätzlich wird der δ^{18}O-Wert von Karbonaten bestimmt durch die Temperatur während der Präzipitation (Epstein et al. 1953; Friedman und O'Neil 1977), den δ^{18}O-Wert des Wassers, aus dem sich das Karbonatmineral bildet (Epstein und Mayeda 1953; Epstein et al. 1953), die Mineralogie des präzipitierenden Karbonats (Tarutani et al. 1969), den pH-Wert der Lösung, aus der die Karbonatbildung erfolgt (Zeebe und Wolf-Gladow 2001) sowie weitere kinetische Isotopeneffekte bei der Karbonatbildung (McConnaughey 1989).

Seit den klassischen Arbeiten in den 1950er-Jahren gilt die Sauerstoffisotopensignatur eines Karbonats als Spiegel der Bildungstemperatur, resultierend aus der inversen Korrelation zwischen Temperatur und δ^{18}O-Wert. Dabei spiegelt eine Veränderung im Sauerstoffisotopenwert von 1 ‰ einen Wechsel in der Temperatur um ca. 4 °C wider.

Deutliche Unterschiede existieren im δ^{18}O-Wert des diagenetischen Fluids, wobei die marine Frühdiagenese und eine ggf. deutlich spätere meteorische Diagenese mit Blick auf die Sauerstoffisotopie des originären Porenwassers die beiden Endglieder repräsentieren. Heutiges Meerwasser hat einen δ^{18}O-Wert von 0 ‰ (Hoefs 2021), während meteorische Wässer generell negative δ^{18}O-Werte zeigen, aber mit Unterschieden in Folge von Verdunstung, geographischer Breite, orographischer Höhe und der Temperatur (Bowen 2010).

Aufgrund unterschiedlicher Gleichgewichts-Isotopenfraktionierung zeigen die verschiedenen Karbonatminerale unterschiedliche δ^{18}O-Werte (Friedman und O'Neil 1977). Bezogen auf dieselbe Bildungstemperatur ist der δ^{18}O-Wert von Aragonit etwa 1 ‰ positiver als der von Niedrig-Magnesium-Calcit, während sich Hoch-Magnesium-Calcit und Dolomit um ca. 3 ‰ unterscheiden (Land 1980).

Basierend auf der pH-Abhängigkeit des Karbonatsystems finden sich unterschiedliche gelöste anorganische Karbonatspezies im Porenwasser. Während bei hohen pH-Werten das Karbonation (CO_3^{2-}) dominiert, ist es im eher neutralen Bereich das HCO_3^- und bei niedrigen pH-Werten die Kohlensäure und das Kohlendioxid. Die Kohlensäure zeigt einen δ^{18}O-Wert, der ca. 41 ‰ positiver ist als der δ^{18}O-Wert des Wassers bei 25 °C (Bottinga und Craig 1969). Steigt der pH-Wert und werden Hydrogenkarbonat oder das Karbonation die dominierende Spezies, verschiebt sich das δ^{18}O zu negativeren Werten. Gleichzeitig muss auch die Reaktionskinetik berücksichtigt werden, da es bei schneller Mineralbildung zum bevorzugten Einbau des leichteren ^{16}O-Isotops (und auch des leichteren ^{12}C-Isotops) kommt. Reaktionskinetik und pH sind insbesondere im Zusammenhang mit der biogenen Karbonatbildung von Bedeutung, spielen aber auch bei der anorganischen Präzipitation, beispielsweise von Speleothemen, eine Rolle (Fairchild et al. 2006).

Die klassische Anwendung der Sauerstoffisotopie in Karbonaten zielt auf die Rekonstruktion der Bildungstemperatur ab. Die Sauerstoffisotopensignatur eines Karbonates wird sowohl von der Temperatur als auch dem δ^{18}O-Wert des Wassers bestimmt, wobei diese beiden Parameter nicht separat voneinander auf der Grundlage einer einzelnen Sauerstoffisotopenmessung ermittelt werden können. Stattdessen ist für die Rekonstruktion der Temperatur der Karbonatbildung die Annahme eines δ^{18}O-Wertes für das (diagenetische) Fluid erforderlich.

Fortschritte in der Analytik der stabilen Sauerstoffisotope erlauben es heute, dieses Problem zu umgehen. Neben der klassischen Bestimmung des $\delta^{18}O$-Wertes findet die Analyse der sog. *clumped isotopes* (Eiler 2007) auch Anwendung in der Frage der Karbonatdiagenese (Huntington et al. 2011). Die Messung der *clumped isotopes* nutzt die Tatsache, dass es bei der Freisetzung von CO_2 zur Isotopenmessung nicht nur zur Verbindung der Isotope $^{13}C^{16}O^{16}O$ (Masse 45) bzw. $^{12}C^{18}O^{16}O$ (Masse 46), sondern auch zur Bildung einer vergleichsweise geringen Menge der Verbindungen $^{13}C^{18}O^{16}O$ (Masse 47) und $^{12}C^{18}O^{17}O$ (Masse 47) kommt. Bei der Bildung solcher Isotopologe kommt es CO_2-intern zur temperaturabhängigen Isotopenfraktionierung. Isotopologe können heute reproduzierbar gemessen werden (Eiler 2007; Huntington et al. 2009) und entsprechende Kalibrationen (z. B. Wacker et al. 2014) ermöglichen damit die Bestimmung der Bildungstemperatur eines Karbonates ohne die Annahme eines $\delta^{18}O$-Wertes für das Fluid, aus dem die Präzipitation erfolgte.

5.5 Diagenese von Karbonaten

Die Diagenese von Karbonaten und ihre Rekonstruktion ist ähnlich komplex, wie die in klastischen Sedimenten. Vor allem vor dem Hintergrund der Nutzung mariner Karbonate und ihrer primären geochemischen und isotopischen Signaturen als Proxysignale für die Rekonstruktion der Erdsystementwicklung, ist eine kritische Betrachtung der Diagenese essentiell. Klassische Arbeiten (Anderson und Arthur 1983; Veizer 1983) legten hierfür entsprechende Grundlagen; jüngere Arbeiten zur diagenetischen Stabilität und Erhaltungsfähigkeit primärer Signaturen in biogenen und abiotischen Karbonaten (Calcit, Aragonit und Dolomit) stammen beispielsweise von Swart (2015), Immenhauser et al. (2016), Mueller et al. (2020, 2021) und Schurr et al. (2021).

Swart (2015) widmet sich zusammenfassend den Fragen der Karbonatdiagenese von Plattformkarbonaten am Beispiel der Great Bahamas Bank, deren Karbonate in ihrer Entwicklungsgeschichte Aspekte der meteorischen, marinen und Versenkungsdiagenese zeigen. Als Folge von Meeresspiegelschwankungen kommt es zur subaerischen Exposition der Plattformkarbonate und der Reaktion dieser mit meteorischen Wässern. Wie bereits gesagt, unterscheiden sich meteorische Wässer (hier Regenwasser) sehr deutlich in ihrer Sauerstoffisotopensignatur von marinen Wässern und sind zudem durch eine sehr geringe Konzentration an gelösten Kationen und Anionen gekennzeichnet. Zugleich sind die meteorischen Wässer in Abhängigkeit der Lösung von atmosphärischem CO_2 und einer Aufnahme von weiterem CO_2 in der Bodenzone aus der Oxidation von organischem Kohlenstoff durch einen niedrigen pH-Wert gekennzeichnet. Als Folge der Wechselwirkung mit den meteorischen Wässern kommt es zunächst zur Karbonatlösung (Verkarstung der Karbonatplattform). Spurenelemente der marinen Karbonate werden dabei freigesetzt. Nachfolgend gebildete Karbonate (Calcrete im subaerischen Bereich, Zemente im Bereich der Wasser-erfüllten phreatischen Zone) spiegeln die Signatur der meteorischen Wässer und der genannten Wasser-Gesteins-Wechselwirkung wider, so dass die Karbonate die negative $\delta^{18}O$-Signatur der meteorischen Wässer übernehmen und ihre negative $\delta^{13}C$-

5.5 Diagenese von Karbonaten

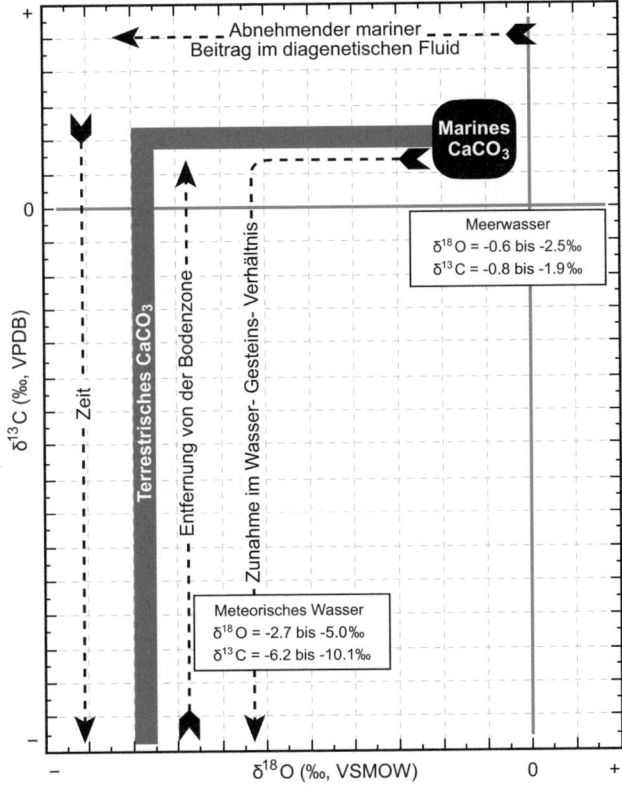

Abb. 5.7 Veränderung der $\delta^{13}C$- und $\delta^{18}O$-Signaturen in Karbonaten als Folge der diagenetischen Entwicklung (engl. *inverted J*). VPDB: *Vienna Pee Dee Belemnite*, VSMOW: *Vienna Standard Mean Ocean Water* (Verändert nach Lohmann 1987)

Signatur die Herkunft des Kohlenstoffs aus der Oxidation organischen Materials reflektiert. Hierdurch ergibt sich ein charakteristisches Tiefenprofil (engl. *inverted J*: Lohmann 1987; Abb. 5.7). Solche neu gebildeten Karbonate sind zudem häufig an Eisen und Mangan angereichert. Die Charakteristika der meteorischen Diagenese lassen sich also wieder auf die unterschiedlichen geochemischen und isotopischen Charakteristika des Reaktionsmediums meteorisches Wasser im Vergleich zu den marinen Signaturen der Karbonate zurückführen. Die Reaktionen befördernd ist erneut der Umsatz organischen Kohlenstoffs.

Spuren der marinen Diagenese sind im Bereich der Sediment-Wasser-Grenze und frühen Diagenese sehr viel weniger deutlich ausgeprägt (Swart 2015). Einerseits ist das Reaktionsmedium, das Porenwasser, zunächst chemisch und isotopisch identisch mit dem überlagernden Meerwasser. Andererseits ist der Einfluss der Bildung diagenetischer Zemente mit Kohlenstoff aus der Oxidation sedimentären organischen Materials auf den $\delta^{13}C$-Wert des Gesamtkarbonats deutlich geringer, da dieser zunächst durch die primäre marine $\delta^{13}C_{karb}$-Signatur gepuffert ist. Dennoch, Porenwasserprofile lassen durchaus die Redoxzonierung aus dem mikrobiellen Umsatz des sedimentären organischen Materials nach Froelich et al. (1979) erkennen. Aufgrund der geringen Konzentrationen des Meerwassers an Nitrat, Mangan und Eisen sind jedoch die aerobe Respiration und unter anoxischen Bedingungen die Sulfatreduktion die beiden prinzipiellen mikrobiell gesteuerten Redoxprozesse. Ausnahmen finden sich im Bereich der Kontinentalränder, insbesondere in Auftriebsgebieten (z. B. Peru, Namibia). Erhöhte Nährstoffanlieferung und resultierende erhöhte Primärproduktion führen hier zu höheren Gehalten an sedimentärem organischem Kohlenstoff, wodurch der Einfluss aus dem Umsatz des organischen Materials deutlicher wird.

Mit zunehmender Tiefe (Versenkung) zeigt sich im Porenwasser eine Veränderung in den Konzentrationen von Ca^{2+}, Mg^{2+} (Abnahme) und Sr^{2+} (Zuwachs) als Folge der Bildung von diagenetisch stabilem Niedrig-Magnesium-Calcit sowie einer möglichen Bildung von Dolomit. Ausgeprägt ist mit zunehmender Tiefe ebenfalls eine Verschiebung zu negativen $\delta^{18}O$-Werten neu gebildeter karbonatischer Zemente aufgrund der höheren Bildungstemperaturen (Epstein und Mayeda 1953).

Bei der Rekonstruktion der Karbonatdiagenese steht die Bestimmung der Temperatur häufig im Zentrum des Interesses, beispielsweise im Kontext der Rekonstruktion der raum-zeitlichen Entwicklung eines Sedimentbeckens. Hier stellt die Analyse der *clumped isotopes* einen zielführenden analytischen Ansatz dar. So konnten beispielsweise Huntington et al. (2011) zeigen, dass die Umbildung des primären Aragonits von Gastropoden-Schalen zum diagenetisch stabileren Calcit nicht wie auf der Grundlage von Petrographie und $\delta^{18}O$-Analyse angenommen bereits zeitgleich mit der früh-diagenetischen Bildung karbonatischer Zemente im Zuge der Lithifizierung erfolgte, sondern erst Millionen Jahre nach der Lithifizierung bei Temperaturen von 94–123 °C in einem gesteinsgepufferten System. Erkenntnisse aus der Anwendung der *clumped isotopes* in empirischen Studien ergänzten Stolper et al. (2018) durch eine Modellierung der diagenetischen Effekte auf die Signatur der *clumped isotopes* in pelagischen und Flachwasser-Plattformkarbonaten.

5.6 Zusammenfassung

Diagenese fasst alle Prozesse zusammen, die aus Lockersedimenten feste Sedimentgesteine werden lassen. Diese Prozesse operieren auf unterschiedlichen räumlichen und vor allem zeitlichen Skalen. Hand in Hand mit den Änderungen in der chemischen und isotopischen Zusammensetzung der Porenwässer und den mineralogischen Veränderungen (neu gebildete, diagenetische Zemente und Minerale) geht der Verlust an Porosität und Permeabilität. Da Sedimentgesteine Grundwasserleiter, aber auch Öl- und Gasspeichergesteine sind, ist ein Verständnis der Diagenese auch vor diesem Hintergrund von Bedeutung.

Literatur

Aloisi G, Pierre C, Rouchy JM, Foucher JP, Woodside J, die MEDINAUT Scientific Party (2003) Methane-related authigenic carbonates of eastern Mediterranean Sea mud volcanoes and their possible relation to gas hydrate destabilization. Earth Planet Sci Lett 184:321–338

Amrani A (2014) Organosulfur compounds: molecular and isotopic evolution from biota to oil and gas. Annu Rev Earth Planet Sci 42:733–768

Literatur

Anderson TF, Arthur MA (1983) Stable isotopes of oxygen and carbon and their application to sedimentologic and paleoenvironmental problems. In stable isotopes in sedimentary geology. Society of Economic Paleontologists and Mineralogists Short Course 10:1–151

Arndt S, Brumsack H-J, Wirtz KW (2006) Cretaceous black shales as active bioreactors: a biogeochemical model for the deep biosphere encountered during ODP Leg 207 (Demerara Rise). Geochim Cosmochim Acta 70:408–425

Arvidson RS, Morse JW (2014) Formation and diagenesis of carbonate sediments. In: Turekian K, Holland H (Hrsg) Treatise on geochemistry, 2. Aufl. Elsevier, Amsterdam, S 61–101

Berner R (1970) Sedimentary pyrite formation. Am J Sci 268:1–23

Berner RA (1980) Early diagenesis. Princeton University Press, New Jersey

Boetius A, Ravenschlag K, Schubert CJ, Rickert D, Widdel F, Gieseke A et al (2000) A marine microbial consortium apparently mediating anaerobic oxidation of methane. Nature 407:623–626

Bohrmann G, Greinert J, Suess E, Torres M (1998) Authigenic carbonates from the Cascadia subduction zone and their relation to gas hydrate stability. Geology 7:647–650

Bojanowski MJ, Clarkson ENK (2012) Origin of siderite concretions in microenvironments of methanogenesis developed in a sulfate reduction zone: an exception or a rule? J Sediment Res 82:585–598

Borowski WS, Paull CK, Ussler W III (1996) Marine pore-water sulfate profiles indicate in situ methane flux from underlying gas hydrate. Geology 24:655–658

Bottinga Y, Craig H (1969) Oxygen isotope fractionation between CO_2 and water and the isotopic composition of marine atmospheric CO_2. Earth Planet Sci Lett 5:285–295

Bowen GJ (2010) Isoscapes: spatial pattern in isotopic biogeochemistry. Annu Rev Earth Planet Sci 38:161–187

Canfield DE (1993) Organic matter oxidation in marine sediments. In: Interactions of C, N, P and S biogeochemical cycles and global change. Springer, Berlin/Heidelberg, S 333–363

Canfield DE (2001) Biogeochemistry of sulfur isotopes. Rev Mineral Geochem 43:607–636

Canfield DE, Thamdrup B (2009) Towards a consistent classification scheme for geochemical environments, or, why we wish the term 'suboxic' would go away. Geobiology 7:385–392

Canfield DE, Kristensen E, Thamdrup B (2005) Aquatic geomicrobiology. Elsevier, Amsterdam

Chen T, Sun X, Lin Z, Lu Y, Fang Y, Wu Z, Xiao Y, Lin H, Lin X, Ning Y, Strauss H (2021) Deciphering the geochemical link between seep carbonates and enclosed pyrite: a case study from the northern South China Sea. Mar Pet Geol 128:105020

Crémière A, Lepland A, Chand S, Sahy D, Kirsimäe K, Bau M, Whitehouse MJ, Noble SR, Martma T, Thorsnes T, Brunstad H (2016) Fluid source and methane-related diagenetic processes recorded in cold seep carbonates from the Alvheim channel, central North Sea. Chem Geol 432:16–33

Dehairs F, Chesselet R, Jedwab J (1980) Discrete suspended particles of barite and the barium cycle in the open ocean. Earth Planet Sci Lett 49:529–550

Deines P (1980) The isotopic composition of reduced organic carbon. In: Fritz P, Fontes JC (Hrsg) Handbook of environmental geochemistry. Elsevier, New York/Amsterdam, S 39–406

Devol AH (1978) Bacterial oxygen uptake kinetics as related to biological processes in oxygen-deficient zones of the ocean. Deep-Sea Res 25:137–146

Dickens GR (2001) Sulfate profiles and barium fronts in sediments on the Blake ridge: present and past methane fluxes through a large gas hydrate reservoir. Geochim Cosmochim Acta 65:529–543

Eiler JM (2007) "Clumped-isotope" geochemistry – the study of naturally-occurring, multiply-substituted isotopologues. Earth Planet Sci Lett 262:309–327

Epstein S, Mayeda TK (1953) Variations of the O^{18} content in natural waters. Geochim Cosmochim Acta 4:213–224

Epstein S, Buchsbaum R, Lowenstam HA, Urey HC (1953) Revised carbonate-water isotopic temperature scale. Bull Geol Soc Am 64:1315–1326

Fairchild IJ, Smith CL, Baker A, Fuller L, Spötl C, Mattey D, McDermott F, EIMF (2006) Modification and preservation of environmental signals in speleothems. Earth Sci Rev 75:105–153

Falkowski PG (2014) Biogeochemistry of primary production in the sea. In: Turekian K, Holland H (Hrsg) Treatise on geochemistry, 2. Aufl. Elsevier, Amsterdam, S 163–187

Freeman KH, Hayes JM (1992) Fractionation of carbon isotopes by phytoplankton and estimates of ancient CO_2 levels. Global Biogeochem Cycles 6:185–198

Friedman I, O'Neil JR (1977) Compilation of stable isotope fractionation factors of geochemical interests. U. S. Geol Surv Prof 5Pap 440:1–12

Froelich PN, Klinkhammer GP, Bender ML, Luedtke NA, Heath GR, Cullen D et al (1979) Early oxidation of organic matter in pelagic sediments of the eastern equatorial Atlantic: suboxic diagenesis. Geochim Cosmochim Acta 43:1075–1090

Goldberg T, Poulton SW, Strauss H (2005) Sulphur and oxygen isotope signatures of late Neoproterozoic to early Cambrian sulphate, Yangtze Platform, China: diagenetic constraints and seawater evolution. Precambrian Res 137:223–241

Grossman EL (1996) In: Hurst CJ, Knudsen GR, McInerney MJ, Stetzenbach LD, Walter MV (Hrsg) Stable carbon isotopes as indicators of microbial activity in aquifers. ASM Press, Washington, DC, S 565–576

Hayes JM, Strauss H, Kaufman AJ (1999) The abundance of ^{13}C in marine organic matter and isotopic fractionation in the global biogeochemical cycle of carbon during the past 800 Ma. Chem Geol 161:103–125

Hesse R, Gaupp R (2021) Diagenese klastischer Sedimente. Springer Spektrum, Berlin

Hinrichs KU, Hayes JM, Sylva SP, Brewer PG, DeLong EF (1999) Methane-consuming archaebacteria in marine sediments. Nature 398:802–805

Hoefs J (2021) Stable isotope geochemistry, 9. Aufl. Springer, Cham

Huntington K, Eiler J, Affek H, Guo W, Bonifacie M, Yeung L, Thiagarajan N, Passey B, Tripati A, Daeron M (2009) Methods and limitations of 'clumped' CO_2 isotope (Δ_{47}) analysis by gas-source isotope ratio mass spectrometry. J Mass Spectrom 44:1318–1329

Huntington KW, Budd DA, Wernicke BR, Eiler JM (2011) Use of clumped-isotope thermometry to constrain the crystallization temperature of diagenetic calcite. J Sediment Res 81:656–669

Immenhauser A, Schöne BR, Hoffmann R, Niedermayr A (2016) Mollusc and brachiopod skeletal hard parts: intricate archives of their marine environment. Sedimentology 63:1–59

Jørgensen BB (1982) Mineralization of organic matter in the sea bed – the role of sulfate reduction. Nature 296:643–645

Jørgensen BB, Findlay AJ, Pellerin A (2019) The biogeochemical sulfur cycle of marine sediments. Front Microbiol 10:849

Kampschulte A, Strauss H (2004) The sulfur isotope evolution of Phanerozoic seawater based on the analyses of structurally substituted sulfate in carbonates. Chem Geol 204:255–280

Kocherla M, Teichert BMA, Pillai S, Satyanarayanan M, Ramamurty PB, Patil DJ, Rao AN (2015) Formation of methane-related authigenic carbonates in a highly dynamic biogeochemical system in the Krishna-Godavari Basin, Bay of Bengal. Mar Pet Geol 64:324–333

Land LS (1980) The isotopic and trace element geochemistry of dolomite: the state of the art. SEPM special publication 28:87–110

Leach DL, Bradley DC, Huston D, Pisarevky SA, Taylor RD, Gardoll SJ (2010) Sediment-hosted lead-zinc deposits in earth history. Econ Geol 105:593–625

Lin Z, Sun X, Peckmann J, Lu Y, Xu L, Strauss H, Zhou H, Gong J, Lu H, Teichert BMA (2016) How sulfate-driven anaerobic oxidation of methane affects the sulfur isotopic composition of pyrite: a SIMS study from the South China Sea. Chem Geol 440:26–41

Lin Z, Sun X, Strauss H, Lu Y, Gong J, Xu L et al. (2017) Multiple sulfur isotope constraints on sulfate-driven anaerobic oxidation of methane: evidence from authigenic pyrite in seepage areas of the South China Sea. Geochim Cosmochim Acta 211:153–173

Lohmann KC (1987) Geochemical patterns of meteoric diagenetic systems and their application to studies of paleokarst. In: James NP, Choquette PW (Hrsg) Studies in Paleokarst. Society of Economic Paleontologists and Mineralogists special publication, Tulsa, S 58–80

McConnaughey T (1989) ^{13}C and ^{18}O disequilibrium in biological carbonates. I. Patterns. Geochim Cosmochim Acta 53:151–162

Morad S, Al-Ramadan K, Ketzer JM, De Ros LF (2010) The impact of diagenesis on the heterogeneity of sandstone reservoirs: a review of the role of depositional facies and sequence stratigraphy. Am Assoc Pet Geol Bull 94:1267–1309

Mueller M, Igbokwe OA, Walter B, Pederson CL, Riechelmann S, Richter DK, Albert R, Gerdes A, Buhl D, Neuser RD, Bertotti G, Immenhauser A (2020) Testing the preservation potential of early diagenetic dolomites as geochemical archives. Sedimentology 67:849–881

Mueller M, Jacquemyn C, Walter BF, Pederson CL, Schurr SL, Igbokwe OA, Jöns N, Riechelmann S, Dietzel M, Strauss H, Immenhauser A (2021) Constraints on the preservation of proxy data in carbonate archives – lessons from a marine limestone to marble transect, Latemar, Italy. Sedimentology. https://doi.org/10.1111/sed.12939

Neretin LN, Volkov II, Rozanov AG, Demidova TP, Falina AS (2006) Biogeochemistry of the Black Sea anoxic zone with a reference to the sulphur cycle. In: Neretin LN (Hrsg) Past and present water column anoxia. Springer, Dordrecht, S 67–104

O'Leary MH (1981) Carbon isotope fractionation in plants. Phytochemistry 20:553–567

Paytan A, Griffith E (2007) Marine barite: recorder of variations in ocean export productivity. Deep-Sea Res II Top Stud Oceanogr 54:687–705

Paytan A, Mearon S, Cobb K, Kastner M (2002) Origin of marine barite deposits: Sr and S isotope characterization. Geology 30:747–750

Raiswell R (1987) Non-steady state microbiological diagenesis and the origin of concretions and nodular limestones. In: Marshall JD (Hrsg) Diagenesis of sedimentary sequences. Geological Society special publication, Oxford, S 41–54

Raiswell R, Berner RA (1985) Pyrite formation in euxinic and semi-euxinic sediments. Am J Sci 285:710–724

Raiswell R, Berner RA (1986) Pyrite and organic matter in Phanerozoic normal marine shales. Geochim Cosmochim Acta 50:1967–1976

Raiswell R, Canfield DE (2012) The iron biogeochemical cycle past and present. Geochem Perspect 1:1–220

Redfield AC (1958) The biological control of chemical factors in the environment. Am Sci 46:205–221

Reeburgh WS (1976) Methane consumption in Cariaco Trench waters and sediments. Earth Planet Sci Lett 28:337–344

Reeburgh WS (1980) Anaerobic methane oxidation: rate depth distributions in Skan Bay sediments. Earth Planet Sci Lett 47:345–352

Rickard D (2012) Sedimentary pyrite. In: Rickard D (Hrsg) Sulfidic sediments and sedimentary rocks. Elsevier, Amsterdam, S 233–285

Rickard D (2014) The sedimentary sulfur system: biogeochemistry and evolution through geologic time. In: Turekian K, Holland H (Hrsg) Treatise on geochemistry, 2. Aufl. Elsevier, Amsterdam, S 267–326

Rickard D (2015) Pyrite: a natural history of fool's gold. Oxford University Press, New York

Schulz HD, Zabel M (2006) Marine geochemistry, 2. Aufl. Springer-Verlag, Berlin/Heidelberg

Schurr S, Strauss H, Mueller M, Immenhauser A (2021) Assessing the robustness of carbonate-associated sulfate during hydrothermal dolomitization of the Latemar platform, Italy. Terra Nova 33:621–629

Sharp Z (2017) Principles of stable isotope geochemistry, 2. Aufl. https://digitalrepository.unm.edu/unm_oer/1/. Zugegriffen am 24.07.2025

Sim MS, Bosak T, Ono S (2011) Large sulfur isotope fractionation does not require disproportionation. Science 333:74–77

Stolper DA, Eiler JM, Higgins JA (2018) Modeling the effects of diagenesis on carbonate clumped-isotope values in deep- and shallow-water settings. Geochim Cosmochim Acta 227:264–291

Strauss H (1997) The isotopic composition of sedimentary sulfur through time. Palaeogeogr Palaeoclimatol Palaeoecol 132:97–118

Swart PK (2015) The geochemistry of carbonate diagenesis: the past, present and future. Sedimentology 62:1233–1304

Tarutani T, Clayton RN, Mayeda TK (1969) The effect of polymorphism and magnesium substitution on oxygen isotope fractionation between calcium carbonate and water. Geochim Cosmochim Acta 33:987–996

Torres ME, Brumsack HJ, Bohrmann G, Emeis KC (1996) Barite fronts in continental sediments: a new look at barium remobilization in the zone of sulfate reduction and formation of heavy barites in authigenic fronts. Chem Geol 127:125–139

Torres ME, Bohrmann G, Tubé TE, Poole FG (2003) Formation of modern and Paleozoic stratiform barite at cold methane seeps on continental margins. Geology 31:897–900

Tostevin R, Turchyn AV, Farquhar J, Johnston DT, Eldridge DL, Bishop JKB, McIlvin M (2014) Multiple sulfur isotope constraints on the modern sulfur cycle. Earth Planet Sci Lett 396:14–21

Veizer J (1983) Trace element and isotopes in sedimentary carbonates. Rev Mineral 11:265–300

Wacker U, Fiebig J, Tödter J, Schöne BR, Bahr A, Friedrich O, Tütken T, Gischler E, Joachimski MM (2014) Empirical calibration of the clumped isotope paleothermometer using calcites of various origins. Geochim Cosmochim Acta 141:127–144

Wallenius AJ, Dalcin Martins P, Slomp CP, Jetten MSM (2021) Anthropogenic and environmental constraints on the microbial methane cycle in coastal sediments. Front Microbiol 12:631621

Whiticar MJ (1999) Carbon and hydrogen isotope systematics of bacterial formation and oxidation of methane. Chem Geol 161:291–314

Wilkin RT, Barnes HL, Brantley SL (1996) The size distribution of framboidal pyrite in modern sediments: an indicator of redox conditions. Geochim Cosmochim Acta 60:3897–3912

Yoshida H, Ujihara A, Minami M, Asahara Y, Katsuta N, Yamamoto K, Sirono S, Maruyama I, Nishimoto S, Metcalfe R (2015) Early post-mortem formation of carbonate concretions around tuskshells over week-month timescales. Sci Rep 5:14123

Yoshida H, Yamamoto K, Minami M, Katsuta N, Sirono S, Metcalfe R (2018) Generalized conditions of spherical carbonate concretion formation around decaying organic matter in early diagenesis. Sci Rep 8:6308

Zeebe R, Wolf-Gladow DA (2001) CO_2 in seawater: equilibrium, kinetics, isotopes, Elsevier oceanography series 65. Elsevier, Amsterdam. 346 S

Von der Primärproduktion zu Erdöl, Gas und Kohle

6

Braunkohletagebau Welzow Süd (Foto: H. Strauß)

Inhaltsverzeichnis

6.1 Primärproduktion und Akkumulation von sedimentärem organischem Material 84
6.2 Kerogen – Grundbaustein für Erdöl, Gas und Kohle 86
6.3 Vom Kerogen zu Erdöl und Gas 90
6.4 Biomarker – Organische Zeugnisse der Ko-Evolution des Lebens und der Umwelt 92
6.5 Die Bildung von Kohle 94
6.6 Zusammenfassung 99
Literatur 99

▶ Wie kein anderer Planet in unserem Sonnensystem ist unsere Erde belebt. Wälder und Graslandschaften bedecken die Festländer und Phytoplankton bevölkert die Ozeane. Diese pflanzliche Biomasse der sogenannten Produzenten repräsentiert die Nahrungsgrundlage für das tierische Leben, zusammenfassend als Konsumenten bezeichnet. Ob an Land oder im Ozean, Grundlage für die Produktion der pflanzlichen Biomasse ist der Prozess der Photosynthese, angetrieben durch die Energie des Sonnenlichts. Abgestorbenes Pflanzenmaterial wird entweder vollständig biologisch recycelt oder akkumuliert als dispers verteiltes organisches Material in den terrestrischen Böden und marinen Sedimenten. Dort unterliegt es anschließend der mikrobiellen Degradation und den Folgen der weiteren geologischen Entwicklung des Ablagerungsraumes. Zunehmende Überdeckung und Versenkung führen hierbei mit steigender Tiefe über die Zunahme der Temperatur und des Drucks zu weiteren Veränderungen in Struktur, Zusammensetzung und Konzentration des organischen Materials. Mengenmäßig große Akkumulationen von abgestorbener pflanzlicher Biomasse können dabei zu wirtschaftlich bedeutenden fossilen Energieträgern werden, zu Lagerstätten von Erdöl, Gas und Kohle. Auch bei einem steten Ausbau erneuerbarer Energien spielen die fossilen Brennstoffe nach wie vor eine wichtige Rolle in der globalen Energieversorgung.

6.1 Primärproduktion und Akkumulation von sedimentärem organischem Material

Grundlage für die Bildung pflanzlicher Biomasse ist der Prozess der Photosynthese, die Fixierung atmosphärischen Kohlendioxids (CO_2) durch Landpflanzen in terrestrischen Milieus bzw. Phytoplankton in marinen und nichtmarinen aquatischen Milieus:

$$6\,CO_2 + 6\,H_2O \rightarrow C_6H_{12}O_6 + 6\,O_2.$$

6.1 Primärproduktion und Akkumulation von sedimentärem organischem Material

Ausgehend von diesem einfachsten organischen Molekül, dem Zucker, werden viele weitere Biopolymere synthetisiert wie etwa Kohlenhydrate, Eiweiße, Fette, Nukleinsäuren sowie auch Cellulose und Lignin. Die diversen Biopolymere sind in unterschiedlichen Anteilen in den verschiedenen Pflanzen vertreten und nehmen aufgrund ihrer Funktionalität Einfluss auf deren Lebensweise. So haben etwa Landpflanzen (sog. höhere Pflanzen) einen höheren Anteil an Lignin, der ihnen die Standfestigkeit liefert, wohingegen höhere Lipidkonzentrationen dem marinen Phytoplankton Auftriebskraft und Energie liefern. Aufgrund der sehr unterschiedlichen Anteile der verschiedenen Biopolymere ist die pflanzliche Biomasse, also das Ausgangsmaterial für Erdöl, Gas und Kohle, in ihrer chemischen Zusammensetzung sehr verschieden. Neben den bereits genannten chemischen Elementen (H, C, O) kommen noch Stickstoff (N), Phosphor (P) und Schwefel (S) hinzu; dies sind weitere Elemente des Lebens. Schließlich üben neben Stickstoff und Phosphor auch verschiedene Metalle (z. B. Fe, Mo, V) eine Mikronährstofffunktion bei der pflanzlichen Primärproduktion aus (Falkowski 2014).

Die Primärproduktion, ob nun an Land oder im Meer, ist jedoch nur der erste Schritt auf dem Weg zum finalen fossilen Energieträger. Ein wirtschaftlich bedeutendes Vorkommen von Erdöl, Gas oder Kohle benötigt nicht nur eine überdurchschnittlich hohe Akkumulation abgestorbener pflanzlicher Biomasse, sondern auch einen weitestgehenden Schutz dieses organischen Materials vor intensiver, zunächst mikrobieller Degradation. Der letztgenannte Aspekt, der Schutz vor intensiver mikrobieller Degradation, hängt in hohem Maße von den physikochemischen Rahmenbedingungen des Umgebungsmilieus ab. Hier ist vor allem die An- bzw. Abwesenheit von Sauerstoff bedeutsam; sie steuert die nachgeordneten mikrobiellen Umsatzprozesse im Feld der Diagenese eines Sedimentes. Beispielhaft soll dies für den Weg des marinen Phytoplanktons aufgezeigt werden.

Marines Phytoplankton (heute sind dies z. B. Algen, Diatomeen, Dinoflagellaten oder Cyanobakterien) sinkt nach dem Absterben durch die ozeanische Wassersäule hinab und wird Teil eines marinen Sedimentes. Die mineralischen Bestandteile dieses Sedimentes können siliziklastischer, karbonatischer oder kieseliger Natur sein. Der Anteil an organischem Material in marinen Sedimenten ist abhängig von der ozeanographischen Position und der damit verknüpften Intensität der Primärproduktion (Schulz und Zabel 2006). Sedimente in küstennahen, nährstoffreichen Gebieten zeigen einen generell höheren Anteil an organischem Material (z. B. gemessen am Gehalt an organischem Kohlenstoff), während küstenferne Tiefseesedimente eher eine geringe Konzentration an organischem Material aufweisen. Förderlich für die schlussendliche Akkumulation, vor allem aber die Erhaltung des sedimentären organischen Materials, ist neben der Höhe des Eintrags auch die Dauer der Exposition des organischen Materials gegenüber molekularem Sauerstoff. Ist die Passage des herabsinkenden organischen Materials durch eine sauerstoffreiche Wassersäule lang, wie etwa im Bereich der Tiefsee, führt der aerobe Umsatz (die aerobe Respiration) dazu, dass nur noch ein geringer Anteil von etwa 0,1 % der Primärproduktion den Meeresboden erreicht (Schulz und Zabel 2006). Küstennahe Standorte, und hier im Besonderen sog. Auftriebsgebiete wie etwa vor der Südwestküste Afrikas vor Namibia oder entlang der südamerikanischen Westküste vor Peru (Kämpf und Chapman 2016), sind besonders nährstoffreich. Eine intensive Primärproduktion führt dort zu einem großen Aufkommen an Biomasse, deren aerobe Respiration rasch zu Sauerstoffarmut und der Etablierung anoxischer Bedingungen in der Wassersäule führt. Da jedoch die nachfolgenden mikrobiell gesteuerten, anaeroben Umsatzprozesse deutlich weniger effizient sind als die aerobe Respiration (Froelich et al. 1979) steigern die anoxischen Milieubedingungen die Erhaltung des sedimentären organischen Materials. Insbesondere in küstennahen, nährstoffreichen Standorten bedingen sich also Primärproduktion und Erhaltung aufgrund der intensiven Sauerstoffzehrung. Welcher der beiden Aspekte bedeutsamer ist für die Akkumulation großer Mengen an organischem Material, ob also die Produktion oder die Erhaltung (im Englischen: *production* vs. *preservation*), wird in der Literatur unterschiedlich bewertet (Demaison und Moore 1980; Pedersen und Calvert 1990). Dennoch bleibt festzuhalten, dass sauerstoffarme oder gar sauerstofffreie, anoxische Bedingungen, wie sie heute im Schwarzen Meer herrschen, auf jeden Fall förderlich für die Erhaltung des sedimentären organischen Materials sind. Dies gilt nicht nur für marines organisches Material, sondern auch für die Akkumulation großer Mengen an Landpflanzenmaterial als Ausgangsbasis für die Kohlelagerstätten. Als Ablagerungsraum bedeutender Kohlevorkommen wie etwa der oberkarbonischen Steinkohlen Mitteleuropas gelten küstennahe Deltabereiche in humidem Klima, Sümpfe und Torfmoore mit wechselndem marinem Einfluss, sog. paralische Standorte. Auch hier führten der hohe Anfall abgestorbener pflanzlicher Biomasse (in diesem Fall ist es Landpflanzenmaterial) und eine rasche Überdeckung durch fluviatile oder marine Siliziklastika zur Etablierung anoxischer Bedingungen und der Erhaltung großer Mengen an organischem Material.

6.2 Kerogen – Grundbaustein für Erdöl, Gas und Kohle

Wichtigster Grundbaustein und Ausgangsstoff für die Bildung von Erdöl, Gas und Kohle ist das Kerogen, eine heterogene Mischung pflanzlicher Bestandteile, der sog. Mazerale. Kerogen ist unlöslich in den gängigen organischen Lösungsmitteln (Durand 2021; Philp 2014), im Gegensatz zum extrahierbaren organischen Material, dem Bitumen, welches aber nur einen geringen Anteil des sedimentären organischen Materials bildet (Abb. 6.1).

Traditionelle Ansätze zur Klassifizierung von Kerogen stammen aus der Kohleforschung. Einerseits ist dies eine petrographische Betrachtung der organischen Bestandteile und die Bestimmung ihrer Reife durch die sog. Vitrinitreflexion, andererseits lassen sich mittels Elementaranalyse an isolierten Kerogenproben die Konzentrationen von Wasserstoff und Sauerstoff bestimmen und deren Verhältnisse zur Kohlenstoffkonzen-

6.2 Kerogen – Grundbaustein für Erdöl, Gas und Kohle

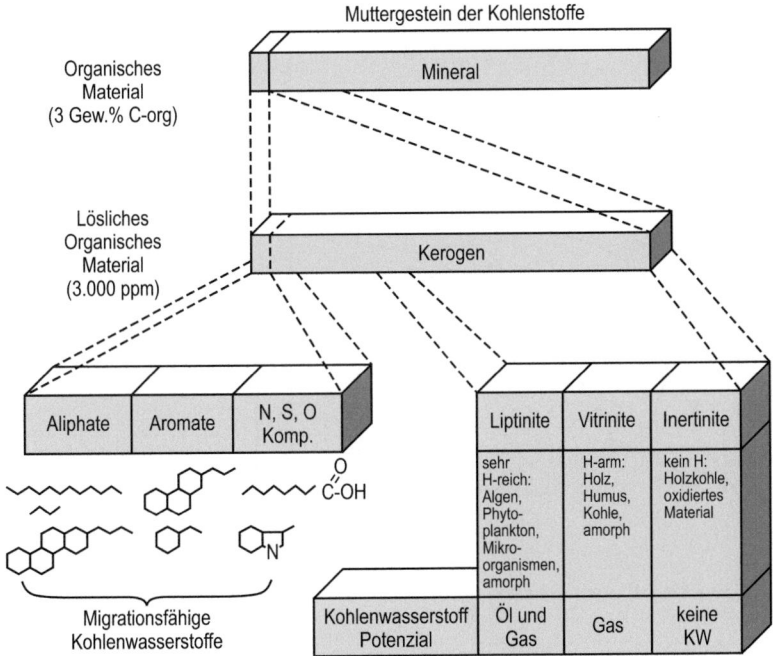

Abb. 6.1 Zusammensetzung sedimentären organischen Materials im Hinblick auf die Bildung von Erdöl und Gas. Klar erkennbar ist, dass Kerogen der Grundbaustein sich bildender Kohlenwasserstoffe (KW) ist, während extrahierbares organisches Material der ursprünglich eingelagerten abgestorbenen Biomasse nur einen geringeren Anteil einnimmt. (Verändert nach Philp 2014)

tration in einem sog. van-Krevelen-Diagramm darstellen (Abb. 6.2; van Krevelen und Schuyer 1957; Tissot und Welte 1984). Diese Form der Darstellung differenziert einerseits die Herkunft des organischen Materials, und andererseits dient sie als Reifeindikator, als Möglichkeit, die Effekte einer zunehmenden thermischen Überprägung bei der Versenkung in große Tiefen sichtbar zu machen. Initial wurden vier verschiedene Kerogentypen unterschieden, in jüngeren Jahren nur noch drei.

Kerogen-Typ 1 repräsentiert die Rückstände lakustrinen Phytoplanktons, während Kerogen-Typ 2 seinen Ursprung in marinem Phytoplankton hat. Der Kerogen-Typ 3 leitet sich von höheren Landpflanzen ab. Generell sind die beiden Kerogen-Typen 1 und 2 reicher an Wasserstoff und ärmer an Sauerstoff im Vergleich zum Kerogen-Typ 3. Kerogen vom Typ 2 zeichnet sich zudem häufig durch hohe Schwefelgehalte aus, da es sich von marinem Phytoplankton ableitet. Der mikrobielle Umsatz sedimentären organischen Materials in marinen Sedimenten erfolgt vielfach unter anoxischen Bedingungen durch sulfatreduzierende Bakterien. Der resultierende Schwefelwasserstoff bildet zumeist Pyrit. Unter eisenarmen Bedingungen jedoch, beispielsweise in karbonatisch geprägten Ablagerungsräumen, bilden sich Organo-Schwefel-Komplexe, die dann den hö-

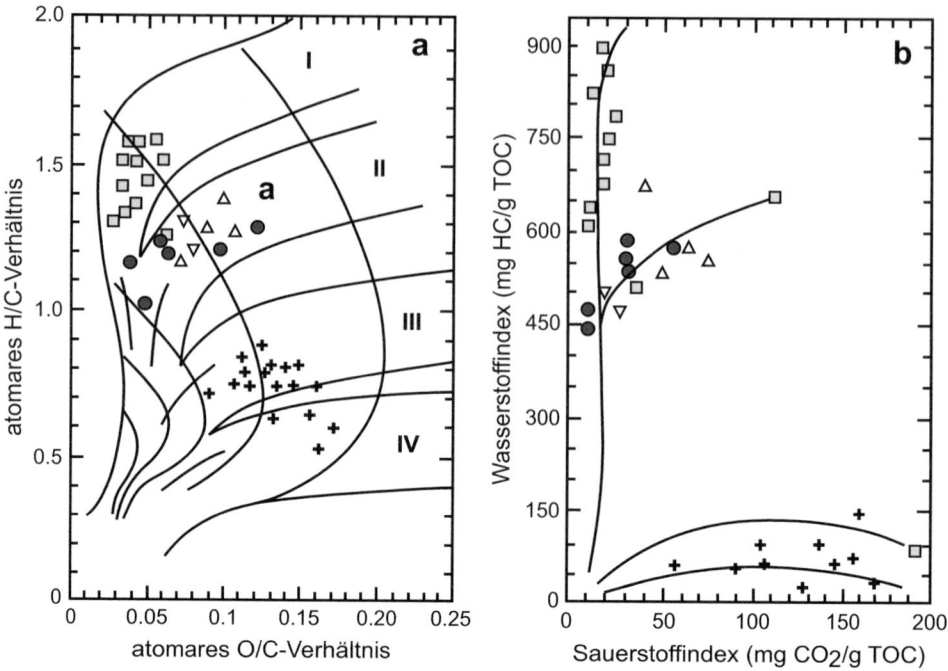

Abb. 6.2a,b Originäres van-Krevelen-Diagramm zur Darstellung der verschiedenen Kerogentypen auf der Grundlage unterschiedlicher H/C- und O/C-Verhältnisse (*a*). Pseudo-van-Krevelen-Diagramm auf der Grundlage von HI- und OI-Indizes aus der Rock-Eval-Pyrolyse (*b*). (Verändert nach Philp 2014)

heren Schwefelgehalt des Kerogens bedingen. Meerwasser enthält ein Mehrfaches des Sulfatgehaltes von Süßwasser, sodass hohe Schwefelgehalte, sei es als Pyrit oder als organisch gebundener Schwefel, zumeist in marinen Sedimentgesteinen auftreten.

Ein Wechsel in der analytischen Herangehensweise bei Kerogenuntersuchungen zur sog. Rock-Eval-Pyrolyse (Espitalie et al. 1977; Peters 1986) ersetzte die zeitaufwändige Elementaranalyse. Hierbei wird eine Probe kontrolliert auf 600 °C aufgeheizt und drei verschiedene Pyrolyseprodukte werden quantifiziert (Abb. 6.3). Der S1-Peak repräsentiert den organischen Anteil eines Sedimentes, der auch mit organischen Lösungsmitteln extrahierbar ist, S2 entspricht dem organischen Anteil, der durch die thermische Zersetzung des Kerogens freigesetzt wird, und der S3-Peak repräsentiert die sauerstoffreichen Anteile des organischen Materials. Aus diesen drei Parametern werden, normiert über den Gehalt an organischem Kohlenstoff (TOC *total organic carbon*), zwei neue Parameter definiert: der Wasserstoffindex (HI: mg HC/g TOC) und der Sauerstoffindex (OI: mg CO_2/g TOC). Hieraus ergibt sich eine Neugestaltung des klassischen van-Krevelen-Diagramms (Abb. 6.2b), wobei die zentralen Schlussfolgerungen zur Herkunft des organischen Materials und zur Reife gleichgeblieben sind, da HI und OI im Grunde dem H/C- bzw. O/C-Verhältnis vergleichbar sind. Letzteres, die Reife des organischen Mate-

6.2 Kerogen – Grundbaustein für Erdöl, Gas und Kohle

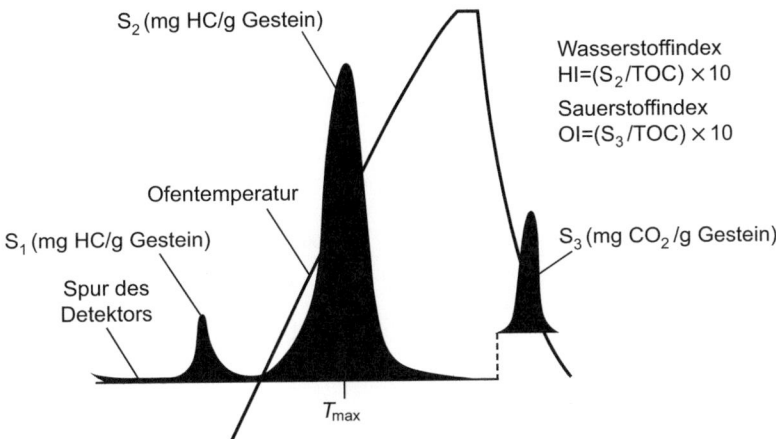

Abb. 6.3 Typische Produkte der Rock-Eval-Pyrolyse. Mit zunehmender Aufheizung werden unterschiedliche Kohlenwasserstoffe (KW) freigesetzt. S1 repräsentiert einen Teil der KW, die auch in der ursprünglichen Biomasse mit organischen Lösungsmitteln extrahierbar sind. S2 repräsentiert im Wesentlichen die KW, die aus dem Kerogen freigesetzt werden können. S3 repräsentiert aus dem organischen Material bis 390 °C freigesetztes CO_2, dessen Menge von dem Sauerstoffgehalt des Kerogens abhängt. (Verändert nach Philp 2014)

rials, reflektiert die zunehmende thermische Überprägung in deren Folge sich Wasserstoffindex und Sauerstoffindex erniedrigen.

Die Bestimmung der Reife (engl. *maturity*) des organischen Materials bzw. des umgebenden Sedimentgesteins ist neben der Ermittlung der Herkunft des organischen Materials über die chemische Zusammensetzung der zweite wichtige Parameter vor allem im Hinblick auf die wirtschaftliche Bedeutung als fossiler Energieträger. Organikreiche, aber unreife Sedimentgesteine belegen lediglich das hohe Potential eines Sedimentgesteins als Erdölmuttergestein, während überreife Sedimentgesteine bereits über die Möglichkeit, Erdöl zu generieren, hinweg sind, sodass lediglich noch die Bildung von Gas möglich scheint. Der klassische Ansatz zur Bestimmung der Reife eines organischen Materials erfolgt über die Quantifizierung der Vitrinitreflexion. Vitrinit, Liptinit und Inertinit sind drei Mazeraltypen. Vitrinit enthält Cellulose und Lignin, repräsentiert den Rückstand von Zellwänden des Holzes und ist charakteristischer Bestandteil von Steinkohlen. Mit zunehmender thermischer Überprägung, also zunehmender thermischer Reife, steigt die Fähigkeit des Vitrinits, auftreffendes Licht zu reflektieren. Diese Korrelation führte zur Entwicklung einer entsprechenden Skala der Vitrinitreflexion (Abb. 6.4) als Maß für die Bestimmung der Reife des organischen Materials. Die so ermittelte Reife der Organik bzw. des entsprechenden Sedimentgesteins korreliert mit anderen Indikatoren (vor allem) der thermischen Beanspruchung des Sedimentgesteins und ist fester analytischer Bestandteil in der Charakterisierung eines Kerogens und der Veränderungen auf dem Weg zum Energieträger.

Zusammenfassend betrachtet ist Kerogen Grundbaustein der fossilen Energieträger, dessen Typ und Reife die Zusammensetzung von Erdöl, Gas und Kohle bestimmen.

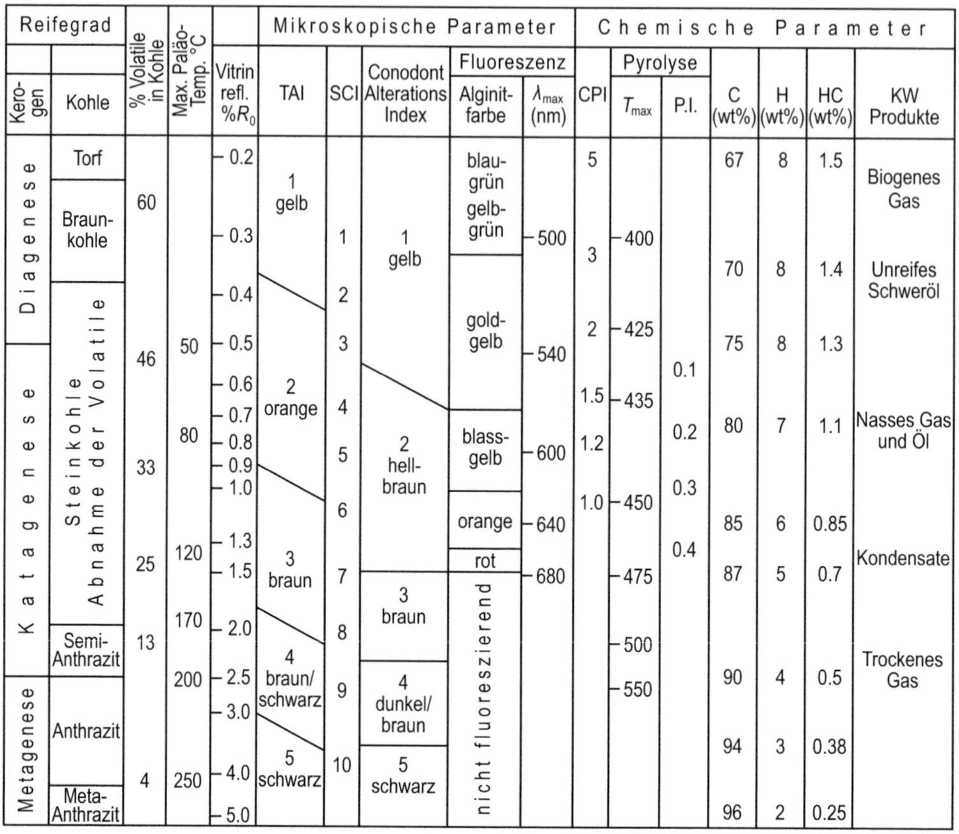

Reifegrad		% Volatile in Kohle	Max. Paläo-Temp. °C	Mikroskopische Parameter					Chemische Parameter					
Kerogen	Kohle			Vitrin refl. %R_0	TAI	SCI	Conodont Alterations Index	Fluoreszenz		CPI	Pyrolyse		C (wt%)	H (wt%)	HC (wt%)	KW Produkte
								Alginit-farbe	λ_{max} (nm)		T_{max}	P.I.				
Diagenese	Torf	60		0.2	1 gelb			blau-grün		5			67	8	1.5	Biogenes Gas
	Braun-kohle			0.3		1	1 gelb	gelb-grün	500	3	400		70	8	1.4	Unreifes Schweröl
				0.4	2	2										
Katagenese	Steinkohle (Abnahme der Volatile)	50		0.5		3		gold-gelb	540	2	425	0.1	75	8	1.3	
		46		0.6	2 orange	4				1.5	435					
			80	0.7			2 hell-braun	blass-gelb	600	1.2		0.2	80	7	1.1	Nasses Gas und Öl
				0.8		5										
		33		0.9								0.3				
				1.0		6		orange	640	1.0	450		85	6	0.85	
		25	120	1.3	3 braun	7		rot	680		475	0.4	87	5	0.7	Kondensate
				1.5			3 braun									
	Semi-Anthrazit	13	170	2.0		8					500					
Metagenese			200	2.5	4 braun/schwarz	9	4 dunkel/braun	nicht fluoreszierend			550		90	4	0.5	Trockenes Gas
	Anthrazit			3.0									94	3	0.38	
		4	250	4.0	5 schwarz	10	5 schwarz									
	Meta-Anthrazit			5.0									96	2	0.25	

Abb. 6.4 Vitrinitreflexion als Maß der Reife von organischem Material bei zunehmender thermischer Überprägung. Erkennbar ist die Korrelation mit anderen Temperaturindikatoren (z. B. Conodonten-Alterations-Index) aus petrographischen Beobachtungen und aus den chemischen Veränderungen (H, C, H/C). Dargestellt sind zudem die verschiedenen Stadien der Inkohlung und der Bildung von Erdöl und Gas. (Verändert nach Philp 2014)

6.3 Vom Kerogen zu Erdöl und Gas

Mit zunehmender Überdeckung und Versenkung eines Sedimentes kommt es zu einer fortschreitenden Veränderung der physikochemischen Rahmenbedingungen. Dieses umfasst sowohl mikrobiell gesteuerte als auch anorganische Umsatzprozesse des Kerogens, vor allem aber eine Zunahme der Temperatur um durchschnittlich 30 °C pro km (Abb. 6.5).

Im Bereich der Frühdiagenese kommt es vor allem durch mikrobiell gesteuerte Prozesse zunächst zum Verlust von Stickstoff und danach von Sauerstoff im organischen Material. Mit fortschreitender Versenkung spielt vor allem der Anstieg der Temperatur die entscheidende Rolle in den Veränderungen von Struktur und Zusammensetzung des Kero-

6.3 Vom Kerogen zu Erdöl und Gas

Abb. 6.5 Bildung von Erdöl und Gas in Abhängigkeit steigender Temperatur bei zunehmender Versenkung. (Verändert nach Durand 2021)

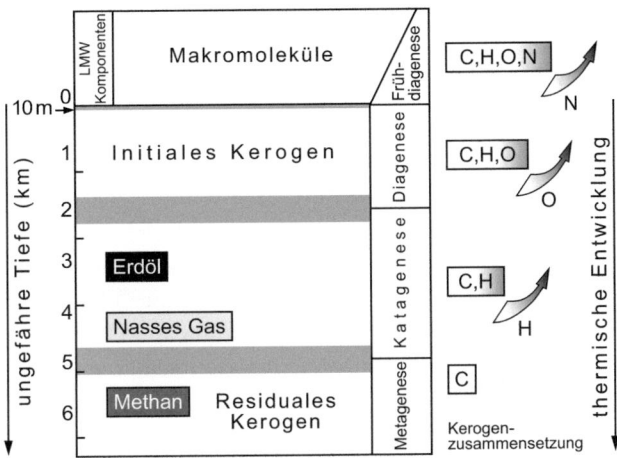

gens und mit Blick auf die schlussendliche Bildung von Erdöl und Gas (Durand 2021). Die thermische Überprägung des Kerogens, als Pyrolyse bezeichnet, erfolgt in Abwesenheit von Sauerstoff und führt im Bereich der (späten) Diagenese (Abb. 6.5) zunächst zur Bildung von H_2O und CO_2. Mit zunehmender Versenkung, etwa im Bereich von 2–3 km Tiefe und bei über 80–100 °C, gelangt ein Sediment und das darin enthaltene organische Material schließlich in den Bereich des sog. Ölfensters (Tissot und Welte 1984) und Kohlenwasserstoffe bilden sich. Dieses Stadium wird auch Katagenese genannt.

Erdöl ist ein Gemisch aus Kohlenwasserstoffen und weiteren organischen Molekülen, welches bei Temperaturen von 15 °C und unter Atmosphärendruck flüssig sind. Die Anzahl der Kohlenstoffatome variiert dabei zwischen 5 und 30, ggf. auch bis 50 und mehr. Neben den aliphatischen und aromatischen Kohlenwasserstoffen kommen in Verbindung mit Stickstoff, Schwefel und Sauerstoff (NSO) noch die sog. Heterozyklen hinzu. Der Klassifizierung des US-amerikanischen Erdölinstituts (API: American Petroleum Institute) folgend, werden Erdöle über ihre Dichte im Vergleich zum Wasser differenziert in Leicht-, Mittel- und Schweröle (Durand 2021). Generell korreliert die Dichte eines Erdöls positiv mit dem Gehalt an den NSO-Komponenten; mittelschwere Erdöle haben Dichten zwischen 0,85 und 0,9 g/cm³; bei höheren Dichten spricht man von Schweröl. Kommt es zu einer sehr starken Verarmung an leichtflüchtigen und kettenförmigen Kohlenwasserstoffen, entstehen extrem zähflüssige Kohlenwasserstoffe, umgangssprachlich als Teer, Pech oder flüssiger Asphalt bezeichnet. Sie können von wirtschaftlicher Bedeutung sein wie etwa die Athabasca-Ölsande im Norden Kanadas (Hein und Cotterill 2006). Weitere natürliche Vorkommen (zäh-)flüssigen Asphalts gibt es u. a. auf Trinidad oder in den La Brea Tar Pits in Los Angeles, USA.

Bei weiterer Versenkung kommt es im Bereich der Metagenese (über 4–5 km Versenkungstiefe, mehr als 180 °C) zur Bildung von Gas (gasförmig bei 15 °C und unter Atmosphärendruck; Durand 2021). Dieses besteht vorwiegend aus Kohlenwasserstoffen mit bis zu 4 Kohlenstoffatomen: dem Methan (CH_4), Äthan (C_2H_6), Propan (C_3H_8) und

Butan (C_4H_{10}). Daneben finden sich in natürlichen Gasvorkommen noch Kohlendioxid (CO_2), molekularer Stickstoff (N_2) und Schwefelwasserstoff (H_2S) sowie in kleinen Mengen die Edelgase Argon und Helium.

Bei weiterer Versenkung gerät das Sediment in den Bereich der Metamorphose bei über 250–300 °C. Hier hat das organische Material bereits fast den gesamten Anteil an Wasserstoff, Sauerstoff und Stickstoff verloren und ist dadurch relativ an Kohlenstoff angereichert. Die thermische Überprägung/Zersetzung kann noch zur Bildung eines letzten Teils von thermogenem Methan (CH_4) führen; andere Kohlenwasserstoffe sind nicht mehr stabil. Das thermogene Methan lässt sich über die $\delta^{13}C$- und δ^2H-Isotopensignaturen klar von biogenem Methan differenzieren (Whiticar 1999). Mit weiter zunehmender thermischer/ metamorpher Überprägung bildet sich schlussendlich Graphit, also reiner reduzierter Kohlenstoff. Eine besondere Form hochangereicherten reduzierten Kohlenstoffs ist der sog. Shungit, auch als „präkambrische Kohle" bezeichnet, wie er beispielsweise in Karelien vorkommt. Mit einem Alter von ca. 2 Mrd. Jahren spiegelt dieses Shungitvorkommen eine ursprünglich extreme Anreicherung organischen Materials im Paläoproterozoikum wider, eine einstmals gigantische Erdöllagerstätte (Melezhik et al. 2004, 2009).

6.4 Biomarker – Organische Zeugnisse der Ko-Evolution des Lebens und der Umwelt

Beginnend in den späten 1960er-Jahren wurde erkannt, dass ausgewählte organische Moleküle im extrahierbaren Anteil des sedimentären organischen Materials und in Erdölen Rückschlüsse auf den ursprünglichen Organismus erlauben, ein Spiegel der ehemaligen Ablagerungsbedingungen sind oder die Möglichkeit bieten, die mikrobielle und/oder thermische Überprägung zu identifizieren und sogar ein relatives Alter zu bestimmen (Eglinton und Calvin 1967; Seifert 1978; Seifert und Moldowan 1981, 1986; Moldowan et al. 1985; Philp 1985). Diese Erkenntnis und die sich fortwährend weiter entwickelnden analytischen Möglichkeiten in der Gaschromatographie-Massenspektrometrie (Eglinton und Murphy 1969) begründeten das Konzept der seither überaus erfolgreichen Biomarker-Analyse, sowohl in der Grundlagenforschung als auch in der Kohlenwasserstoffexploration, auch wenn Alfred Treibs bereits Jahre zuvor die organisch-geochemischen Gemeinsamkeiten zwischen dem Chlorophyll lebender Pflanzen und den Porphyrinen in geologisch alten Rohölen erkannt hatte (Treibs 1934, 1936).

Das Biomarker-Konzept fußt darauf, dass einzelne Kohlenwasserstoffmoleküle im organischen Material geologisch alter Sedimentgesteine Molekülen in heute lebenden Organismen (Pflanzen) zugeordnet werden können. So sind beispielsweise Sterole sehr häufig in heutigen Pflanzen vorkommende organische Moleküle. Sie werden im Zuge der Diagenese und thermischen Reifung zu Steranen, typischen und häufigen Molekülen in extrahierbarem organischem Material und in Rohölen. Der Unterschied ist der Verlust einer Hydroxylgruppe und verschiedener Doppelbindungen; dennoch lässt sich eine klare Beziehung zum Ausgangsmaterial erstellen (Mackenzie et al. 1982). Auch wenn die Konzentration an individuellen Biomarkern in Extrakten sedimentären organischen Materials ggf. sehr gering ist, ist deren Aussagekraft sehr hoch. Im Folgenden sind einige Beispiele möglicher Anwendungen genannt (Philp 2014), vertiefende Erkenntnisse finden sich bei Peters und Moldowan (1992) bzw. Peters et al. (2005).

Die Wachsschicht auf der Kutikula von Pflanzenblättern besteht aus langkettigen Fettsäuren, aus denen in den Sedimenten n-Alkane mit einer ausgeprägten Dominanz ungeradzahliger Kohlenstoffatome im Bereich von C_{25}–C_{35} abgespalten werden; dies ermöglicht umgekehrt den Rückschluss, dass das Material von Landpflanzen und nicht von marinem Phytoplankton stammt. Auch das 18α(H)-Oleanan, ein Triterpen mit fünf Ringen und zusammen 30 Kohlenstoffatomen, ist charakteristisch für höhere Pflanzen, hier im Speziellen Angiospermen (Bedecktsamer oder Blütenpflanzen; Grantham et al. 1983). Im Gegensatz dazu sind die in Sedimenten häufigen trizyklischen Terpane charakteristisch für marines organisches Material. Hopane wiederum repräsentieren Kohlenwasserstoffe aus den Zellwänden von Bakterien und ermöglichen damit, mikrobielle Lebensgemeinschaften in Sedimentgesteinen zu rekonstruieren.

Biomarker bieten weiterhin die Möglichkeit, Aussagen über die physikochemischen Rahmenbedingungen zur Zeit der Bildung/Ablagerung des organischen Materials zu treffen. So wird beispielsweise das Gammaceran, ein pentazyklisches Triterpen mit der Formel $C_{30}H_{52}$, als Indikator für hypersaline Bedingungen erachtet (de Leeuw und Sinninghe Damste 1990). Das Botryoccocan lässt sich der Grünalge *Botryococcous braunii* zuordnen, die nur im Süß- und Brackwasser vorkommt (Seifert und Moldowan 1980). Isorenieatene wiederum, Pigmente mit der Formel $C_{40}H_{48}$, lassen sich den grünen Schwefelbakterien (Chlorobiaceen) zuordnen (Brown und Kenig 2004). Diese phototrophen Organismen kommen nur unter anoxischen Bedingungen vor und erlauben so, auf sauerstofffreie Bedingungen in der photischen Zone (engl. *photic zone anoxia* – PZA) rückzuschließen (Schwark und Frimmel 2004).

Die Möglichkeit, Biomarker lebenden Organismen zuzuordnen, erlaubt weiterhin, diese in die geologische Vergangenheit zurückzuverfolgen (Grantham und Wakefield 1988; Moldowan et al. 1996) und auf diese Weise ein relatives Alter eines Sedimentgesteins zu ermitteln. Ein Beispiel ist das bereits erwähnte 18α(H)-Oleanan, ein Biomarker für Blütenpflanzen, der erstmals zu Beginn der Kreide auftritt und mithin eine altersmäßige Einstufung eines Sedimentgesteins erlaubt (Moldowan et al. 1994). Ein vergleichbarer Ansatz ist die Nutzung des Dinosterans (Moldowan et al. 1996), welches sich auf Dinoflagellaten zurückführen lässt, marines Phytoplankton, das erst ab der Trias in den geologischen Archiven auftritt.

Neben der Zuordnung einzelner Kohlenwasserstoffe zu lebenden Organismen oder der Charakterisierung der Milieubedingungen während ihrer Bildung kommt es weiterhin zu Veränderungen der Molekülstruktur und chemischen Zusammensetzung im Zuge von Migration, mikrobieller Degradation und/oder thermischer Reifung (Durand 2021).

In Summe bleibt festzuhalten, dass über den rein wirtschaftlichen Aspekt von Kohlenwasserstoffen als Energieträger hinaus das Informationspotential von Biomarkern für die Grundlagenforschung enorm ist.

6.5 Die Bildung von Kohle

Kohle besteht vornehmlich aus abgestorbenem Landpflanzenmaterial, welches in Sümpfen akkumulierte, die von Gefäßpflanzen (engl. *vascular plants*) dominiert wurden. Das abgestorbene Pflanzenmaterial wurde im Folgenden durch biologische Prozesse unterschiedlich stark degradiert und im Zuge nachfolgender Versenkung vor allem thermisch unterschiedlich stark überprägt. Neben dem organischen Material finden sich in Kohlen unterschiedlich hohe Gehalte an detritischen und authigenen Mineralen wie etwa Silikaten, Karbonaten und Sulfiden. Kohle ist mithin ein Produkt biologischer und geologischer Umwandlungsprozesse von ursprünglichem Landpflanzenmaterial, wobei auch die Dauer der verschiedenen Umwandlungsprozesse ein wichtiger Faktor ist (Orem und Finkelmann 2014).

Landpflanzen tauchen in den geologischen Archiven im Silur (vor ca. 425 Mio. Jahren) auf, Grünalgen als gefäßlose Vorläufer bereits im mittleren Ordovizium (vor ca. 475 Mio. Jahren). Ausgedehnte Kohlesümpfe mit mächtigen Akkumulationen abgestorbenen Landpflanzenmaterials bilden sich jedoch erstmals im Karbon (350–299 Mio. Jahre vor heute) aufgrund günstiger klimatischer und geologischer Rahmenbedingungen (Taylor et al. 2009).

Der Weg von der lebenden Pflanze zur Kohle wird als Inkohlung bezeichnet. Die Quantifizierung der dabei auftretenden chemischen und physikalischen Veränderungen des organischen Materials mit zunehmender Inkohlung erfolgt zumeist über die Vitrinitreflexion (Abb. 6.4).

Diese Entwicklung nimmt ihren Anfang in der Bildung von Torf. Üppiges Pflanzenwachstum an feuchten Standorten wie Sümpfen oder Mooren führt zur Akkumulation großer Mengen an abgestorbenem organischem Material (vor allem Gefäßpflanzen). Eine rasche Aufzehrung des verfügbaren Sauerstoffs (durch aerobe Respiration) führt zu Etablierung sauerstoffarmer Bedingungen bereits in wenigen Zentimetern Tiefe, sodass in Folge vor allem weniger effiziente anaerobe Stoffwechselpfade dominierend werden. Damit übersteigt die Akkumulation abgestorbenen Pflanzenmaterials dessen biologisch gesteuerten Abbau, und die Torfbildung beginnt. Zwei grundsätzlich unterschiedliche Milieus können hier differenziert werden (Abb. 6.6). Kommt es in pflanzenbestandenen Senken zur Überstauung mit Wasser und nur gelegentlichem Austrocknen bilden sich sog. Niedermoore. Durch den Kontakt zum mineralischen Untergrund (minerotroph) sind sie nährstoffreich, und der entstehende Torf und mithin auch eine spätere Kohle zeigt zumeist einen höheren Mineralgehalt. Demgegenüber werden Hochmoore ausschließlich von Regenwasser gespeist (ombrotroph) und sind dementsprechend nährstoff- und auch mineralarm.

Der biologisch gesteuerte Abbau abgestorbenen Pflanzenmaterials durch Pilze und Bakterien im Zuge der allmählichen Torfbildung wird einerseits durch die physikochemischen Rahmenbedingungen wie etwa die Verfügbarkeit von Sauerstoff durch Diffusion aus der Atmosphäre oder die Anwesenheit von Sulfat in randmarinen Standorten be-

6.5 Die Bildung von Kohle

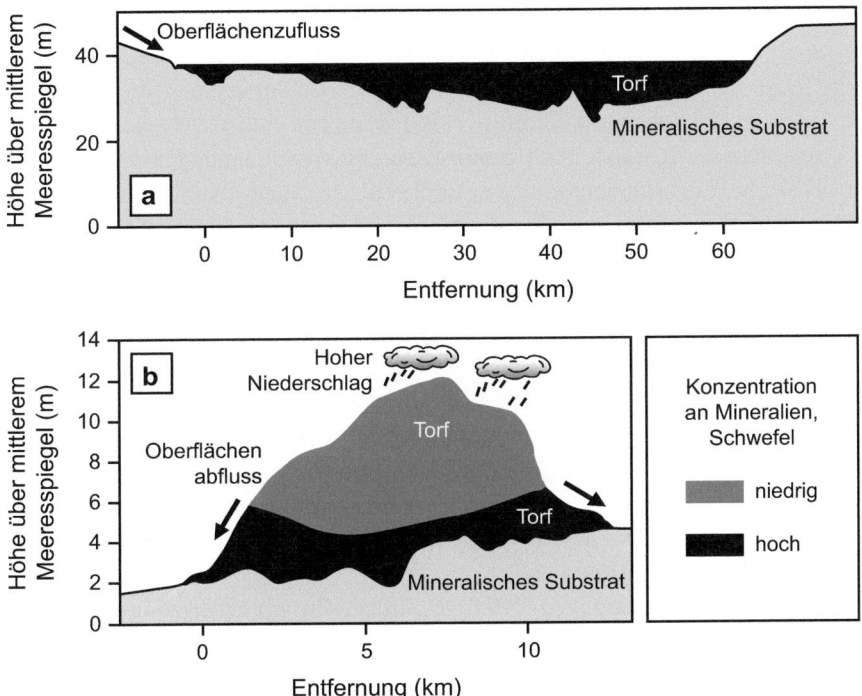

Abb. 6.6 Torfbildung in einem minerotrophen Niedermoor (**a**) und einem ombrotrophen Hochmoor (**b**). (Verändert nach Orem und Finkelmann 2014; unterschiedliche vertikale und horizontale Maßstäbe beachten!)

stimmt, andererseits spielt aber auch der Typ des organischen Materials (Blattmaterial, Holz) eine wichtige Rolle (Benner et al. 1985; Spiker und Hatcher 1987). Pilze agieren aufgrund des Sauerstoffbedarfs nur an der Oberfläche; der weitere Abbau erfolgt durch anaerobe, mikrobiell gesteuerte Stoffwechselpfade wie Gärung, Sulfat-, Nitrat-, Eisen- oder Manganreduktion (Froelich et al. 1979; Tissot und Welte 1984). Die Untersuchung vertikaler Torfprofile mit Methoden wie der ^{13}C-Kern-Resonanz-Spektroskopie (^{13}C-NMR: *nuclear magnetic resonance spectroscopy*) und der Pyrolyse-Gaschromatographie/Massenspektrometrie (PY-GC/MS; Wilson 1987; Schulten und Gleixner 1999) erlaubt eine Betrachtung der resultierenden Veränderungen in der chemischen und strukturellen Zusammensetzung des organischen Materials aufgrund des mikrobiellen Umsatzes im Zuge der frühen Diagenese. Zu nennen sind hier zunächst der Verlust an Sauerstoff und Stickstoff und dadurch eine relative Anreicherung an Kohlenstoff. Der Verlust an Sauerstoff geht vor allem auf den Abbau der Cellulose zurück, der Verlust an Stickstoff auf den Abbau von Proteinen. Mit zunehmender Tiefe reichern sich die aromatischen Kohlenstoffverbindungen an, die sich teilweise vom Lignin ableiten, sowie aliphatische Verbindungen, die ihren Ursprung vor allem in der wachsartigen Beschichtung der Blätter haben. Insgesamt ergibt sich eine selektive Erhaltung des Lignins und wasserstoffreicher Lipide wie der Pflanzenwachse (Cutan als diagenetisches Äquivalent des Cutin aus der Kuticula; Tegelaar et al. 1989). Trotz des weitestgehenden Abbaus der Cellulose bleibt die Holzstruktur lange erhalten und geht erst bei zunehmender Versenkung und Erhöhung des Drucks verloren (Hatcher und Clifford 1997). Daneben findet sich ein kompositionell breites Spektrum an Huminstoffen (Huminsäuren, Fulvosäuren und Humin; Schnitzer und Khan 1972), ebenfalls Abbauprodukte des pflanzlichen organischen Materials.

Zusammenfassend betrachtet sind der bevorzugte Abbau labiler Biopolymere (z. B. die Cellulose) und die selektive Erhaltung anderer Moleküle (z. B. das Lignin), die dem biologisch gesteuerten Abbau resistenter gegenüberstehen, die prinzipiellen Prozesse, die während der Torfbildung stattfinden (Hatcher und Clifford 1997; Orem und Finkelmann 2014), auf dem Weg von der Pflanze zur Kohle.

Zunehmende Überdeckung und Versenkung führen zur Erhöhung von Temperatur und Druck (Tissot und Welte 1984). Grundsätzlich spielt der Druck eine wesentliche Rolle bei der Entwässerung der Torfe und Braunkohlen, während die Temperatur und der Faktor Zeit die bestimmenden Parameter für die chemischen Umwandlungen während der Inkohlung sind. Dennoch steuert gerade auch die Anwesenheit des Wassers chemische Reaktionen des organischen Materials.

Die wichtigsten Veränderungen in der chemischen Zusammensetzung des organischen Materials sind der fortwährende Verlust von Sauerstoff und in geringerem Umfang von Wasserstoff sowie die Bildung und Kondensation aromatischer Ringstrukturen. Die Veränderungen der H/C- und O/C-Verhältnisse (Abb. 6.7) verdeutlichen die chemischen Ver-

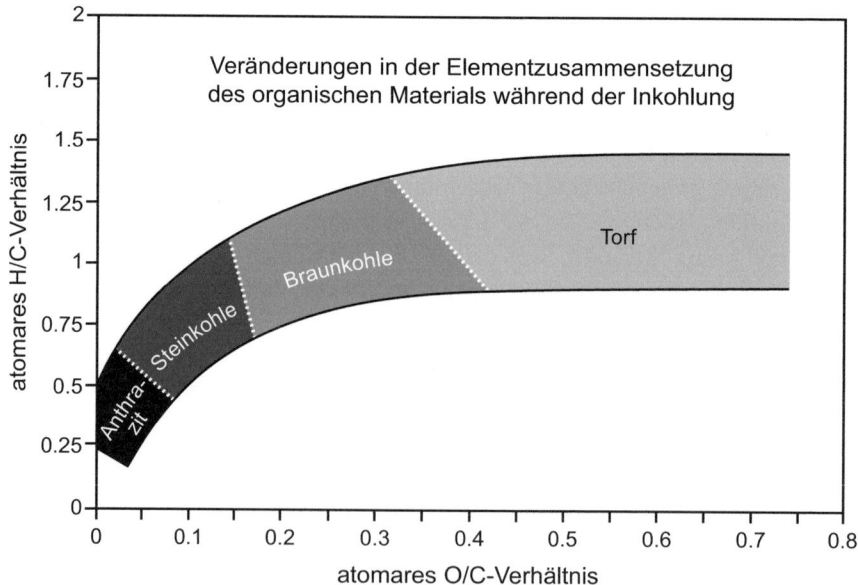

Abb. 6.7 van-Krevelen-Diagramm: H/C- über O/C-Verhältnisse nehmen mit zunehmender Reife der Kohle während der Inkohlung ab. (Verändert nach Orem und Finkelmann 2014)

6.5 Die Bildung von Kohle

änderungen des organischen Materials mit zunehmender Reife. ^{13}C-NMR-Studien belegen, dass der Wechsel vom Torf zur Braunkohle (oder Lignit) verbunden ist mit dem weiteren Abbau der Cellulose und der chemischen und strukturellen Veränderung des Lignins (Hatcher und Clifford 1997).

Weiterführende tiefe Versenkung (Abb. 6.4) resultiert in zunehmender Inkohlung und führt zur Bildung von Steinkohle (engl. *bituminous coal*) und schlussendlich zum Anthrazit (engl. *anthracite*). Erst in der Steinkohle gehen die originären Holzstrukturen weitestgehend verloren und die Kohle wechselt ihr Aussehen vom matten Braun zu glänzendem Schwarz. Mit zunehmender Inkohlung verschiebt sich im van-Krevelen-Diagramm vor allem das H/C-Verhältnis deutlich, aber auch das O/C-Verhältnis. Steinkohle und vor allem der Anthrazit zeigen den nahezu vollständigen Verlust des Sauerstoffs. Der starke Rückgang im H/C-Verhältnis geht vor allem auf die Bildung/Abspaltung niedermolekularer Kohlenwasserstoffe (Öl und Gas) zurück.

Die Bildung von Erdöl aus Kohle im Zuge tiefer Versenkung entspricht der Erdölgenese aus dem Kerogen-Typ 3, also einem organischen Material, welches relativ arm an Wasserstoff und relativ reich an Sauerstoff ist (Tissot und Welte 1984). Auch wenn die wirtschaftlich bedeutenden Erdölvorkommen auf die beiden Kerogen-Typen 1 und 2 zurückgehen, gibt es durchaus Erdölvorkommen, die auf Landpflanzenmaterial und Kohle zurückgeführt werden (Clayton 1993). Sie sind in der Regel jüngeren geologischen Alters, aus der Kreide und aus dem Tertiär wie z. B. in Indonesien (Clayton 1993). Die kohlebürtigen Erdöle gehen auf die lipidreichen (wasserstoffreichen) Anteile der Kohle zurück. Solche Kohlen sind reicher an Liptiniten, neben dem Vitrinit und dem Inertinit eine der drei Mazeralgruppen in Kohlen. Liptinite werden auf die lipidreichen (fettsäurereichen) Anteile von Gefäßpflanzen wie etwa das Cutan im Pflanzenwachs zurückgeführt (Taylor et al. 1998).

Die Bildung von Erdöl aus Kohle setzt zwar bereits während der mikrobiellen Degradation des Torfes ein, aber die Hauptphase der Erdölbildung aus Kohle (das Erdölfenster) liegt im Bereich der Steinkohle bei einer Vitrinitreflexion zwischen 0,5 und 1,6 % (Abb. 6.8). Charakteristische Biomarker erlauben die klare Unterscheidung eines kohlebürtigen Erdöls von einem, welches auf organisches Material der Kerogen-Typen 1 und 2 (Algenmaterial) zurückgeht. Zu nennen sind hier beispielsweise ein höheres Pristan/Phytan-Verhältnis oder eine ausgeprägte Dominanz ungeradzahliger Kohlenstoffatome in den n-Alkanen, die auf die Wachsschicht der Kutikula zurückgehen (Orem und Finkelmann 2014).

Neben der Erdölbildung werden bei zunehmender Reifung der Kohle auch große Mengen an Erdgas freigesetzt. Dabei handelt es sich zumeist um Methan und Kohlendioxid, daneben aber auch Stickstoff. Die Genese des Gases erfolgt sowohl mikrobiell als auch thermisch. Die Bildung von thermogenem Gas steigt mit zunehmender Reife. Eine Differenzierung der beiden prinzipiellen Bildungswege des Methans erfolgt, wie zuvor bereits gesagt, mit Hilfe der Kohlenstoff- und Wasserstoffisotope ($\delta^{13}C_{CH4}$, $\delta\ ^{2}H_{CH4}$). So zeigt biogenes Methan tendenziell immer isotopisch leichtere (an ^{13}C und ^{2}H verarmte) δ^{13}C- und δ^2H-Werte aufgrund der Isotopenfraktionierung bei der Methanogenese (Rice 1993). Thermogenes Methan enthält dagegen mehr schwere Isotope, sodass $\delta^{13}C_{CH4}$-Werte mit zunehmender Reife der Kohle positiver werden.

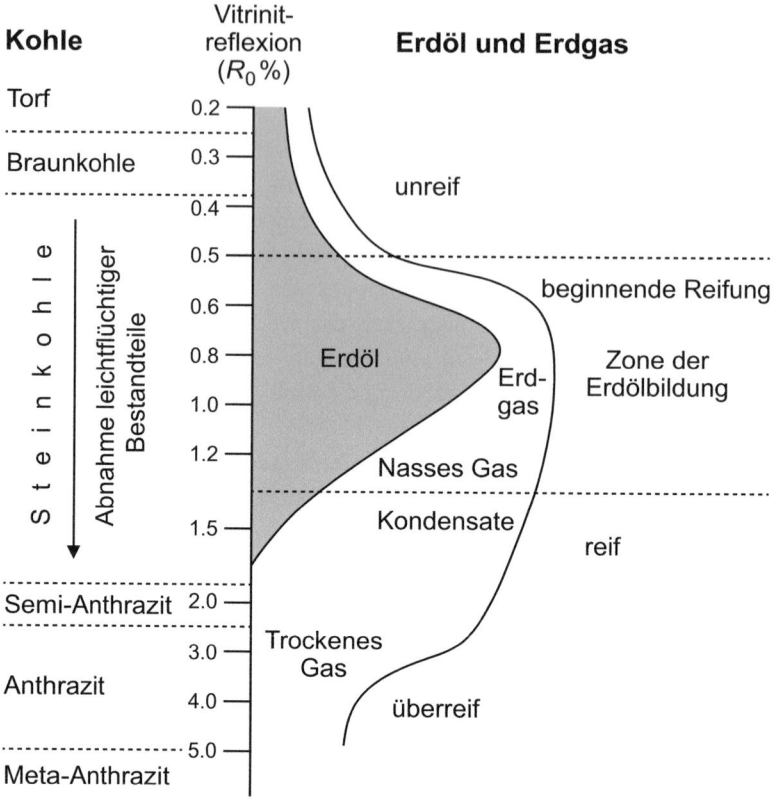

Abb. 6.8 Bildung von Erdöl und Erdgas aus Kohle bei zunehmender Reife der Kohle. (Verändert nach Orem und Finkelmann 2014)

Auch wenn Kohle zum überwiegenden Anteil aus organischem Material besteht, soll abschließend zumindest kurz auch auf einige der anorganischen, mineralischen Bestandteile von Kohle eingegangen werden. Hier sind als chemische Elemente vor allem das Silizium, das Aluminium, der Schwefel, das Eisen und das Calcium zu nennen, deren Gehalte im nichtbrennbaren Ascheanteil von Kohle zwar sehr variabel sein können, häufig aber im Bereich einiger Gewichtsprozent liegen (Orem und Finkelmann 2014). Diese Elemente gehen auf detritische Minerale, überwiegend Quarz und Tonminerale aus der Gruppe der Silikate zurück, oder sie sind Bestandteil authigener Mineralbildungen, die sich im Zuge vorwiegend mikrobiell gesteuerter Prozesse im Bereich der frühen Diagenese bilden. Hier entstehen vor allem Karbonate sowie Eisensulfide: Pyrit und Markasit (FeS_2). Die Pyritbildung geht ursächlich auf die bakterielle Sulfatreduktion zurück; sie erfolgt als frühdiagenetische Bildung unter anoxischen Rahmenbedingungen. Die Bedeutung des Pyrits in Kohle ergibt sich vor allem im Hinblick auf deren Nutzung als Energieträger, da bei der Verbrennung SO_2 entsteht (Han et al. 2016). Hinzu kommt die Tatsache, dass eine Reihe toxischer Elemente wie Arsen, Quecksilber, Blei, Cadmium und Thallium im Pyrit angereichert sein kann (Flues et al. 2013). Diese Elemente werden ggf. unter den Bedingungen der Pyritoxidation bei der Deposition von Kohle bzw. dem unproduktiven Bergematerial in die Umwelt freigesetzt.

Zu nennen sind schließlich die sog. Coal Balls, karbonatische Konkretionen mit häufig sehr gut erhaltenem Pflanzenmaterial (Taylor et al. 2009). Coal Balls bestehen überwiegend aus mit Karbonat permineralisiertem Torf (Falcon-Lang, 2008). Die häufig herausragende Erhaltung des Pflanzenmaterials spricht für dessen frühe Mineralisierung durch Calciumcarbonat (aber auch Siderit und Ankerit), vor Beginn der Kompaktion, sodass eine dreidimensionale Erhaltung der Pflanzenteile erzielt wurde. Die Quelle des Calciumcarbonats kann dabei mariner oder nichtmariner Natur sein, wie durch Kohlenstoffisotope des Karbonats erkennbar ist (Scott et al. 1996). Daraus ergibt sich für die Genese der Coal Balls entweder eine ggf. wiederkehrende Überflutung des Kohlesumpfes mit Meerwasser (hierfür spricht auch das gemeinsame Auftreten mariner Fossilien mit dem Pflanzenmaterial im selben Coal Ball; Taylor et al. 2009) oder die Perkolation karbonathaltigen Grundwassers durch die Lagen von abgestorbenem Landpflanzenmaterial (Scott und Rex 1985).

6.6 Zusammenfassung

Überdurchschnittlich große Akkumulationen von sedimentärem organischen Material marinen oder terrestrischen Ursprungs und deren Erhaltung repräsentieren die Ausgangslage für die Bildung von Erdöl, Gas und Kohle. Vor allem organisch-chemische Untersuchungsansätze (Biomarker) erlauben vielfach eine Zuordnung der Herkunft des organischen Materials in Erdöl, Gas und Kohle. Mikrobiell gesteuerte Umsatzprozesse im Bereich der frühen Diagenese und eine Zunahme von Temperatur und Druck durch fortwährende Überdeckung und Versenkung führen im Folgenden zu steten Veränderungen in der chemischen Zusammensetzung, Struktur und Reife des organischen Materials. Trotz primärer kompositioneller Unterschiede führt dies generell zum Verlust leichtflüchtiger Bestandteile, die reich an Wasserstoff, Sauerstoff und Stickstoff sind, und zur relativen Anreicherung des Kohlenstoffs. Die Charakterisierung und Quantifizierung der Veränderungen erfolgt über petrographische und geochemische Untersuchungen, wobei die Vitrinitreflexion und das H/C- bzw. O/C-Verhältnis prinzipielle Indikatoren der zunehmenden Reife des organischen Materials sind.

Literatur

Benner R, Morgan MA, Hodson RE (1985) Effects of pH and plant source on lignocellulose biodegradation rates in two wetland ecosystems, the Okefenokee Swamp and a Georgia salt marsh. Limnol Oceanogr 30:489–499

Brown TC, Kenig F (2004) Water column structure during deposition of Middle Devonian–Lower Mississippian black and green/gray shales of the Illinois and Michigan Basins: a biomarker approach. Palaeogeogr Palaeoclimatol Palaeoecol 215:59–85

Clayton JL (1993) Composition of crude oils generated from coals and coaly organic matter in shales. In: Law BE, Rice DD (Hrsg) Hydrocarbons from Coal, AAPG Studies in Geology 38. American Association of Petroleum Geologists, Tulsa, S 185–201

Demaison GJ, Moore GT (1980) Anoxic environments and oil source bed genesis. Am Assoc Pet Geol Bull 64:1179–1209

Durand B (2021) Petroleum, natural gas and coal: nature, formation mechanisms, future prospects in the energy transition. EDP Sciences, Les Ulis

Eglinton G, Calvin M (1967) Chemical fossils. Sci Am 216:32–43

Eglinton G, Murphy MTJ (Hrsg) (1969) Organic geochemistry: methods and results. Springer Verlag, New York

Espitalie J, Laporte JL, Madec M, Marquis F, Leplat P, Paulet J, Boutefeu A (1977) Methode rapide de caracterisation des roches meres de leur potential petrolier et de leur degre d'evolution. Rev Inst Fr Pétrol 32:23–42

Falcon-Lang HJ (2008) Marie Stopes, the discovery of pteridosperms, and the origin of Carboniferous coal balls. Earth Sci Hist 27:81–102

Falkowski PG (2014) Biogeochemistry of primary production in the sea. In: Treatise on geochemistry, 2. Aufl. Rutgers University, New Brunswick

Flues M, Sato IM, Scapin MA, Cotrim MEB, Camargo IMC (2013) Toxic elements mobility in coal and ashes of Figueira coal power plant, Brazil. Fules 103:430–436

Froelich PN, Klinkhammer GP, Bender ML, Luedtke NA, Heath GR, Cullen D et al (1979) Early oxidation of organic matter in pelagic sediments of the eastern equatorial Atlantic: suboxic diagenesis. Geochim Cosmochim Acta 43:1075–1090

Grantham PJ, Wakefield LL (1988) Variations in the sterane carbon number distributions of marine source rock derived crude oils through geological time. Org Geochem 12:61–73

Grantham PJ, Pesthwam J, Baak A (1983) Triterpanes in a number of Far-Eastern crude oils. In: Bjoroy M et al (Hrsg) Advances in organic geochemistry 1981. Wiley, New York, S 675–683

Han X, Guo QJ, Liu CQ, Fu P, Strauss H, Yang J, Hu J, Wei L, Ren H, Peters M, Wei R, Tian L (2016) Using stable isotopes to trace sources and formation processes of sulfate aerosols from Beijing, China. Sci Rep 6:29958

Hatcher PG, Clifford DJ (1997) The organic geochemistry of coal: from plant materials to coal. Org Geochem 27:251–274

Hein FJ, Cotterill DK (2006) The Athabasca oil sands – a regional geological perspective, Fort McMurray Area, Alberta, Canada. Nat Resour Res 15:85–102

Kämpf J, Chapman P (2016) Upwelling systems of the world. Springer, Heidelberg

van Krevelen DW, Schuyer J (1957) Coal science: aspects of coal constitution. Elsevier, Amsterdam

de Leeuw JW, Sinninghe Damste JS (1990) Organic sulfur compounds and other biomarkers as indicators of paleosalinity. In: Orr WL, White CM (Hrsg) Geochemistry of sulfur in fossil fuels, American Chemical Society symposium series 429. American Chemical Society, Washington, DC, S 417–443

Mackenzie AS, Brassell SC, Eglinton G, Maxwell JR (1982) Chemical fossils: The geological fate of steroids. Science 217:491–504

Melezhik VA, Filippov MM, Romashkin AE (2004) A giant Palaeoproterozoic deposit of shungite in NW Russia: genesis and practical applications. Ore Geol Rev 24:135–154

Melezhik VA, Fallick AE, Filippov MM, Lepland A, Rychanchik DV, Deines YE, Medvedev PV, Romashkin AE, Strauss H (2009) Petroleum surface oil seeps from Palaeoproterozoic petrified giant oilfield. Terra Nova 21:119–126

Moldowan JM, Seifert WK, Gallegos EJ (1985) Relationship between petroleum composition and depositional environment of petroleum source rocks. Am Assoc Pet Geol Bull 69:1255–1268

Moldowan JM, Dahl J, Huizinga BJ, Fago FJ, Hickey LJ, Peakman TM, Taylor DW (1994) The molecular fossil record of oleanane and its relation to angiosperms. Science 265:768–771

Moldowan JM, Dahl J, Jacobson SR, Huizinga BJ, Fago FJ, Shetty R, Watt DS, Peters KE (1996) Chemostratigraphic reconstruction of biofacies: molecular evidence linking cyst-forming dinoflagellates with pre-Triassic ancestors. Geology 24:159–162

Orem WH, Finkelmann RB (2014) Coal formation and geochemistry. In: Treatise on geochemistry, 2. Aufl. Elsevier, Amsterdam

Pedersen TF, Calvert SE (1990) Anoxia vs. productivity: what controls the formation of organic-carbon-rich sediments and sedimentary rocks. Am Assoc Pet Geol Bull 74:454–466

Peters KE (1986) Guidelines for evaluating petroleum source rocks using programmed pyrolysis. Am Assoc Pet Geol Bull 70:318–329

Peters KE, Moldowan JM (1992) The biomarker guide: interpreting molecular fossils in petroleum and ancient sediments. Prentice Hall, Englewood Cliffs

Peters KE, Walters CC, Moldowan JM (2005) The biomarker guide, Bd 2, 2. Aufl. Cambridge University Press, Cambridge

Philp RP (1985) Fossil fuel biomarkers. Applications and spectra. Elsevier, Amsterdam

Philp RP (2014) Formation and geochemistry of oil and gas. In: Treatise on geochemistry, 2. Aufl. Elsevier, Amsterdam

Rice DD (1993) Composition and origins of coalbed gas. In: Law BE, Rice DD (Hrsg) Hydrocarbons from coal, AAPG studies in geology 38. American Association of Petroleum Geologists, Tulsa, S 159–184

Schnitzer M, Khan SU (1972) Humic substances in the environment. Dekker, New York

Schulten H-R, Gleixner G (1999) Analytical pyrolysis of humic substances and dissolved organic matter in aquatic systems: structure and origin. Water Res 33:2489–2498

Schulz HD, Zabel M (2006) Marine geochemistry. Springer, Berlin/Heidelberg

Schwark L, Frimmel A (2004) Chemostratigraphy of the Posidonia Black Shale, SW Germany. II. Assessment of extent and persistence of photic-zone anoxia using aryl isoprenoids distributions. Chem Geol 206:231–248

Scott AC, Rex G (1985) The formation and significance of carboniferous coal balls. Philos Trans R Soc Lond B 311:123–137

Scott AC, Mattey DP, Howard R (1996) New data on the formation of Carboniferous coal balls. Rev Palaeobot Palynol 93:317–331

Seifert WK (1978) Steranes and terpanes in kerogen pyrolysis for correlation of oils and source rocks. Geochim Cosmochim Acta 42:473–484

Seifert WK, Moldowan JM (1980) The effect of thermal stress on source rock quality as measured by hopane stereochemistry. Phys Chem Earth 12:229–237

Seifert WK, Moldowan JM (1981) Paleoreconstruction by biological markers. Geochim Cosmochim Acta 45:783–794

Seifert WK, Moldowan JM (1986) Use of biological markers in petroleum exploration. In: Johns RB (Hrsg) Methods in geochemistry and geophysics 24. Elsevier, Amsterdam, S 261–290

Spiker EC, Hatcher PG (1987) The effects of early diagenesis on the chemical and stable carbon isotopic composition of wood. Geochim Cosmochim Acta 51:1385–1391

Taylor GH, Teichmuller M, Davis A, Diessel CFK, Littke R, Robert P (1998) Organic petrology. Gebrüder Borntraeger, Berlin

Taylor TN, Taylor EL, Krings M (2009) Introduction to paleobotany, how fossil plants are formed. In: Paleobotany, 2. Aufl. Elsevier, Amsterdam, S 1–42

Tegelaar EW, de Leeuw JW, Derenne S, Largeau C (1989) A reappraisal of kerogen formation. Geochim Cosmochim Acta 53:3103–3106

Tissot BP, Welte DH (1984) Petroleum formation and occurrence, 2. Aufl. Springer-Verlag, Berlin/Heidelberg

Treibs A (1934) The occurrence of chlorophyll derivatives in an oil shale of the upper Triassic. Annalen 517:103–114

Treibs A (1936) Chlorophyll and hemin derivatives in organic materials. Angew Chem 49:682–686

Whiticar MJ (1999) Carbon and hydrogen isotope systematics of bacterial formation and oxidation of methane. Chem Geol 161:291–314

Wilson MA (1987) NMR techniques and applications in geochemistry and soil chemistry. Pergamon Press, Oxford

Sedimente als Spiegel der Erdsystementwicklung

Stromatolitisches Karbonat, Transvaal Hauptgruppe, Südafrika (Foto: H. Strauß)

Inhaltsverzeichnis

7.1 Klastische Sedimente als Spiegel der Zusammensetzung
    der oberen kontinentalen Kruste 104
7.2 Klastische Sedimente als Provenienzindikator 109
7.3 Chemische Sedimentgesteine als Spiegel der Ozean-Atmosphären-Entwicklung 114
    7.3.1 Hadaikum (>4,0 Mrd. Jahre) 115
    7.3.2 Archaikum (4,0–2,5 Mrd. Jahre) 116
    7.3.3 Proterozoikum (2,5–0,539 Mrd. Jahre) 118
    7.3.4 Phanerozoikum (539 Mio. Jahre bis heute) 125
7.4 Zusammenfassung 132
Literatur 132

▶ Sedimente und Sedimentgesteine archivieren über ihre chemische Zusammensetzung vielfältige Informationen zur Herkunft ihrer ehemals gelösten oder partikulären Bestandteile sowie zu den vorherrschenden Umweltbedingungen zur Zeit ihrer Bildung. Dies schließt im Hinblick auf rezente Sedimente anthropogene Einflüsse mit ein. Die Vielfalt der Informationen ergibt sich aus der Variabilität der Sedimenttypen (klastisch vs. chemisch vs. biogen), den Ablagerungsbedingungen (marin vs. kontinental), den Redoxbedingungen im Ozean-Atmosphäre-System und dem geologischen Alter. Die Vielfalt der Informationen soll im Hinblick auf ihre Aussagekraft zu zwei übergeordneten Fragen der Erdsystementwicklung eingeordnet werden: die Aussagekraft geochemischer Signaturen klastischer Sedimente und Sedimentgesteine als Spiegel der Zusammensetzung der oberen kontinentalen Kruste und die Zusammensetzung chemischer Sedimente und Sedimentgesteine als Spiegel der Ozean-Atmosphäre-Entwicklung. Der Fokus beider Betrachtungen liegt auf marinen Ablagerungen, die vollständiger erhalten sind, als terrestrische Ablagerungen.

7.1 Klastische Sedimente als Spiegel der Zusammensetzung der oberen kontinentalen Kruste

Unser Planet gliedert sich von der Oberfläche aus in die Tiefe in Erdkruste, Erdmantel und Erdkern. Die Erdkruste wird weiter differenziert in eine ozeanische und eine kontinentale Kruste. Die kontinentale Kruste mit einer durchschnittlichen Mächtigkeit von 40 km umfasst die Festländer und den überfluteten kontinentalen Schelf. Vor allem die Festländer und ihre Gesteine stehen für eine Betrachtung der chemischen Zusammensetzung der kontinentalen und im Speziellen der oberen kontinentalen Kruste zur Verfügung, die für eine direkte Probenahme leicht zugängig ist.

Zwei grundsätzliche Ansätze wurden bisher verfolgt, um die chemische Zusammensetzung der oberen kontinentalen Kruste zu ermitteln: 1.) die Bestimmung gewichteter

Durchschnittswerte der geochemischen Zusammensetzung der Gesteine, die an der Erdoberfläche anstehen oder 2.) die Bestimmung der durchschnittlichen Zusammensetzung der unlöslichen Elemente feinkörniger siliziklastischer Sedimente und Sedimentgesteine oder glaziogener Ablagerungen.

1.) Vor allem der Ansatz gewichteter Durchschnittswerte der Zusammensetzung individueller Gesteine erfordert die Analyse einer hohen Anzahl von Proben, um darüber einen repräsentativen Querschnitt der Zusammensetzung der oberen kontinentalen Kruste zu definieren. Der Ansatz geht auf Clarke (1889) zurück. Verschiedene Bearbeiter folgten im Verlauf des letzten Jahrhunderts diesem Ansatz, konzentrierten dabei ihre Probenahme zumeist auf individuelle Kontinentalbereiche wie den präkambrischen Kanadischen Schild (Shaw et al. 1967; Eade und Fahrig 1971), den Baltischen und den Ukrainischen Schild sowie das kristalline Basement der Russischen Plattform (Ronov und Yaroshevsky 1967) oder das präkambrische kristalline Basement sowie die phanerozoischen Faltengebirge Chinas (Gao et al. 1998).

Trotz einer vielleicht erwartbaren Heterogenität lassen sich zwei übergeordnete Schlussfolgerungen aus diesem Ansatz ziehen:

- Die Konzentration der Hauptelemente ist in allen Studien in der Größenordnung vergleichbar und variiert innerhalb einer Bandbreite von 10 %.
- Die Konzentrationen der Spurenelemente zeigen eine größere Heterogenität; Ausnahmen mit vergleichbaren Konzentrationen zwischen den verschiedenen Studien zeigen die Seltenen Erdelemente (SEE), Yttrium, Lithium, Rubidium, Cäsium, Strontium, Zirkonium, Hafnium, Blei, Thorium und Uran.

Klassische zusammenfassende Arbeiten zur chemischen Zusammensetzung der oberen kontinentalen Kruste, zumeist auf Basis der Ergebnisse der zuvor genannten Studien, stammen von Taylor und McLennan (1985) und Wedepohl (1995). Eine neuere zusammenfassende Diskussion zur chemischen Zusammensetzung der kontinentalen Kruste findet sich bei Rudnick und Gao (2014), und der Leser findet dort weitere Details ebenso wie weiterführende Literatur.

2.) Der zweite Ansatz basiert auf der Überlegung, dass feinkörnige siliziklastische Sedimente und Sedimentgesteine einen repräsentativen Durchschnittswert für einen ggf. großen Bereich der aufgeschlossenen Erdoberfläche archiviert haben. Der Transport des unlöslichen Rückstandes aus der physikalischen und chemischen Verwitterung innerhalb eines Einzugsgebietes durch Fließgewässer hat einen homogenisierenden Effekt im Hinblick auf die finale geochemische Zusammensetzung des resultierenden siliziklastischen Sedimentes. Gleiches erfolgt durch die abrasive Wirkung kontinentaler Gletscher, eine Erkenntnis, die bereits auf Goldschmidt (1933) zurückgeht. Grundsätzlich berücksichtigt der Ansatz, feinklastische Sedimente als Spiegel der Zusammensetzung der oberen kontinentalen Kruste zu nutzen, jedoch nur die chemischen Elemente, die in Mineralen enthalten sind, die der Verwitterung gegenüber resistent sind. Nur diese werden quantitativ vom Ort der Verwitterung und Erosion zum Ort der finalen Ablagerung transportiert werden. Unser Verständnis dieses Konzep-

Tab. 7.1 Zusammensetzung der oberen kontinentalen Kruste. (Aus Rudnick und Gao 2014, S 4)

Hauptelemente	Taylor und McLennan (1985)	Wedepohl (1995)	Rudnick und Gao (2014)
SiO_2	65,89	66,8	66,62
TiO_2	0,50	0,54	0,64
Al_2O_3	15,17	15,05	15,40
FeO_T	4,49	4,09	5,04
MnO	0,07	0,07	0,10
MgO	2,20	2,30	2,48
CaO	4,19	4,24	3,59
Na_2O	3,89	3,56	3,27
K_2O	3,39	3,19	2,80
P_2O_5	0,20	0,15	0,15
Summe	99,99	99,99	100,09

Angaben in Gewichtsprozent (Gew.-%)

tes, aber auch die resultierende Zusammensetzung der oberen kontinentalen Kruste geht auf die klassische Arbeit von Taylor und McLennan (1985) zurück (Tab. 7.1).

Die chemische Zusammensetzung klastischer Sedimentgesteine ist abhängig von den Prozessen ihrer Bildung. Dies sind Verwitterung, Erosion, Transport, Ablagerung und Diagenese (Taylor und McLennan 1985). Zu berücksichtigen ist dabei, dass sowohl die Verwitterung als auch der Transport zu einer Veränderung in der chemischen Zusammensetzung zwischen Ausgangsgestein und klastischem Sediment führen. Leicht lösliche Elemente (beispielsweise die Alkalielemente) gehen bevorzugt in die Lösungsfracht von Fließgewässern, schwer lösliche Elemente finden sich bevorzugt in der partikulären Fracht. Ebenso kommt es im Zuge des Transportes zu einer progressiven Anreicherung der verwitterungsresistenten Minerale und mit ihnen der schwer löslichen chemischen Elemente. Letztere lassen erwarten, dass sie repräsentativ für die mineralogische Zusammensetzung der Gesteine der Quellregion und damit der chemischen Zusammensetzung der oberen kontinentalen Kruste sind. Schließlich kommt es im Zuge der Diagenese zu Mineral-Um- und -Neubildungen, die ebenfalls zu Veränderungen der chemischen Zusammensetzung führen können.

Bereits Taylor und McLennan (1985) identifizierten die Gruppe der SEE sowie die Elemente Yttrium, Scandium, Thorium und Kobalt als unlöslich und stellten ihr Potential im Hinblick auf die Rekonstruktion der Zusammensetzung der oberen kontinentalen Kruste heraus. Das Verteilungsmuster der SEE für postarchaische Tonsteine zeigt eine große Homogenität weltweit (Post-Archean Average Shale – PAAS; Abb. 7.1). Charakteristisch sind eine Anreicherung der leichten SEE, eine negative Europium-Anomalie und eine vergleichsweise flache Verteilung der schweren SEE. Hieraus schlussfolgerten bereits Taylor und McLennan (1985), dass das SEE-Verteilungsmuster der postarchaischen Tonsteine dem Verteilungsmuster der oberen kontinentalen Kruste entsprechen müsse. Gleichzeitig verwiesen die Autoren jedoch auf generell niedrigere absolute Konzentrationen in den Tonsteinen, da verschiedene andere Sedimentgesteine wie etwa Sandsteine, Karbonate oder Evaporite noch niedrigere Konzentrationen an SEE aufweisen. Unter Berücksichti-

7.1 Klastische Sedimente als Spiegel der Zusammensetzung der oberen kontinentalen … 107

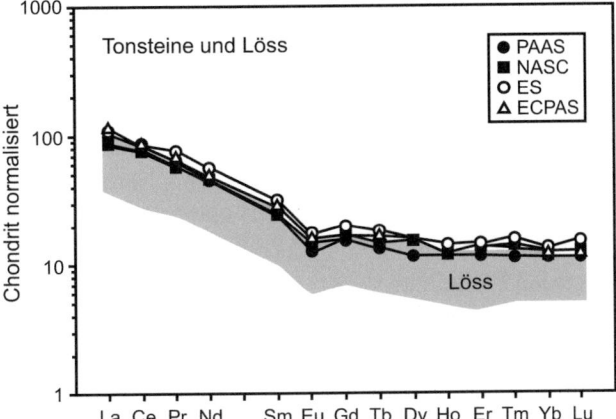

Abb. 7.1 Verteilung der Seltenen Erdelemente in postarchaischen Gesteinen. (Nach Taylor und McLennan 1985)

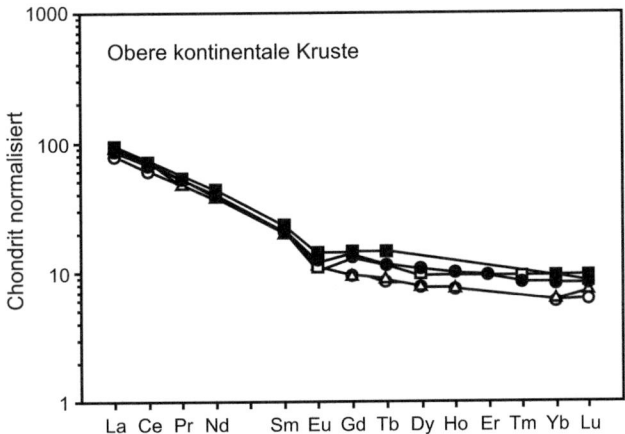

Abb. 7.2 Vergleich der SEE-Verteilungsmuster für die obere kontinentale Kruste aus verschiedenen Studien. (Nach Taylor und McLennan 1985)

gung der quantitativen Verteilung der verschiedenen Sedimentgesteine ergab ihre Massenbilanzbetrachtung, dass die Konzentrationen der SEE der oberen kontinentalen Kruste etwa 80 % der Zusammensetzung postarchaischer Tonsteine entspricht (Taylor und McLennan 1985). Ein Vergleich der Ergebnisse verschiedener Studien (Abb. 7.2) zeigt ein relativ hohes Maß an Übereinstimmung. Demzufolge variieren die Konzentrationen der leichten SEE innerhalb von 20 % und die der schweren SEE innerhalb von 50 %, wobei hier sowohl feinsiliziklastische Sedimente und Sedimentgesteine als auch die gewichteten Durchschnittswerte verschiedener Gesteine berücksichtigt wurden.

Bezogen auf die Konzentration der SEE der oberen kontinentalen Kruste lassen sich die Konzentrationen weiterer unlöslicher Elemente über das Elementverhältnis zu einem SEE bestimmen. Auf der Basis konstanter La/Th- und La/Sc-Verhältnisse in postarchaischen Tonsteinen schätzten Taylor und McLennan (1985) beispielsweise entsprechende Konzentrationen für Thorium und Scandium in der oberen kontinentalen Kruste ab. Ähnliche Ansätze lassen sich für Elemente wie Titanium, Zirkonium, Hafnium, Niob, Tantal, Molybdän, Wolfram, Beryllium, Aluminium, Gallium, Germanium, Indium, Zinn, Blei und verschiedene Übergangsmetalle (Chrom, Kobalt, Nickel, Kupfer, Zink) durchführen. Dennoch zeigten bereits Taylor und McLennan (1985) auf, dass es für einige der genannten Elemente aufgrund ihrer primären Anreicherung in Schwermineralen zu einer Veränderung der Konzentration während Verwitterung, Erosion, Transport und Ablagerung kommen kann. Eine Evaluation der Ergebnisse verschiedener Studien (Rudnick und Gao 2014) zeigt, dass die Konzentrationen der genannten Elemente in der oberen kontinentalen Kruste innerhalb einer Variationsbreite von ca. 30 % liegen und mithin als relativ gut bekannt angesehen werden. Zudem fallen auch die gewichteten Durchschnittswerte einer repräsentativen Auswahl von Gesteinen der Erdoberfläche (Ansatz 1) in diesen Variationsbereich.

Auch die Konzentrationen ausgewählter Elemente mit einer höheren Löslichkeit (wie beispielsweise Vanadium, Arsen, Silber, Cadmium, Antimon, Cäsium, Barium, Wolfram und Wismut) lassen sich über ihr Verhältnis zu Lanthan abschätzen (Taylor und McLennan 1985; Gao et al. 1998; Sims et al. 1990; McLennan 2001).

Zunächst Goldschmidt (1933) und in jüngeren Jahren Taylor et al. (1983), Gallet et al. (1998) oder Peucker-Ehrenbrink und Jahn (2001) nutzten glaziale Sedimente und Löss, um die chemische Zusammensetzung der oberen kontinentalen Kruste zu definieren. Die weitestgehend rein mechanische Aufarbeitung des anstehenden Gesteins durch die abrasive Bewegung einer Eismasse erschien allen Bearbeitern als ein Prozess, der ein homogenisiertes feinkörniges Sediment hervorbringt, welches als repräsentativ für die durchschnittliche Zusammensetzung des kontinentalen Basements gelten müsse. Untersucht wurden sowohl die Sedimentfracht subglazialer Fließgewässer als auch der durch den Wind verdriftete Löss (äolisches Sediment), ausgeblasen unter kalten Klimabedingungen aus den vegetationsarmen Flussebenen im Randbereich kontinentaler Eismassen.

Bereits Goldschmidt (1933) stellte fest, dass die chemische Zusammensetzung des glaziogenen Geschiebelehms seiner norwegischen Heimat dem gewichteten Durchschnitt der chemischen Zusammensetzung magmatischer Gesteine entsprach (Clark und Washington 1924). Die jüngeren Studien nutzten entweder die chemische Zusammensetzung des Lösses direkt als repräsentativ für die Zusammensetzung der oberen kontinentalen Kruste oder sie schätzten die verschiedenen Elementkonzentrationen im Vergleich zum unlöslichen Element Lanthan ab.

Problematisch für die Nutzung von Löss als direktem Spiegel der Zusammensetzung der oberen kontinentalen Kruste ist die Beobachtung selektiver Anreicherungen verschiedener chemischer Elemente im Löss. Entsprechende Anreicherungen existieren beispielsweise für SiO_2 oder Zirkonium als Folge der Anreicherung verwitterungsresistenter Minerale wie Quarz oder Zirkon. Hattori et al. (2003) zeigte Konzentrationsunterschiede zwischen Ausgangsgestein und Löss für die Elemente Rhenium und Osmium auf; sie führten dies auf die leichtere mechanische Zerstörung mafischer Minerale und damit selektive Anreicherung dieser in der äolisch verdrifteten Mineralfracht zurück. Dies könnte auch weitere chemische Elemente betreffen, die grundsätzlich höhere Konzentrationen in mafischen Mineralen aufweisen (Nickel, Vanadium, Scandium, Chrom, Kobalt, Mangan usw.).

Somit würde eine Bestimmung der Konzentrationen dieser Elemente über ihr Verhältnis zu Lanthan im Grunde unmöglich sein. Demgegenüber stellten Peucker-Ehrenbrink und Jahn (2001) eine homogene Verteilung der Platingruppen-Elemente in Lössproben fest, ebenso wie Taylor und McLennan (1985) für die SEE.

7.2 Klastische Sedimente als Provenienzindikator

Mit Blick auf ihre chemische Zusammensetzung sind klastische Sedimente ein Spiegel der Zusammensetzung der Ausgangsgesteine eines Einzugsgebietes. Charakteristische Elementkonzentrationen, -verhältnisse oder -verteilungsmuster bieten damit grundsätzlich die Möglichkeit, auf das generelle geologisch-tektonische Milieu rückzuschließen (McLennan et al. 2003). Verwitterten eher mafische oder eher felsische Gesteine? Verwitterten eher kristalline (magmatische oder metamorphe) Ausgangsgesteine oder wurden Sedimentgesteine erodiert und umgelagert? Und kam es während Transport, Ablagerung und Diagenese zu Veränderungen des klastischen Sedimentes im Hinblick auf Mineralzusammensetzung, Korngröße oder Sortierung? Das sind einige der klassischen Forschungsfragen, die die Nutzung klastischer Sedimente und Sedimentgesteine in der Provenienzanalyse bestimmen (Mazumder 2017). Sie ermöglicht, regionalgeologische Befunde im plattentektonischen Kontext zu interpretieren. Kritisch beleuchtet werden muss jedoch die Frage möglicher mehrfacher Umlagerungen des klastischen Materials.

Doch nicht nur der Gesamtchemismus ermöglicht Aussagen zur Herkunft und zu den Bildungsbedingungen eines Sedimentes oder Sedimentgesteins. Auch einzelne Minerale vermögen zu spezifischen Fragestellungen Auskunft zu geben. Insbesondere Schwerminerale (Zirkon, Rutil, Apatit, Titanit) werden heute einem breiten Spektrum geochemischer Einzelkornanalysen unterzogen. Diese ermöglichen eine recht genaue Bestimmung der jeweiligen Bildungsbedingungen der Minerale und damit der ursprünglichen Wirtsgesteine und ihres plattentektonischen Rahmens. Einen besonderen Stellenwert hat hier der Zirkon (Harley und Kelly 2007). Als sehr verwitterungsbeständiges Mineral archiviert ein Zirkon ggf. eine lange und komplexe Entwicklungsgeschichte und chemische und isotopische Kenngrößen ermöglichen deren Rekonstruktion. Hinzu kommt, dass Zirkone gut datierbare Minerale sind und mithin eine Zeitinformation liefern, ebenso wie auch andere Schwerminerale. Dennoch bleibt im Einzelfall die kritische Analyse, wie repräsentativ ein Zirkon-Altersspektrum als Spiegel der verwitterten Ausgangsgesteine qualitativ wie quantitativ auf dem Maßstab eines Sedimentbeckens und/oder auf dem kontinentalen Maßstab ist (Castillo et al. 2022).

Dem Ansatz der Nutzung klastischer Sedimente als Provenienzindikator unterlagernd ist der Zusammenhang zwischen den übergeordneten tektonischen Prozessen und der Erhaltungsfähigkeit bzw. den Recyclingraten eines bestimmten geologisch-tektonischen Szenarios. So liegt die mittlere Recyclingrate ozeanischer Kruste bei etwa 60 Mio. Jahren, während die Erhaltungsfähigkeit kontinentaler Kruste bei ca. 1,2 Mrd. Jahren liegt (Veizer und Jansen 1985). Zusätzlich zu berücksichtigen sind bei der Interpretation der chemischen Zusammensetzung klastischer Sedimente und Sedimentgesteine jedoch auch die Einflüsse der unterschiedlichen Verwitterbarkeit von Gesteinen/Mineralen und eine mögliche Sortierung während des Transportes. Sie bestimmen neben der geologisch-tektonischen Ausgangslage ebenfalls die Zusammensetzung des finalen klastischen Sediments/Sedimentgesteins.

Eine zusammenfassende Gruppierung der Gesteine sedimentärer Ablagerungsräume in grob- (Sandsteine, Siltsteine, Konglomerate, Arkosen) und feinklastische (Tonsteine und Grauwacken) sowie chemische (Karbonate, Evaporite, Kieselgesteine) Sedimente schlagen Veizer und Ernst (1996) am Beispiel Nordamerikas vor. Bezugnehmend auf diese Gliederung postulieren die Autoren, dass die Sedimentakkumulation in magmatischen Bögen und Tiefseerinnen eher klastischer Natur sei und zumeist unreife Grauwacken und Tonsteine hervorbringen würde. Demgegenüber würden Vorlandbecken auf der kontinentalen Seite einen höheren Anteil an reiferen und häufig grobklastischen Sedimenten sowie anteilig auch chemischen Sedimenten aufweisen. Letzteres verstärkt sich im Bereich des passiven Kontinentalrandes. Viele chemische Sedimente, vor allem Karbonate, würden dagegen in intrakratonischen Ablagerungsräume finden. Diese Differenzierung ist in vielen Teilen zu pauschal, trägt beispielsweise nicht der Bildung karbonatischer Riffe im Phanerozoikum Rechnung. Führt man die Gliederung nach Veizer und Ernst (1996) mit der Erhaltungsfähigkeit der genannten geologisch-tektonischen Milieus zusammen, belegen sie die zunehmende Veränderung im Verhältnis von Karbonaten zu klastischen Sedimentgesteinen (Abb. 7.3; Morse und Mackenzie 1990).

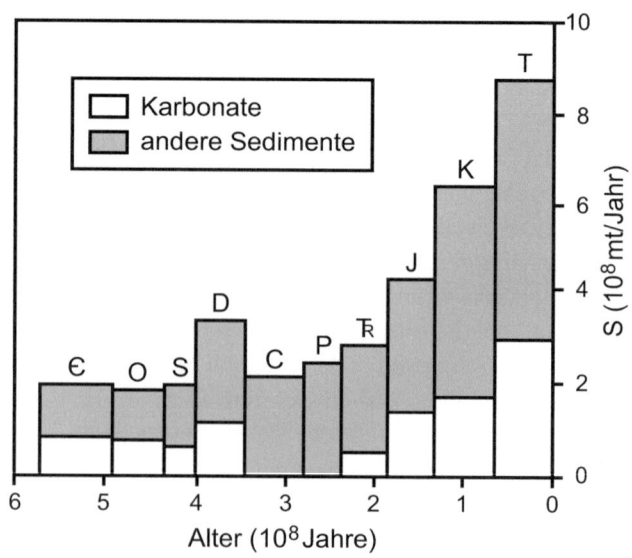

Abb. 7.3 Zeitliche Veränderungen im Verhältnis karbonatischer zu anderen Sedimentgesteinen. (Nach Morse et al. 1997)

7.2 Klastische Sedimente als Provenienzindikator

Grobklastische konglomeratische Sedimente und Sedimentgesteine würden aufgrund einer dominant tektonischen Beeinflussung einem charakteristischen Trend von vorwiegend vulkanogenen Klasten über zunehmend magmatisch-metamorphe Gesteinsbruchstücke des herausgehobenen kristallinen Basements zu einem wachsenden Anteil recycelter Sedimentgesteine folgen. Mineralogisch und geochemisch sinkt im Verlaufe dieser Entwicklung der Anteil an Plagioklas zugunsten von kalifeldspatreichen und schlussendlich zu einem quarzdominierten Klastenspektrum (Cox et al. 1995).

Weniger grob klastische Sandsteine zeigen eine zunehmende Reifung durch einen sinkenden Gehalt an Gesteinsbruchstücken und einen steigenden Quarzanteil. Tonsteine, häufig aus dem Recycling älterer Tonsteine resultierend, spiegeln schließlich die ansteigende Silikatverwitterung und resultierende Zunahme des Tonmineralanteils wider.

Chemisch drückt sich die geschilderte Entwicklung in einer zunehmend einfacher werdenden Zusammensetzung aus, die durch den chemischen Alterationsindex (engl. *chemical index of alteration* – CIA; Nesbitt und Young 1984) beschrieben werden kann:

$$CIA = 100\left(Al_2O_3 / \left(Al_2O_3 + CaO + Na_2O + K_2O\right)\right)$$

Dieser Index quantifiziert – vereinfacht ausgedrückt – den Zerfall der Feldspäte zu Gunsten der Neubildung von Tonmineralen. Mineralogisch würde schlussendlich das Mineral Gibbsit (γ-Al(OH)$_3$) resultieren.

In vergleichbarer Weise bzw. damit verknüpft kommt es im Verlaufe des Transportes des partikulären Verwitterungsmaterials zu einer zunehmenden Verschiebung der chemischen und mineralogischen Zusammensetzung aufgrund der Sortierung nach Korngröße und Materialdichte. Quarz reichert sich im Vergleich zu den Alumosilikaten an (Anstieg des SiO_2/Al_2O_3-Verhältnisses) und die höhere Verwitterungsbeständigkeit von Kalifeldspat gegenüber Plagioklas erhöht das K_2O/Na_2O-Verhältnis. Generell kommt es zu einem Verlust von Spurenelementen, die bevorzugt in den verwitterungsanfälligeren Alumosilikaten gebunden sind.

Insbesondere Spurenelemente und mehr noch Spurenelementverhältnisse sind diagnostische Provenienzindikatoren (Taylor und McLennan 1985; McLennan et al. 2003). Vor allem sind dies die immobilen SEE, Thorium, Zirkonium, Scandium und Titan, die ohne quantitative Änderung von Quellen zu Senken transportiert werden (McLennan et al. 1990). Klassische Beispiele für die Bedeutung der Spurenelementverhältnisse als Provenienzindikator finden sich bei McLennan et al. (2003).

Vergleicht man moderne Turbidite, gebildet an einem aktiven mit denen gebildet an einem passiven Kontinentalrand (Abb. 7.4), wird der Unterschied im Referenzrahmen Th/Sc versus Zr/Sc deutlich. Turbidite am aktiven Kontinentalrand spiegeln vor allem durch variable Th/Sc-Verhältnisse die chemisch-mineralogische Magmendifferenzierung wider. Sie reflektieren damit im Wesentlichen die Quelle der klastischen Komponenten. Demgegenüber zeigen Turbidite an passiven Kontinentalrändern eine zunehmende Erhöhung der Konzentration an Schwermineralen, hier ausgedrückt durch das Zr/Sc-Verhältnis. Dieses bezeugt die zunehmende Bedeutung des Recyclings älterer Sedimentgesteine, hinzu kommt der Verlust labilerer Komponenten.

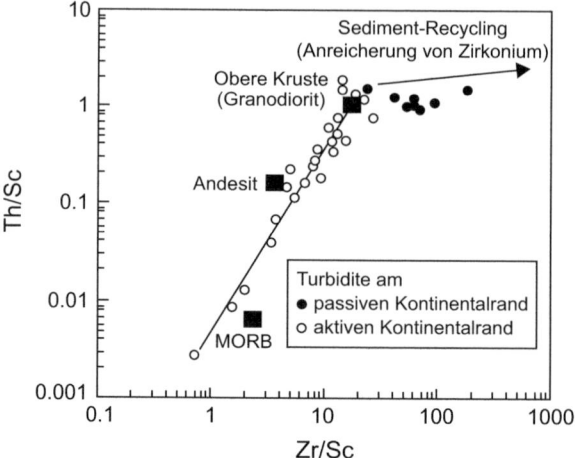

Abb. 7.4 Spurenelementverhältnisse moderner Turbidite aus zwei unterschiedlichen geologisch-tektonischen Situationen. (Nach McLennan et al. 2003)

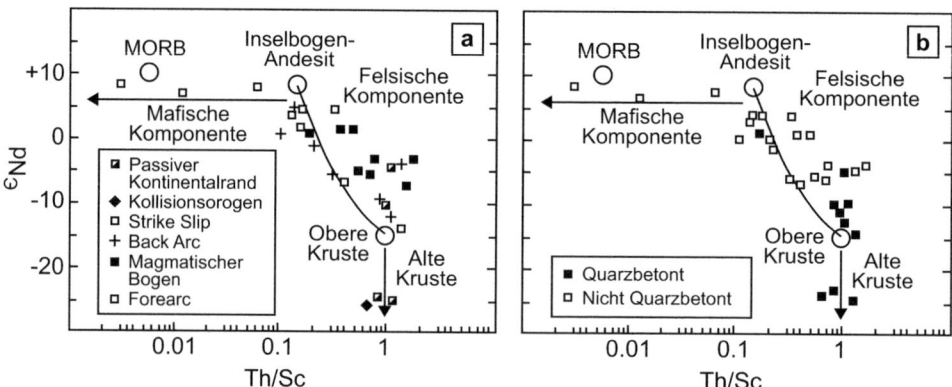

Abb. 7.5 Klassische Provenienzindikatoren für Turbidite der Tiefsee im Hinblick auf verschiedene geologisch-tektonische Situationen (**a**) oder bezugnehmend auf den Quarzgehalt (**b**). (Nach Taylor und McLennan 1985)

Schwerminerale sind in klastischen Sedimenten und Sedimentgesteinen die prinzipielle Quelle für eine Reihe von Elementen, deren Isotopensysteme (U, Th/Pb, Lu/Hf, Sm/Nd) von großer Bedeutung für die Provenienzforschung sind. Auch hier können moderne Turbidite als gutes Beispiel dienen (Abb. 7.5). Geringe Th/Sc-Verhältnisse spiegeln eine vornehmend andesitische Zusammensetzung des Ausgangsmaterials wider. Ein ε_{Nd}-Wert um +5 repräsentiert die moderne ozeanische Kruste. Turbidite in mehr entwickelten geologisch-tektonischen Situationen (beispielsweise am passiven Kontinentalrand) enthalten größere Anteile an recyceltem altem kontinentalem Basement und oder älteren

Sedimentgesteinen. Sie sind im Hinblick auf ihre Mineralzusammensetzung eher quarzbetont, zeigen negativere ε_{Nd}-Werte und höhere Th/Sc-Verhältnisse, beides Ausdruck des Recyclings alter kontinentaler Kruste.

Wie bereits betont, kommt dem Mineral Zirkon als detritische Komponente klastischer Sedimente und Sedimentgesteine eine besondere Bedeutung als Provenienzindikator zu. Die hohe Verwitterungsbeständigkeit führt dazu, dass Zirkone mehrfach Zyklen von Erosion und Deposition überstehen und damit fast ikonisch für den Begriff des Sedimentrecycling sind. Ein eindrücklicher Beleg sind die mehr als 4 Mrd. Jahre alten Zirkone des „nur" 3 Mrd. Jahre alten Jack Hills Metakonglomerats im Narrayer Gneis Complex in Westaustralien (Wilde et al. 2001). Gleichzeitig konservieren Zirkone aber vielfach geochemische und isotopische Signaturen, die diagnostisch für ihre Herkunft sind. Letzteres fußt vor allem auf kombinierten Untersuchungen der geochemischen Zusammensetzung und der Altersdatierung. Gerade die Beziehung zwischen dem Spektrum der Kristallisationsalter der detritischen Zirkone in einem klastischen Sediment oder Sedimentgestein und dem Ablagerungsalter dieses ermöglicht oft einen guten Einblick in die geologisch-tektonische Situation (Cawood et al. 2012). Kritisch angemerkt wird hierfür eine ausreichend große Population an datierten Zirkonen, um ein repräsentatives Ergebnis zu erzielen (Zimmermann et al. 2015).

Die Bedeutung von Zirkonen in der Provenienzforschung resultiert aus der Möglichkeit, anhand der charakteristischen geochemischen/isotopischen Signatur einer Zirkonpopulation auf die Herkunft der beteiligten tektonischen Elemente (Kontinente, Kontinentfragmente, Inselbögen) rückzuschließen. Als Beispiel mag die Arbeit von Zieger et al. (2023) dienen. Die Autoren untersuchten 981 detritische Zirkone aus sechs Proben kontinentaler feinsiliziklastischer Sedimentgesteine aus dem Oberen Rotliegend des Norddeutschen Beckens im Hinblick auf die Morphologie der Zirkone, ihren Spurenelementsignatur und ihr geologisches Alter (U-Pb). Das Norddeutsche Becken ist Teil des ehemaligen Südlichen Permbeckens und wird im Süden vom variszischen Gebirge und im Norden vom Baltischen Schild umrahmt. Alle sechs Proben zeigen ein vergleichbares Spektrum geologischer Alter zwischen 293 und 3222 Mio. Jahren (Abb. 7.6). Unterschiede im Grad der Rundung der Zirkone verdeutlichen unterschiedlich lange Transportwege. Unterschiede in den Spurenelementsignaturen belegen unterschiedliche Ausgangsgesteine, sowohl kristallines Basement als auch recyceltes sedimentäres Material. Aufgrund dieser Kriterien differenzieren die Autoren die Herkunft der detritischen Zirkone und deren geologisch-tektonische Zusammenhänge und ordnen sie verschiedenen Quellen zu. Diese wiederum reflektieren die regional-geologische Entwicklungsgeschichte Europas. Nicht klar differenzierbar ist jedoch eine Umlagerung sedimentärer Ablagerungen innerhalb des Ablagerungsraumes. Die Studie von Zieger et al. (2023) verdeutlicht das hohe Potential, aber auch die Limitationen in der Nutzung detritischer Zirkone für die geologische Provenienzforschung.

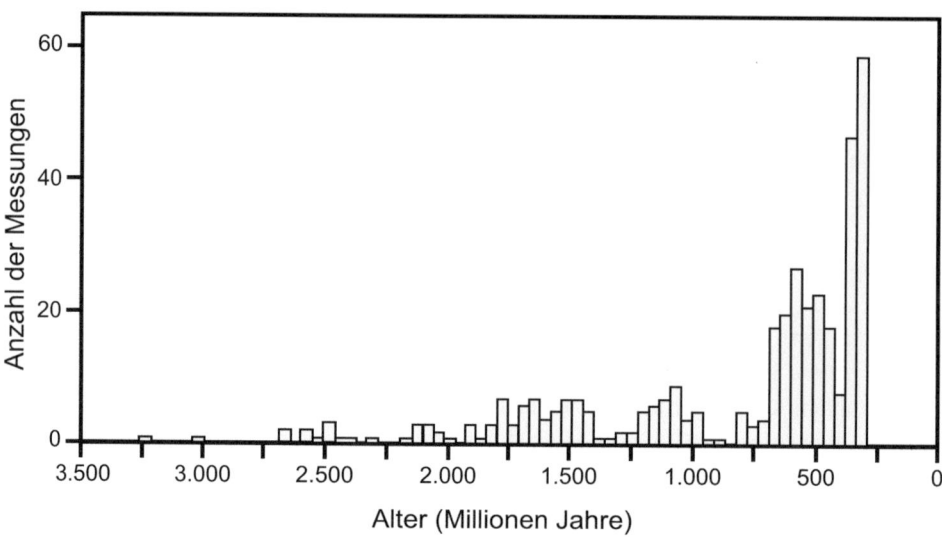

Abb. 7.6 Geologische Alter detritischer Zirkone in Rotliegend-Sedimenten des Norddeutschen Beckens. (Verändert nach Zieger et al. 2023)

7.3 Chemische Sedimentgesteine als Spiegel der Ozean-Atmosphären-Entwicklung

Die chemische Zusammensetzung von Ozean und Atmosphäre, wie wir sie heute kennen, unterlag im Verlaufe ihrer 4,6 Mrd. Jahre währenden Geschichte deutlichen Veränderungen. Zentrale Fragen zu zeitlichen Änderungen in der Zusammensetzung der Erdatmosphäre betreffen vor allem die Gase Sauerstoff, Kohlendioxid und Methan und ihre Relevanz für die chemische Verwitterung, das Klima oder die Entwicklung des Lebens, im Ozean und auf den Kontinenten. Zeitliche Änderungen in der chemischen Zusammensetzung des Ozeans spiegeln vielfältige Wechsel in Abhängigkeit von der Intensität der Wasser-Gesteins-Wechselwirkung mit der ozeanischen Kruste (tektonische Prozesse), den vorherrschenden Redoxbedingungen in der ozeanischen Wassersäule oder den Einfluss der Biosphäre wider. Aufgrund der intensiven Wechselwirkung zwischen Atmosphäre und Ozean können marine chemische Sedimente als Präzipitate gelöster Inhaltsstoffe aus der ozeanischen Wassersäule als Spiegel der Zusammensetzung des gesamten Ozean-Atmosphäre-Systems betrachtet und Sedimentgesteine mithin für die Rekonstruktion der relevanten Prozesse herangezogen werden. Mit unterschiedlichen Zielsetzungen werden hierzu vor allem Karbonate und Evaporite, aber auch gebänderte Eisenformationen und Cherts (deutsch Hornsteine) herangezogen.

Die Altersverteilung verschiedener Sedimentgesteinstypen (Abb. 7.7) bezeugt ein entsprechendes Archiv bis ca. 3,8 Mrd. Jahre zurück, mit Vorkommen in Isua, Südwest-Grönland (Nutman et al. 1996) und Nuvvuagittuq in Nordost-Kanada (David et al. 2009).

Abb. 7.7 Altersverteilung verschiedener Sedimentgesteine. (Verändert nach Ronov 1964)

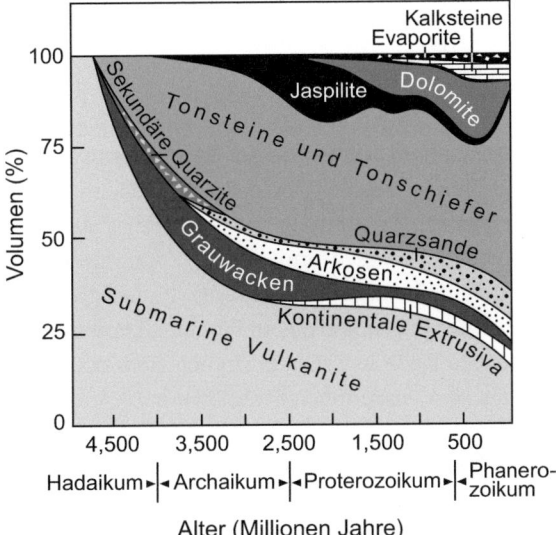

Gleichzeitig wird deutlich, dass die verschiedenen Sedimentgesteine aufgrund ihrer Bildungsbedingungen und ihrer Verwitterungsbeständigkeit (Goldich 1938) sowie den Konsequenzen von tektonisch bedingtem Recycling (Veizer 1988a; Veizer und Jansen 1985) unterschiedliche zeitliche Verbreitungen haben.

7.3.1 Hadaikum (>4,0 Mrd. Jahre)

In Ermangelung von Gesteinen mit einem Alter >4 Mrd. Jahre beruht unser Verständnis einer präarchaischen Hydrosphäre, also die Existenz eines Ozeans während des Hadaikums (>4,0 Mrd. Jahre), auf geochemischen Hinweisen, die in detritischen (sedimentären) Zirkonen mit entsprechenden Altern archiviert sind. Dies sind vor allem die Zirkone aus der Jack-Hills Region in Westaustralien. Die Jack-Hills-Zirkone sind bereits aufgrund ihres Alters ein besonderer Fund, da einer von ihnen ein maximales Alter von 4404 Mrd. Jahre hat (Wilde et al. 2001). Neben ihrem Alter liefern detritische Zirkone über ihre geochemischen und diversen isotopengeochemischen Signaturen wertvolle Hinweise auf ihr Liefergebiet und die Bedingungen ihrer Bildung sowie Alteration. Isotopengeochemische Daten (Sm-Nd- und Lu-Hf-Isotope) dieser Zirkone belegen eine früh-erdgeschichtliche chemische Differentiation und die Existenz kontinentaler Kruste bereits vor 4,4 Mrd. Jahren (Scherer et al. 2007). Die Sauerstoffisotopie der detritischen Zirkone mit $\delta^{18}O$-Werten zwischen +6,5 und +7,5 ‰ werteten Mojzsis et al. (2001), Peck et al. (2001) und Wilde et al. (2001) als Hinweis auf eine niedrig-temperierte hydrothermale Alteration der suprakrustalen Gesteine, welche die ursprünglichen Wirtsgesteine dieser Zirkone bildeten. Erwartungsgemäß wird diese Schlussfolgerung eines Ozeans im Hadaikum nach wie vor recht kontrovers diskutiert (Whitehouse et al. 2017).

7.3.2 Archaikum (4,0–2,5 Mrd. Jahre)

Unser Verständnis über die chemische Zusammensetzung des archaischen Meerwassers basiert auf zeitlich unregelmäßig verteilten geologischen Archiven sowie einer Reihe von Annahmen und Hinweisen aus Modellierungsansätzen zur Zusammensetzung des frühen Atmosphäre-Ozean-Systems. Im Folgenden sollen drei chemische Elemente im Mittelpunkt der Diskussion stehen: Eisen (Fe), Sauerstoff (O) und Kohlenstoff (C).

Gebänderte Eisenformationen (engl. *banded iron formations* – BIF) sind chemische Präzipitate, laminierte Sedimente typischerweise mit einem Wechsel eisenreicher und eisenarmer Lagen und einem Fe-Gehalt von mindestens 15 Gew.-% (James 1954). Ihre exklusive Präsenz in präkambrischen Sedimentabfolgen (Beukes und Gutzmer 2008) mit den ältesten Vorkommen bereits vor ca. 3,8 Mrd. Jahren in Isua in Westgrönland und Nuvvuagittuq in Nordostkanada sind Beleg für einen eisenreichen (engl. *ferruginous*) archaischen Ozean. Eisen ist nur in zweiwertiger reduzierter Form (Fe^{2+}) löslich, mithin war zumindest der tiefe archaische Ozean anoxisch. Dies ist zugleich eine (angenommene) Voraussetzung für die Akkumulation großer Volumina an Eisen. Die Herkunft des Eisens wird zumeist hydrothermalen Lösungen zugeschrieben, ebenso wie die Quelle des Siliziums für die häufig vergesellschafteten Chertlagen (Bekker et al. 2010). Aber auch ein möglicher Beitrag aus der kontinentalen Verwitterung wird nicht ausgeschlossen (Li et al. 2015). Archaische marine Karbonate zeigen erhöhte Konzentrationen an Fe und Mn (Veizer et al. 1989), eine Beobachtung, die konsistent mit der Vorstellung eines erhöhten Angebots an gelöstem Fe^{2+} im archaischen Meerwasser ist. Bildung und Vorkommen dieser speziellen Sedimentgesteine sind schon immer verknüpft mit der Frage nach der Konzentration von Sauerstoff im Ozean-Atmosphäre-System zur Zeit ihrer Ablagerung, auch wenn in den letzten Jahren verstärkt die Bedeutung phototropher anoxygener Eisenbakterien für die Bildung der gebänderten Eisenformationen diskutiert wird (Kappler et al. 2005; Konhauser et al. 2002; Posth et al. 2013).

Die zeitliche Entwicklung der atmosphärischen Sauerstoffkonzentration (Abb. 7.8) zeigt das erste Auftreten von freiem molekularem Sauerstoff vor ca. 2,4–2,2 Mrd. Jahren, ein bedeutsames Ereignis in der erdgeschichtlichen Entwicklung, welches mit dem Begriff

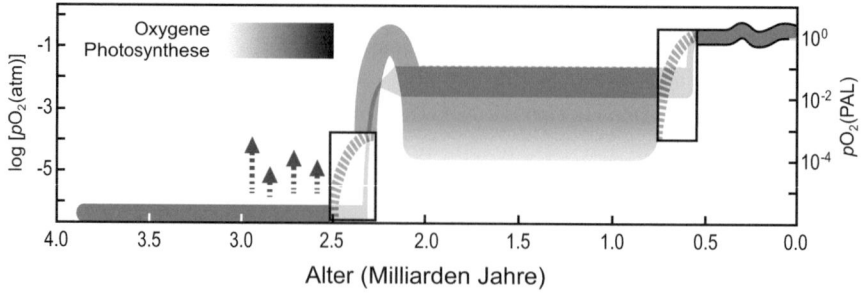

Abb. 7.8 Zeitliche Entwicklung der atmosphärischen Sauerstoffkonzentration. (Nach Lyons et al. 2014)

7.3 Chemische Sedimentgesteine als Spiegel der Ozean-Atmosphären-Entwicklung

„Great Oxidation Event – GOE" (Holland 2006) verknüpft ist. Die Erdatmosphäre vor dem GOE wird im Wesentlichen als anoxisch angesehen, die Zeit nach dem GOE bis heute ist gekennzeichnet durch einen episodischen Anstieg der atmosphärischen Sauerstoffkonzentration (Canfield 2005; Lyons et al. 2014; Chen et al. 2022; Fakhraee und Planavsky 2024). Auch die Redoxbedingungen in der archaischen ozeanischen Wassersäule werden als anoxisch bewertet (Kasting 1993). Zeitlich hochaufgelöste Untersuchungen der Konzentrationsentwicklung redoxsensitiver Elemente (Re, Mo, Cr, Ni) entlang von Bohrprofilen durch neoarchaische Sedimentabfolgen auf verschiedenen (Paläo)Kontinenten werden zunächst als Hinweis auf das zeitlich und räumlich begrenzte Vorkommen geringer Sauerstoffkonzentrationen bereits mehrere Zehn bis wenige Hundert Millionen Jahre vor dem GOE gewertet. Diese Beobachtungen werden in der Literatur als „ein Hauch von Sauerstoff" („a whiff of oxygen": Anbar et al. 2007) bzw. als Sauerstoffoasen („a: aoxygen oases": Ossa Ossa et al. 2019) bezeichnet, mittlerweile aber kritisch gesehen (Slotznick et al. 2022). Diskutiert wurde auch die Frage, ob das GOE ein singuläres Ereignis war (Bekker et al., 2010) oder ob der Anstieg der atmosphärischen Sauerstoffkonzentration stufenartig erfolgte (Kurzweil et al. 2013).

Oxidative Bedingungen im tiefen Ozean stellen sich nach heutigem Kenntnisstand erst deutlich später ein, vermutlich erst im Neoproterozoikum vor ca. 600 Mio. Jahren (Canfield et al. 2008).

Der Prozess der Photosynthese ist verknüpft mit der Fixierung von Kohlenstoff und Bildung von organischer Materie (Falkowski und Raven 2007), unabhängig davon, ob es oxygen (d. h. sauerstoffproduzierend) oder anoxygen stattfindet. Vereinfacht ist dies in der nachfolgenden Reaktionsgleichung dargestellt:

$$CO_2 + H_2O \rightarrow CH_2O + O_2$$

Mithin wird der reduzierte Kohlenstoff in archaischen Sedimentgesteinen, unabhängig davon, ob in chemischen oder klastischen Sedimentgesteinen, als Hinweis auf einen biologisch gesteuerten Kohlenstoffumsatz gewertet. Die photosynthetische Kohlenstofffixierung ist verknüpft mit einer Fraktionierung der stabilen Kohlenstoffisotope. Das resultierende organische Material ist am schwereren ^{13}C-Isotop verarmt. Präkambrische Sedimentgesteine zeigen $\delta^{13}C_{org}$-Werte zwischen −35 und −25 ‰ (Des Marais et al. 1992). Solche Werte sind vergleichbar mit der Isotopensignatur des heutigen C_3-Pflanzenmaterials und bezeugen eindeutig eine biologische Kohlenstofffixierung (Hayes 1993).

Die zeitliche Verteilung der $\delta^{13}C_{org}$-Werte durch die Erdgeschichte (Abb. 7.9) belegt mithin, dass der reduzierte Kohlenstoff auch in den archaischen Sedimentabfolgen in der Tat organischen also biogenen Kohlenstoff repräsentiert (Des Marais et al. 1992; Ader et al. 2025, pers. Mitt.) und das Produkt autotropher Kohlenstofffixierung ist. Eine Besonderheit in der zeitlichen Verteilung sind deutlich negative $\delta^{13}C_{org}$-Werte zwischen −60 und −35 ‰ während des Neoarchaikums um 2,7 Mrd. Jahre vor heute (Eroglu et al. 2022), gemessen in Sedimentgesteinsabfolgen aus Nordamerika, Australien und dem südlichen Afrika. Entsprechend ^{13}C-verarmte Kohlenstoffisotopenwerte sind für biogenes Methan

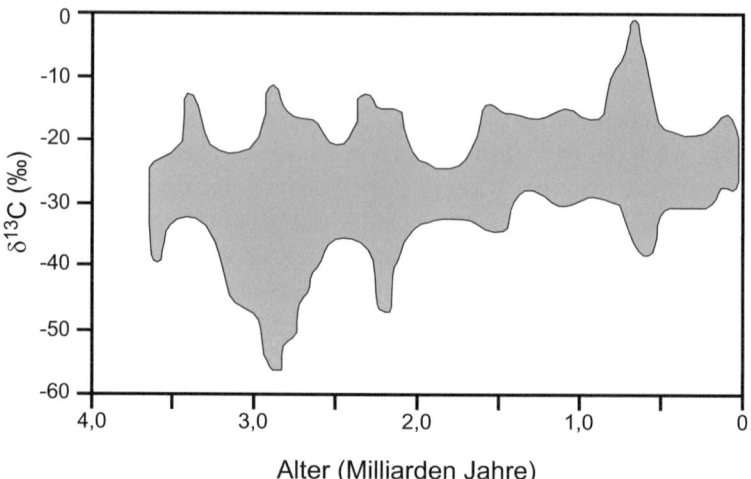

Abb. 7.9 Zeitliche Verteilung der Kohlenstoffisotopensignatur des sedimentären organischen Kohlenstoffs. (Verändert nach Ader et al. 2025, pers. Mitt.)

charakteristisch. Kontrovers diskutiert wurde, ob diese Beobachtung im Sinne einer globalen Primärproduktion auf der Basis von atmosphärischem Methan als Kohlenstoffquelle (Methanotrophie; Hayes 1994) zu werten ist oder den mikrobiell gesteuerten Umsatz von organischem Material im Sediment repräsentiert (Eigenbrode und Freeman 2006).

7.3.3 Proterozoikum (2,5–0,539 Mrd. Jahre)

Bildung und Zerfall des paläoproterozoischen Superkontinents Nuna/Columbia (Elming et al. 2021), dramatische Umbrüche der chemischen Zusammensetzung von Atmosphäre und Ozean, extreme Klimaveränderungen und deutliche Veränderungen in der (mikrobiellen) Lebewelt kennzeichnen das ausgehende Neoarchaikum und frühe Paläoproterozoikum (ca. 2,7–1,8 Mrd. Jahre vor heute; Melezhik et al. 2013, mit weiteren Literaturhinweisen darin). Wie Zahnräder eines Uhrwerkes greifen diese Veränderungen ineinander, operieren auf unterschiedlichen Zeitskalen, sind dennoch miteinander verknüpft und bedingen sich häufig gegenseitig (Veizer 1988b).

Eine fortschreibende Betrachtung der Verknüpfung der drei Elemente Fe, O und C ermöglicht auch für das Proterozoikum eine Charakterisierung der genannten Veränderungen in den Umweltbedingungen erdoberflächennaher sedimentärer Milieus. Hinzu kommt das Element Schwefel (S).

Ausgangspunkt dieser Betrachtung soll die zeitliche Entwicklung der atmosphärischen Sauerstoffkonzentration sein. Der Begriff des Great Oxidation Events (Holland 2006) verkörpert einen Anstieg in der atmosphärischen Sauerstoffkonzentration im frühen Paläoproterozoikum zwischen 2,4 und 2,2 Mrd. Jahre vor heute um mehrere Größenordnungen

7.3 Chemische Sedimentgesteine als Spiegel der Ozean-Atmosphären-Entwicklung

auf einen Wert von >10^{-5} PAL (PAL: *present day atmospheric level* – des heutigen Sauerstoffgehaltes; Abb. 7.8; Pavlov und Kasting 2002). Wie ein Puzzlespiel fügen sich zahlreiche geologische, mineralogische und geochemische Hinweise zu einem Gesamtbild zusammen und sprechen für eine dauerhafte Etablierung oxidierender Bedingungen in Atmosphäre und der flachen ozeanischen Wassersäule im frühen Paläoproterozoikum (Holland 2006). Im Zusammenhang mit der Rekonstruktion der zeitlichen Entwicklung der atmosphärischen Sauerstoffkonzentration im Archaikum und frühen Paläoproterozoikum wird die Beobachtung deutlicher Veränderungen in der massenunabhängigen Schwefelisotopensignatur sulfatisch und sulfisch gebundenen Schwefels in Sedimentgesteinen als Schlüsselbeweis (engl. *smoking gun*) gewertet (Johnston 2011 und Literaturhinweise darin). Der Verlust dieser Signatur aus den sedimentären Archiven vor ca. 2,3 Mrd. Jahren gilt als klarer Beweis dafür, dass die atmosphärische Sauerstoffkonzentration den genannten Schwellenwert von 10^{-5} PAL überschritten hatte. Im Kern bedeutet die beginnende Akkumulation von freiem molekularem Sauerstoff in der Erdatmosphäre, dass die Bildung von Sauerstoff (sehr vermutlich durch oxygene Photosynthese; Farquhar et al. 2011) größer als die Summe aller Senken für diesen war. Eine Konsequenz ist der Beginn oxidativer Verwitterungsbedingungen auf den Festländern. Hinweise zur Kausalität der verschiedenen Vorgänge liefern zeitlich hochauflösende Untersuchungen multipler redoxsensitiver geochemischer Proxysignale.

Beispielsweise untersuchten Guo et al. (2009) in ihrer Studie der Sedimentabfolge der Transvaal Hauptgruppe (2,65–2,05 Mrd. Jahre alt), Kaapvaal Kraton, Südafrika (Abb. 7.10)

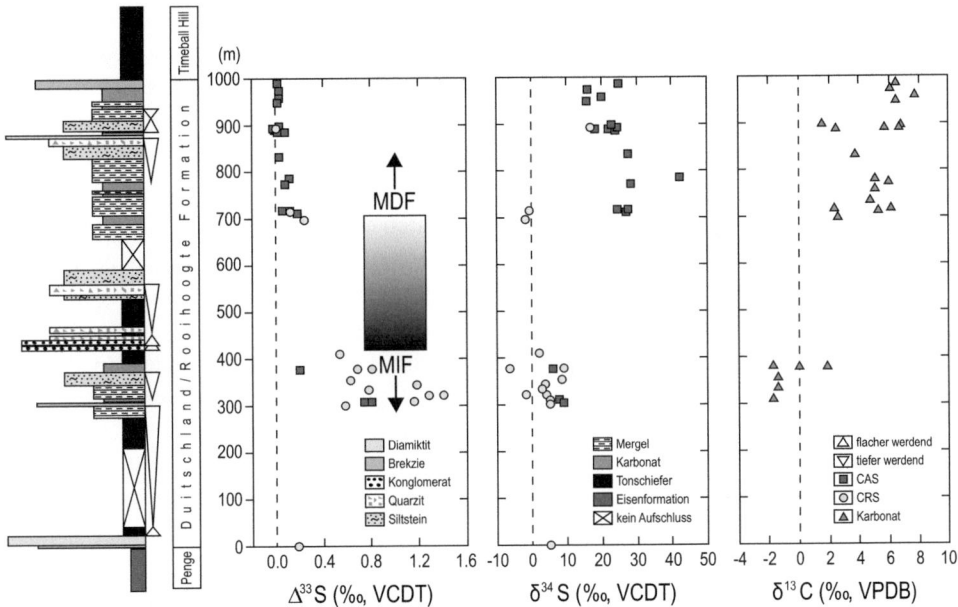

Abb. 7.10 Isotopengeochemische Hinweise auf das Great Oxidation Event in Sedimentgesteinen der Transvaal Hauptgruppe, Südafrika. (Nach Guo et al. 2009)

die massenunabhängige Schwefelisotopensignatur ($\Delta^{33}S$) sulfatisch und sulfidisch gebundenen Schwefels als Hinweis auf die atmosphärische Sauerstoffkonzentration, die massenabhängige Schwefelisotopensignatur ($\delta^{34}S$) des sulfatisch und sulfidisch gebundenen Schwefels als Hinweis auf die Bedeutung der mikrobiellen Sulfatreduktion und damit indirekt als Hinweis auf die Sulfatkonzentration des Ozeans und die Kohlenstoffisotopensignatur ($\delta^{13}C$) des karbonatisch gebundenen Kohlenstoffs als Proxy für die relative Ablagerung organischen Kohlenstoffs. Alle drei geochemischen Signaturen zeigen einen deutlichen Wechsel von der unteren zur oberen Hälfte der untersuchten Sedimentgesteinsabfolge. Dabei belegt der Verlust der massenunabhängigen Schwefelisotopensignatur in der Mitte der untersuchten Gesteinsabfolge eindeutig den Anstieg der atmosphärischen O_2-Konzentration auf einen Wert $>10^{-5}$ PAL. Die damit einsetzende oxidative kontinentale Verwitterung spülte in zunehmendem Maße gelöstes Sulfat aus der Pyritverwitterung in den Ozean. Die gesteigerte Verfügbarkeit von gelöstem Sulfat stimulierte die mikrobielle Sulfatreduktion, was an der deutlichen Verschiebung der massenabhängigen Schwefelisotopensignatur zu positiveren $\delta^{34}S$-Werten erkennbar ist. Einen Hinweis auf die Quelle des atmosphärischen Sauerstoffs liefert der Wechsel zu deutlich positiven $\delta^{13}C$-Werten des karbonatischen Kohlenstoffs. Diese sprechen für eine verstärkte Ablagerung von organischem Kohlenstoff und damit einer möglichen Freisetzung von molekularem Sauerstoff in die Atmosphäre.

Nicht nur solche Einzelstudien, sondern die Beobachtung des globalen Verschwindens der massenunabhängigen Schwefelisotopensignatur, des global ersten Auftretens großer Vorkommen evaporitischer Sulfate ebenso wie kontinentaler Rotsedimente oder die scheinbar verstärkte Ablagerung organischen Materials (der sog. Lomagundi-Event; für eine Zusammenfassung siehe Prave et al. 2022) während des frühen Paläoproterozoikums zwischen 2,4 und 2,2 Mrd. Jahre vor heute belegen die beschriebene Kausalität und den endgültigen Wechsel von einer anoxischen zu einer oxischen Welt (für eine zusammenfassende Darstellung siehe Melezhik et al. 2013). Aber wie ist es um die Redoxbedingungen des tiefen Ozeans, um die Verfügbarkeit gelösten Eisens und die Ablagerungsgeschichte der gebänderten Eisenformationen bestellt, die zeitlich noch über das GOE hinaus erfolgte?

Die zeitliche Verbreitung gebänderter Eisenformationen (Abb. 7.11) belegt, dass es noch um 1,88 Mrd. Jahren vor heute, also knapp 500 Mio. Jahre nach dem Great Oxidation Event als dem Zeitpunkt der dauerhaften Oxygenierung der Atmosphäre und des flachen Ozeans, zur Bildung voluminöser gebänderter Eisenformationen zumindest in Kanada und Westaustralien kam. Aufgrund der zeitlichen Korrelation des Auftretens dieser gebänderten Eisenformationen mit dem globalen Auftreten großvolumiger magmatischer Provinzen (engl. *large igneous province* – LIP) gehen Bekker et al. (2010) und Rasmussen et al. (2012) davon aus, dass diese magmatischen Ereignisse signifikante Mengen an gelöstem Fe^{2+} in die ozeanische Wassersäule entließen, die zumindest im tieferen Bereich nach wie vor anoxisch gewesen sein muss. Auf den Schelfbereichen kam es durch den Kontakt aufsteigender Fe-reicher Tiefenwässer mit photosynthetisch produziertem Sauerstoff im Oberflächenwasser zur Präzipitation der Eisenformationen. Um 1,88 Mrd. Jahre vor heute endet die lange Phase der Bildung gebänderter Eisenformationen.

7.3 Chemische Sedimentgesteine als Spiegel der Ozean-Atmosphären-Entwicklung

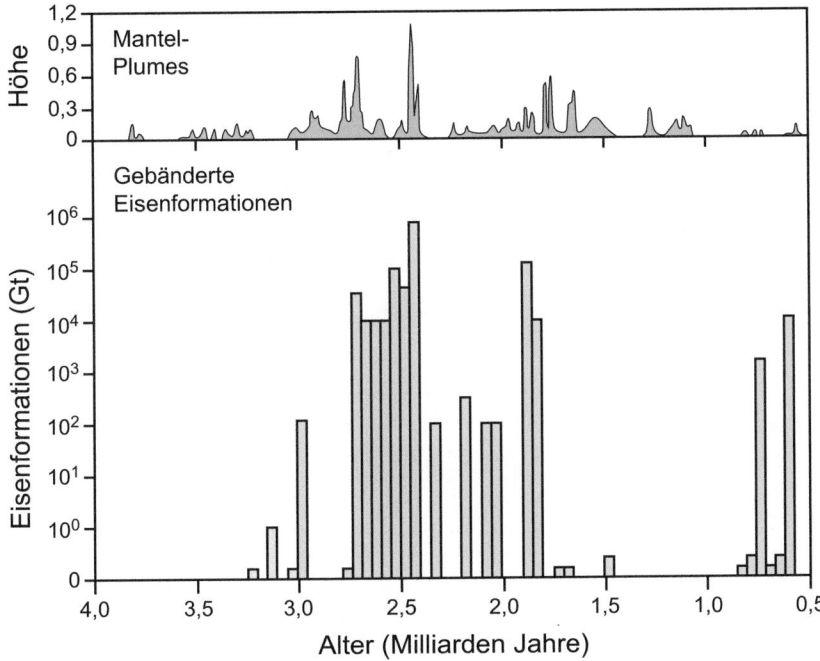

Abb. 7.11 Zeitliche Verbreitung der gebänderten Eisenformationen und der Ausbildung großer magmatischer Provinzen. (Nach Bekker et al. 2010)

Die dauerhafte Etablierung oxischer Bedingungen in Atmosphäre und flachem Ozean sowie der damit verknüpften oxidativen kontinentalen Verwitterung vor ca. 2,3 Mrd. Jahren führte zu einer weiteren deutlichen Veränderung in der chemischen Zusammensetzung der ozeanischen Wassersäule, im Speziellen eine steigende Konzentration von gelöstem Sulfat. Deutlich sichtbar ist dies durch das Auftreten flachmariner evaporitischer Sulfatablagerungen in den sedimentären Abfolgen weltweit ab 2,2 Mrd. Jahre vor heute (Melezhik et al. 2013; Blättler et al. 2018). In den anoxischen Teilen des tieferen Ozeans hingegen wird durch die Verfügbarkeit von gelöstem Sulfat die mikrobiell gesteuerte Sulfatreduktion stimuliert. Als Folge konnten sich aufgrund der vorherrschenden Redoxbedingungen in diesen Bereichen der ozeanischen Wassersäule euxinische Bedingungen einstellen. Potentiell hohe Konzentrationen an Schwefelwasserstoff führten zur Ablagerung des gelösten Eisens in sulfidischer Form. Inwieweit ein eisenreicher zeitlich von einem sulfidischen Tiefenozean abgelöst wurde (dem sog. Canfield Ocean; Canfield 1998) oder ob sich euxinische Bedingungen vor allem in küstennahen Bereichen mit hohem Angebot an sedimentärem organischem Kohlenstoff etablierten, bleibt zu klären. Ein räumliches Nebeneinander bzw. zeitliches Miteinander sulfidischer (engl. *euxinic*) und eisenreicher (engl. *ferruginous*) Bedingungen ist beispielsweise in Form einer stratifizierten Wassersäule vorstellbar (Abb. 7.12; Lowenstein et al. 2014). Geochemische Hinweise auf ein Vorherrschen anoxischer eisenreicher Bedingungen im tiefen Ozean bis ins späte Neoproterozoikum (ca. 600 Mio.

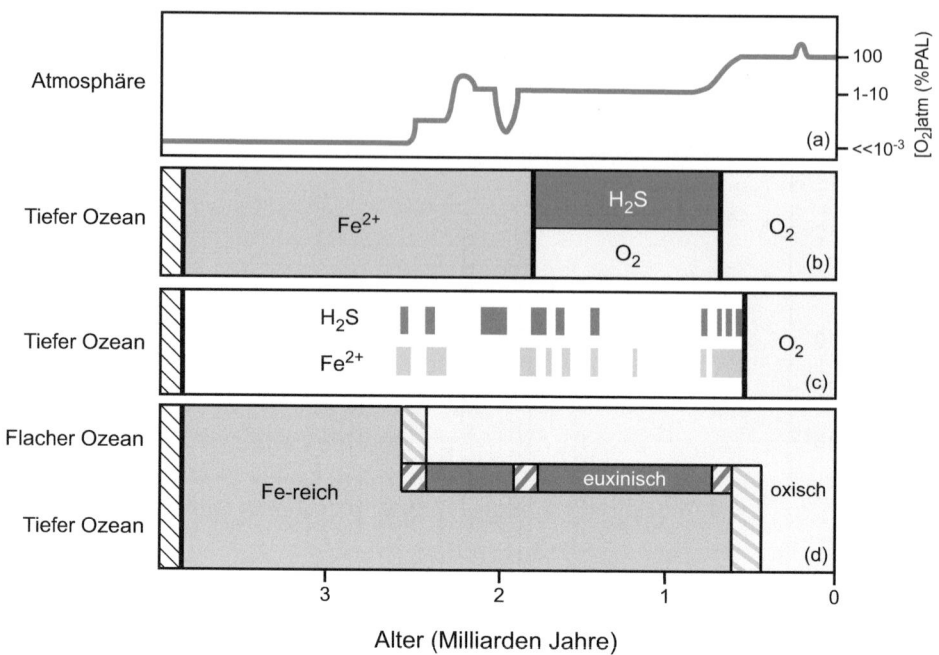

Abb. 7.12 Zeitliche Entwicklung der Redoxverhältnisse in der ozeanischen Wassersäule im Vergleich zur Entwicklung der atmosphärischen Sauerstoffkonzentration. (Verändert nach Lowenstein et al. 2014)

Jahre vor heute [Canfield et al. 2008; Planavsky et al. 2011] oder sogar in das Altpaläozoikum hinein [Lowenstein et al. 2014] zeigen, dass die endgültige Durchmischung der ozeanischen Wassersäule mit Sauerstoff deutlich zeitversetzt zum GOE stattfand.

Scheinbar weitestgehend stabile geochemische Verhältnisse im Ozean-Atmosphäre-System während ca. 1 Mrd. Jahre herrschen vom späten Paläoproterozoikum (1,8 Mrd. Jahre vor heute) bis ins frühe Neoproterozoikum (ca. 800 Mio. Jahre vor heute) vor. In der Tat zeigen die bisher diskutierten Proxysignale kaum zeitliche Variationen, auch wenn die Gründe dafür derzeit unklar sind. Lange war dieser Zeitabschnitt scheinbarer geochemischer Stabilität mit dem Begriff der „langweiligen Milliarde" (engl. *boring billion*; Buick et al. 1995; Brasier und Lindsay 1998; siehe aber auch Diamond et al. 2021) versehen. Eine vorgeschlagene Namensänderung in „ausgeglichene Milliarde" (engl. *balanced billion*, Mitchell und Evans 2024) zielt darauf ab, diese scheinbare Stabilität zu hinterfragen.

Ohne Zweifel ist das nachfolgende Neoproterozoikum der am meisten studierte Zeitabschnitt des Präkambriums. Wie das Paläoproterozoikum ist es gekennzeichnet durch ebenso dramatische Umbrüche globalen Ausmaßes: Bildung und Zerfall des Superkontinents Rodinia (Li et al. 2008), mehrfach glaziale Bedingungen von überregionaler bis globaler Bedeutung (Hoffman et al. 1998, 2017; Wang et al. 2023), ein weiterer nichtreversibler deutlicher Anstieg in der atmosphärischen Sauerstoffkonzentration (NOE – Neoproterozoic Oxygenation Event; Shields-Zhou und Och 2011) und die Entwicklung komplexer mehrzelliger Lebensformen (Butterfield 2009; Knoll 2011). Vor allem die Frage nach der Kausalität dieser vielfältigen Umbrüche wirkte und wirkt wie ein Magnet auf Geo- und Lebenswissenschaftler zugleich.

Eine Beurteilung der Kette von Verknüpfungen fußt auf einer detaillierten zeitlichen Zuordnung. Sie basiert vor allem auf einer in den vergangenen 40 Jahren etablierten detaillierten Chemostratigraphie unter Nutzung der $\delta^{13}C$-Signatur mariner Karbonate, unterstützt durch Zeitreihen für $^{87}Sr/^{86}Sr$ und $\delta^{34}S$ (Shields 1999). Absolute Altersdaten setzen Ankerpunkte und bieten Möglichkeiten zur Kalibration der chemostratigraphischen Erkenntnisse. Die Rekonstruktion der Chronologie des Erkenntnisgewinns über die komplexen Verknüpfungen der Ereignisse gleicht einem extrem schwierigen Puzzlespiel. Sie soll an dieser Stelle nur in groben Zügen erfolgen, um den gegenwärtigen Sachstand einordnen zu können. Schlüsselbeobachtungen geologischer und geochemischer Natur datieren in die zweite Hälfte der 1980er-Jahre zurück.

Das erneute Auftreten gebänderter Eisenformationen im Neoproterozoikum, in etwa eine Milliarde Jahre nach dem Ende der Hauptphase der Bildung gebänderter Eisenformationen im frühen Paläoproterozoikum, sowie die räumlich-zeitliche Koexistenz der Bildung dieser Eisenformationen und der Präsenz glazialer Bedingungen erforderten spezielle Umweltbedingungen in den erdoberflächennahen sedimentären Milieus. Die weitere Erkenntnis, dass beide Ablagerungen in niedrigen bis mittleren Paläobreiten und auf allen Paläokontinenten erfolgten, animierte Kirschvink (1992) zur Formulierung der Idee glazialer Bedingungen von planetarem Ausmaß. Der Begriff des Schneeballs Erde (englisch Snowball Earth) war geboren. Anoxische Bedingungen, zwingend erforderlich für die Akkumulation großer Mengen gelösten Fe^{2+}, etablierten sich unter einer mächtigen Meereisschicht, welche den Austausch mit der sauerstoffhaltigen Atmosphäre minimierte/verhinderte. Die schlussendliche Präzipitation hämatitischer (Fe_2O_3) Eisenformationen erfolgte als Folge des Abschmelzens des Meereises durch den Kontakt des eisenreichen Meerwassers mit dem Sauerstoff der Atmosphäre. Ikonisch hierfür ist das Bild eines Dropstones der, herabfallend aus einem abschmelzenden Eisberg, die noch unverfestigten eisenreichen Lagen plastisch deformierte (Abb. 7.13). Nachfolgend ging die Ablagerung des eisenreichen Schlamms ungehindert weiter.

Mit ihrer zeitlich hochauflösenden Studie zur Kohlenstoffisotopie neoproterozoischer Karbonate des östlichen Grönlands und Spitzbergens legten Knoll et al. (1986) nicht nur das Fundament für die Nutzung der $\delta^{13}C$-Signatur als chemostratigraphisches Werkzeug, sondern zeigten zugleich zeitliche Wechsel des globalen Kohlenstoffkreislaufs und damit verknüpfte Wechsel der atmosphärischen Sauerstoffkonzentration für das Neoproterozoikum auf. Vor einem Hintergrund deutlich positiver $\delta^{13}C$-Werte des karbonatisch gebundenen Kohlenstoffs um einen Mittelwert von +5 ‰ dokumentierten sie kurzfristige, pulsartige Verschiebungen um ca. 10 ‰ zu negativen $\delta^{13}C$-Werten stratigraphisch unterhalb der glazialen Ablagerungen und eine Rückkehr zu vergleichbar positiven Werten im Hangenden dieser eiszeitlichen Sedimente. Die zeitlichen Veränderungen der $\delta^{13}C$-Werte des karbonatischen Kohlenstoffs wurden durch vergleichbare zeitliche Variationen im $\delta^{13}C$ des organischen Kohlenstoffs nachgezeichnet, eine Beobachtung, die Knoll et al.

Abb. 7.13 Durch einen dropstone plastisch verformte gebänderte Eisenformation, Rapitan Formation, NW Kanada

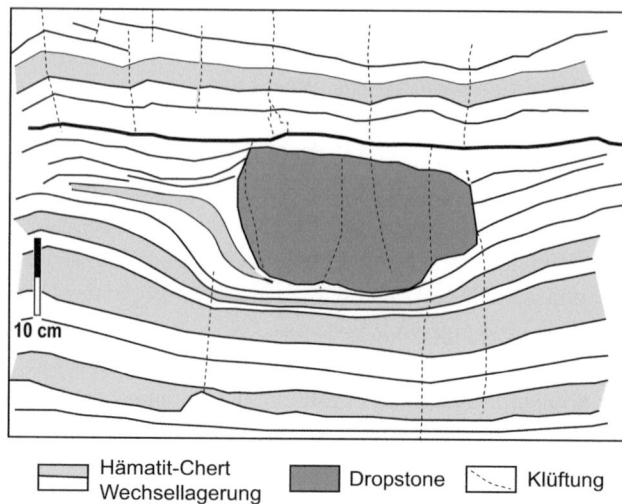

(1986) als klaren Beleg für zeitliche Veränderungen des globalen Kohlenstoffs werteten. Zwei von den Autoren formulierte Schlussfolgerungen sollten die nachfolgende Forschung für Jahrzehnte bestimmen. Zum einen interpretierten sie die positiven $\delta^{13}C$-Werte als klares Zeichen für eine verstärkte Ablagerung organischen Kohlenstoffs. Aufgrund der Tatsache, dass mit jedem abgelagerten Mol organischen Kohlenstoffs stöchiometrisch ein Mol Sauerstoff nicht für dessen Respiration verbraucht wird und mithin in der Atmosphäre akkumulieren könnte, postulierten Knoll et al. (1986) die positiven $\delta^{13}C_{karb}$-Werte als Beleg für einen Anstieg in der atmosphärischen Sauerstoffkonzentration im Neoproterozoikum. Die pulsartigen Verschiebungen der Kohlenstoffisotopie mariner Karbonate zu negativen $\delta^{13}C$-Werten um −6 ‰, dem $\delta^{13}C$-Wert für Mantelkohlenstoff (Deines 2002), ließen Knoll et al. (1986) spekulieren, dass die neoproterozoischen glazialen Ereignisse mit überregionaler bis globaler Bedeutung zu einem quasi Zusammenbruch der marinen Primärproduktion führten, sodass das Mantel-CO_2 aus der Ausgasung an den mittelozeanischen Rücken während der eiszeitlichen Bedingungen die hauptsächliche Quelle gelösten anorganischen Kohlenstoffs in der marinen Wassersäule repräsentierte.

Es waren Hoffman et al. (1998), die in einer ausgeweiteten Neuformulierung des Schneeball-Erde-Konzeptes die zeitlichen Variationen der $\delta^{13}C$-Signatur des karbonatisch gebundenen Kohlenstoffs und die Bedeutung der Ablagerung karbonatischer Sedimente unmittelbar auf den glazialen Ablagerungen (die sog. Cap-Karbonate) der von ihnen untersuchten neoproterozoischen Sedimentabfolgen im nördlichen Namibia mit den Beobachtungen von Kirschvink (1992) zusammenführten. Im Bestreben, die vielfältigen geochemischen Hinweise zu einem schlüssigen Modell zu integrieren, standen vor allem die rekonstruierten extremen Klimavariationen im Fokus von Hoffman et al. (1998). Deutliche Variationen in der CO_2-Konzentration der Erdatmosphäre führten dem Modell nach zu einem Wechsel von extremen Eishaus- (engl. *super-icehouse*) zu extrem Treibhausbedingungen (engl. *super-greenhouse*). Letztere waren mit verstärkter chemischer Verwitterung auf den Kontinenten verbunden, ein resultierender deutlichen Anstieg in der Alkalinität des Ozeans führte zur Ablagerung der sog. Cap-Karbonate (Higgins und Schrag 2003). Inwieweit die negativen δ^{13}C-Werte der Cap-Karbonate als Zeichen der Destabilisierung von Methanhydraten (Kennedy et al. s, 2008) gewertet werden können, bleibt in Diskussion.

Teil der Geschichte sind auch die Beobachtungen zum Schwefelkreislauf. Die neoproterozoischen Eisenformationen belegen die oxydische Bindung des gelösten Fe^{2+} im neoproterozoischen Ozean. Dies setzt ein geringes oder sogar fehlendes Angebot an gelöstem Sulfid in der ansonsten anoxischen Wassersäule voraus. Stark positive δ^{34}S-Werte für karbonatassoziiertes Sulfat (engl. *carbonate associated sulfate* – CAS) in neoproterozoischen Karbonaten spiegeln auf jeden Fall die mikrobielle Reduktion eines limitierten Sulfatreservoirs wider (Crockford et al. 2019). Letzteres könnte eine Folge der fehlenden oxidativen kontinentalen Verwitterung unter glazialen Bedingungen und mithin des Fehlens der Sulfatanlieferung durch Fließgewässer sein. Erst in Nachgang der jüngeren Marinoan-Vereisung vor ca. 635 Mio. Jahren vor heute deuten euxinische Schwarzschiefer und eine hohe Schwefelisotopenfraktionierung zwischen Sulfat (CAS) und Sulfid (Pyrit) hohe Gehalte an gelöstem Sulfat im end-neoproterozoischen Ozean hin (Crockford et al. 2019).

Studien neoproterozoischer Sedimentabfolgen haben in den vergangenen Jahren das Bild einer zeitlich komplexen Entwicklung eines räumlich stratifizierten Ozean-Atmosphäre-Systems erwachsen lassen (Hoffman et al. 2017). Die Bildung und der Zerfall des neoproterozoischen Superkontinents Rodinia und die kausale Verknüpfung zu den zeitlichen Oszillationen extremer Klimabedingungen bilden den übergeordneten Rahmen. Letztere steuerten nicht nur die Oberflächentemperatur, sondern beeinflussten sehr deutlich den Wasserkreislauf und die chemische Verwitterung. Resultierend waren ebenso dramatische Veränderungen in der chemischen Zusammensetzung des Ozeans. Wechselnde Redoxbedingungen beeinflussten die Konzentration redoxsensitiver Metalle ebenso wie mikrobielle Stoffwechselpfade vor allem in der Wassersäule. Die Kohlenstoffisotope der marinen Sedimentgesteine bezeugen eine erhöhte Ablagerung von organischem Kohlenstoff. Dies könnte eine Konsequenz der Ablagerungsbedingungen sein, ebenso wie eine erhöhte Primärproduktion als Folge verstärkter Nährstoffanlieferung oder eine Kombination aus beidem. Wichtig ist die Tatsache, dass zahlreiche geochemische Hinweise für einen weiteren irreversiblen Anstieg in der atmosphärischen Sauerstoffkonzentration sprechen. Eine Kausalität zur Entwicklung multizellulären Lebens ist anzunehmen (Lenton et al. 2014; Reinhard et al. 2016). Eine zunehmend bessere zeitliche Auflösung in der Untersuchung von Sedimentgesteinsabfolgen und ein Multiproxy-Ansatz belegen klar die Bedeutung der Ko-Evolution des Lebens und der Umwelt.

7.3.4 Phanerozoikum (539 Mio. Jahre bis heute)

Unsere Kenntnisse über zeitliche Veränderungen des Ozean-Atmosphäre-Systems während des Phanerozoikums fußen vor allem auf (vorwiegend biogenen) Karbonaten und

Evaporiten und ihrer chemischen Zusammensetzung und verschiedenen daran gemessenen Isotopenzeitreihen (Hardie 1996; Veizer et al. 1999; Kampschulte und Strauss 2004; Prokoph et al. 2008; Lowenstein et al. 2014; Hoefs und Harmon 2023). Diese Daten spiegeln auch für die letzten knapp 539 Mio. Jahre der erdgeschichtlichen Entwicklung bis heute klare zeitliche Variationen als Konsequenz der Wechselwirkung von Atmosphäre, Hydrosphäre, Biosphäre und Lithosphäre wider.

Die vielleicht prominenteste zeitliche Veränderung in der Zusammensetzung chemischer Sedimente entdeckte Mitte der 1980er-Jahre Sandberg (1983, 1985). Seinen Erkenntnissen zufolge änderte sich mehrfach während der vergangenen 545 Mio. Jahren die Mineralogie mariner oolitischer Karbonate und mariner Karbonatzemente. Im Speziellen war es die Beobachtung wechselnder Zeitabschnitte während des Phanerozoikums, in denen nicht3biogene Karbonate mal bevorzugt calcitisch und dann wieder bevorzugt aragonitisch (oder als Hoch-Magnesium-Calcit mit mindestens 4 Mol-% Mg) ausgebildet waren. Auf der Grundlage dieser Beobachtungen unterteilte Sandberg (1983) das Phanerozoikum in Zeiten eines Calcitmeeres (unteres Kambrium bis spätes Unterkarbon; obere Trias/unterer Jura bis zum frühen Känozoikum) im Wechsel mit Zeiten eines Aragonitmeeres (spätes Neoproterozoikum bis unteres Kambrium; spätes Unterkarbon bis obere Trias/unterer Jura; frühes Känozoikum bis heute). Sandberg betrachtete diese Wechsel in der Mineralogie nichtbiogener mariner Karbonate als Konsequenz einer sich ändernden Konzentration an atmosphärischem Kohlendioxid und/oder als Folge zeitlicher Variationen des Mg^{2+}/Ca^{2+}-Verhältnisses des phanerozoischen Meerwassers. Letzteres wurde später durch Experimente als der wahrscheinlichere Grund bestätigt (Morse et al. 1997).

Weitere Hinweise für einen Wechsel in der chemischen Zusammensetzung des phanerozoischen Meerwassers, hier speziell des Mg^{2+}/Ca^{2+}-Verhältnisses, lieferte die Beobachtung vergleichbarer zeitlicher Veränderungen in der Mineralogie mariner Evaporite. Hardie (1996) stellte fest, dass die zeitlichen Wechsel in der Bildung calcitischer vs. aragonitischer Karbonate zeitlich identisch erfolgten mit der wechselnden Bildung von $MgSO_4$ und KCl (Abb. 7.14). Damit war endgültig klar, dass die beobachteten zeitlichen Wechsel in der Mineralogie von Karbonaten und Evaporiten als Hinweis auf zeitliche Variationen des Mg^{2+}/Ca^{2+}-Verhältnisses in der ozeanischen Wassersäule zurückgingen. Mehr noch, es war ein erster klarer Hinweis auf zeitliche Änderungen in der chemischen Zusammensetzung des phanerozoischen Meerwassers.

Diese Erkenntnis stand zunächst in deutlichem Kontrast zu in etwa zeitgleich gewonnenen Ergebnissen über die chemische Zusammensetzung von Flüssigkeitseinschlüssen in permischen Salzen (Horita et al. 1991). Analytische Fortschritte ermöglichten in den frühen 1990er-Jahren die kontaminationsfreie Extraktion der Fluide aus Flüssigkeitseinschlüssen in Steinsalz. Für permische Halite aus dem Südwesten der USA zeigten diese für die häufigen gelösten Inhaltsstoffe (Mg^{2+}, Ca^{2+}, K^+, Na^+, SO_4^{2-}, Cl^- und HCO_3^-) Konzentrationen, die der heutigen Meerwasserzusammensetzung sehr ähnlich waren (Horita et al. 1991). Die Vergleichbarkeit der rekonstruierten chemischen Zusammensetzung des permischen Meerwassers mit der heutigen begründete seinerzeit, zumindest kurzfristig, die Ansicht einer weitestgehend invariablen chemischen Zusammensetzung des Ozeanwassers während der letzten knapp 539 Mio. Jahre.

7.3 Chemische Sedimentgesteine als Spiegel der Ozean-Atmosphären-Entwicklung   127

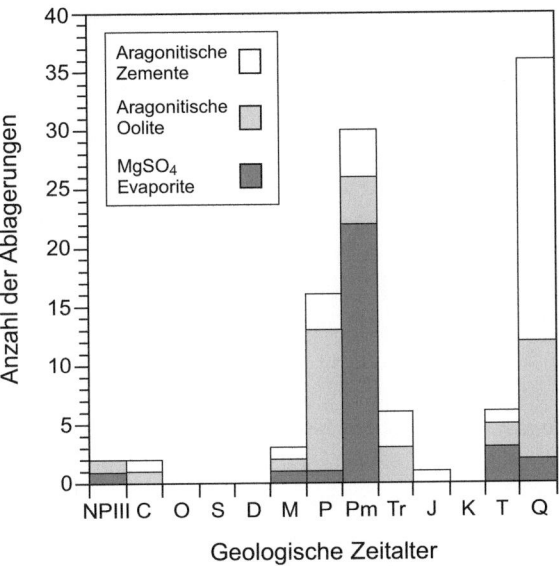

Abb. 7.14 Zeitliche Variationen in der chemischen Zusammensetzung phanerozoischer Karbonate und Evaporite. (Verändert nach Lowenstein et al. 2014)

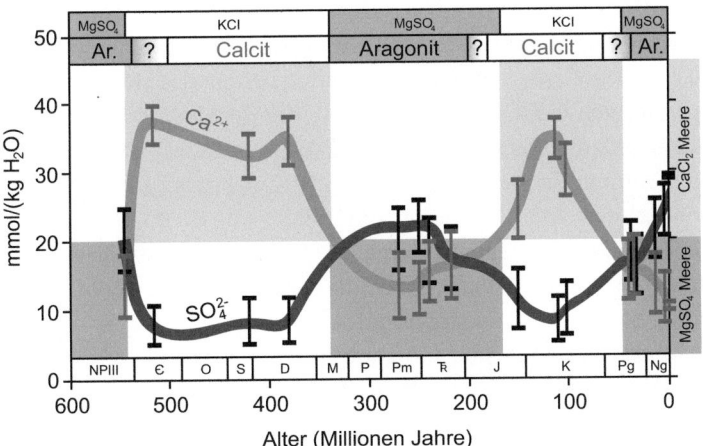

Abb. 7.15 Zeitliche Variationen in der chemischen Zusammensetzung des phanerozoischen Meerwassers. (Nach Lowenstein et al. 2014)

Systematische Untersuchungen der Zusammensetzung von Flüssigkeitseinschlüssen aus Steinsalzvorkommen des Phanerozoikums und Neoproterozoikums in den darauffolgenden Jahren (Lowenstein et al. 2014, und Literaturhinweise darin) belegten jedoch sehr deutliche zeitliche Variationen (Abb. 7.15). Mithin wurde klar erkennbar, dass die chemische Zusammensetzung des Meerwassers zeitlichen Variationen unterlag, hier im Speziellen das Mg^{2+}/Ca^{2+}-Verhältnis.

Spencer und Hardie (1990) und Hardie (1996) sahen die chemische Zusammensetzung des Meerwassers als Mischung von Flusswässern und den hydrothermalen Fluiden mittelozeanischer Rückensysteme. Annahmen waren dabei eine konstante Flussrate und eine konstante chemische Zusammensetzung der Flusswässer. Für die chemische Zusammensetzung des Meerwassers ergab sich daraus die steuernde Funktion durch die hydrothermalen Fluide der mittelozeanischen Rückensysteme. Diese sind an Mg2+ und SO42− verarmt (bzw. frei) und angereichert an Ca2+ (German und Seyfried Jr 2014). Um die zeitlichen Variationen in der Bedeutung des Beitrags hydrothermaler Fluide zu quantifizieren, adaptierten Spencer und Hardie (1990) bzw. Hardie (1996) die Vorstellung über zeitliche Variationen in der Produktionsrate ozeanischer Kruste (Gaffin 1987) als Maß für den Stofffluss hydrothermaler Fluide. Die Modellierungsergebnisse von Hardie (1996) wurden in den letzten Jahren durch die chemischen Daten aus Flüssigkeitseinschlüssen bestätigt (Lowenstein et al. 2014). Minima im Mg^{2+}/Ca^{2+}-Verhältnis stimmen überein mit den modellierten zeitlichen Maxima der Zirkulation des Meerwassers durch die mittelozeanischen Rückensysteme und umgekehrt.

Alternativ zum Modell von Spencer und Hardie (1990) bzw. Hardie (1996) diskutieren Holland und Zimmermann (2000) und Holland (2005) die zeitlichen Variationen vor allem in den Konzentrationen von Mg^{2+} und Ca^{2+}, aber auch des SO_4^{2-}, im Zusammenhang mit der Dolomitisierung mariner Karbonate. Hierbei geht es um die Reaktion von Mg^{2+} aus dem Meerwasser mit marinen Kalkschlämmen/-steinen in dessen Folge sich Dolomit bildet, unter Freisetzung von Ca^{2+} ins Meerwasser. Den Rückgang in der Häufigkeit mariner Dolomite im Känozoikum (etwa die letzten 60 Mio. Jahre) führen Holland und Zimmermann (2000) zurück auf eine verminderte Dolomitisierung. Letztere sei auf einen Wechsel in der Ablagerung von $CaCO_3$ zurückzuführen, die im Mesozoikum vor allem auf dem Schelf, im Känozoikum hingegen vor allem im tieferen Ozean stattfand. Als Konsequenz postulieren die Autoren einen Anstieg in der Mg^{2+}-Konzentration und eine niedrigere Ca^{2+}-Konzentration. Letztere würde wiederum die Bildung von $CaSO_4$ vermindern, woraus sich ein Anstieg in der SO_4^{2-}-Konzentration ergeben würde. Daten aus Flüssigkeitseinschlüssen sind kompatibel mit dieser Modellvorstellung, aber zahlreiche Details zum Prozess der Dolomitisierung bleiben noch zu klären.

Weitere Modelle zur zeitlichen Variation in der chemischen Zusammensetzung des Meerwassers während des Phanerozoikums fußen auf Modellierungen, die die zeitlichen Variationen der globalen Kreisläufe des Kohlenstoffs und des Schwefels im Zentrum haben (Wallmann 2001; Berner 2004; Arvidson et al. 2006). Diese integrieren vielfach die zeitlichen Variationen verschiedener Isotopensysteme wie die Isotope des Strontiums, des Schwefels oder des Calciums.

Phanerozoische marine biogene Karbonate und Karbonatgesteine zeigen deutliche zeitliche Variationen in ihrem $^{87}Sr/^{86}Sr$-Verhältnis (Burke et al. 1982; Veizer et al. 1999; Prokoph et al. 2008; Abb. 7.16). Als chemische Sedimente spiegeln sie somit zeitliche Variationen in der Sr-Isotopensignatur des phanerozoischen Meerwassers wider. Diese wird im Wesentlichen durch zwei Faktoren bestimmt: den Eintrag hoch-radiogenen Strontiums (hohe $^{87}Sr/^{86}Sr$-Werte) aus der kontinentalen Verwitterung, hier vor allem der Verwitterung des kristallinen kontinentalen Basements, und den Eintrag niedrig-radiogenen Strontiums (niedrige $^{87}Sr/^{86}Sr$-Werte) durch die Wechselwirkung zwischen dem Meerwasser und hei-

7.3 Chemische Sedimentgesteine als Spiegel der Ozean-Atmosphären-Entwicklung

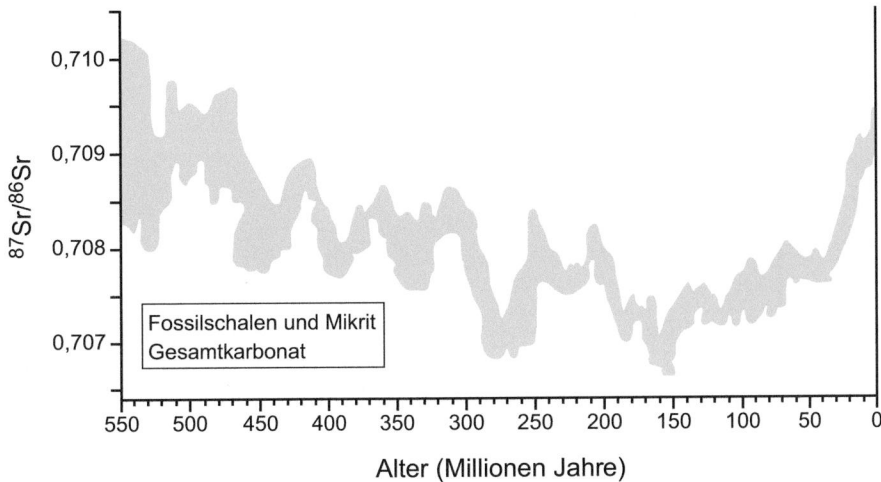

Abb. 7.16 Zeitliche Veränderungen in der Sr-Isotopensignatur des phanerozoischen Meerwassers. (Verändert nach Prokoph et al. 2008)

ßer ozeanischer Kruste. Mithin sind es geologisch-tektonische Prozesse von überregionaler oder sogar globaler Bedeutung, die als steuernde Mechanismen die zeitlichen Variationen im $^{87}Sr/^{86}Sr$-Verhältnis begründen: Bildung und Zerfall von Groß- oder Superkontinenten, Orogenesen, die Entwicklung mittelozeanischer Rückensysteme und ihr submariner Hydrothermalismus sowie die kontinentale Verwitterung silikatischer Gesteine.

Die Sr-Isotopenzeitreihe (Abb. 7.16) zeigt deutliche Variationen im $^{87}Sr/^{86}Sr$-Verhältnis auf unterschiedlichen Zeitskalen. Als Beispiel mag der Anstieg im $^{87}Sr/^{86}Sr$-Verhältnis der letzten 40 Mio. Jahre dienen, der im Wesentlichen der Heraushebung und nachfolgenden Verwitterung hoch-radiogener Gesteine des Himalaya zugeschrieben wird (Raymo et al. 1988; Richter et al. 1992). Dies wird durch die hoch-radiogene Sr-Isotopensignatur zahlreicher Flüsse des Himalaya bestätigt (Galy et al. 1999; Dalai et al. 2003). Sie spiegeln die vornehmliche Verwitterung silikatischer Gesteine des jeweiligen Einzugsgebietes wider. Eine unabhängige Bestätigung liefert der zeitlich vergleichbare Anstieg im δ^7Li-Isotopenwert (einem weiteren Proxy für die Intensität der Silikatverwitterung) in Fließgewässern des Himalayas, der ebenfalls auf erhöhte Silikatverwitterung zurückgeführt wird (Wanner et al. 2014).

Auch die Schwefelisotopie des Meerwassers ($\delta^{34}S_{SO4}$), gemessen an Sulfatmineralen wie Gips, Anhydrit oder Baryt oder dem karbonatassoziierten Sulfat, zeigt deutliche zeitliche Variationen (Claypool et al. 1980; Kampschulte und Strauss 2004; Paytan et al. 2004; Present et al. 2020; Abb. 7.17). Die Schwefelisotopensignatur des Meerwassersulfats wird maßgeblich bestimmt durch den Eintrag aus der kontinentalen Verwitterung von Sulfat- und Sulfidmineralen und durch die Bedeutung der bakteriellen Sulfatreduktion und Ablagerung von Pyrit (Kampschulte und Strauss 2004; Present et al. 2020). Die Sulfatfracht in Fließgewässern mit einer durchschnittlichen Schwefelisotopensignatur ($\delta^{34}S_{SO4}$) von

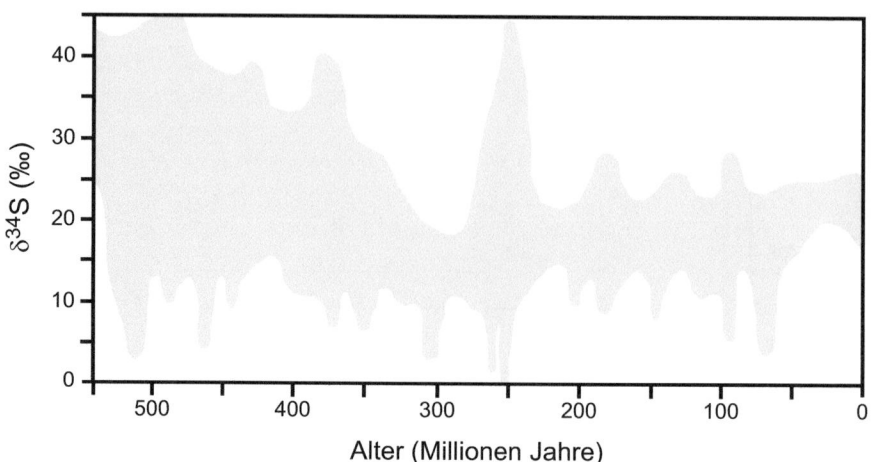

Abb. 7.17 Zeitliche Variationen in der Schwefelisotopensignatur des phanerozoischen Meerwassersulfates. (Verändert nach Present et al. 2020)

+4,4 ± 4,5 ‰ (4,8 ± 4,9 ‰, wenn man den anthropogenen Eintrag unberücksichtigt lässt; Burke et al. 2018) spiegelt den Beitrag der kontinentalen Verwitterung wider, vor einem $\delta^{34}S_{SO4}$-Wert von +21 ‰ für heutiges Meerwasser (Tostevin et al. 2014). Die Bedeutung der bakteriellen Sulfatreduktion als prinzipielle, mikrobiell gesteuerte Austragsfunktion für gelöstes Sulfat aus dem Ozean ergibt sich durch die deutliche Isotopenfraktionierung, die mit diesem Prozess verknüpft ist (Canfield 2001; Sim et al. 2011). Der bevorzugte Umsatz von $^{32}SO_4$ durch sulfatreduzierende Bakterien führt zur bevorzugten Einlagerung von ^{32}S-angereichertem Pyrit in die marinen Sedimente und damit der temporären Speicherung dieser Signatur. Als Folge lassen sich Zeitabschnitte mit deutlich positiven $\delta^{34}S_{SO4}$-Werten wie etwa das Kambrium (Abb. 7.17) interpretieren als Zeiten mit verstärkter Bildung und Einlagerung von sedimentärem Pyrit. Im Gegensatz dazu spiegeln Zeitabschnitte mit deutlich weniger positiven $\delta^{34}S_{SO4}$-Werten wie etwa das Perm (Abb. 7.17) eine Situation wider, in der die Bedeutung der bakteriellen Pyritbildung und -einlagerung geringer war, ggf. noch verstärkt durch eine höhere Bedeutung der oxidativen kontinentalen Verwitterung pyritreicher Sedimente. Ein Vergleich der Isotopenzeitreihen des Strontiums ($^{87}Sr/^{86}Sr$) und des Schwefels ($\delta^{34}S$), gemessen in chemischen Sedimenten, zeigt eine positive Korrelation und bezeugt damit die Existenz gemeinsamer steuernder Faktoren im Hinblick auf die Meerwasserzusammensetzung. Dies sind die kontinentale Verwitterung sowie die Basalt-Meerwasser-Interaktion. Dennoch muss neben dieser geologisch-tektonischen Komponente noch die Bedeutung der Biologie aufgezeigt werden, denn die sedimentäre Pyritbildung ist eine direkte Folge der mikrobiell gesteuerten Sulfatreduktion.

Phanerozoisches Meerwasser zeigt ebenfalls deutliche zeitliche Variationen in der Ca-Isotopensignatur ($\delta^{44}Ca$; Abb. 7.18), gemessen an biogenen Karbonaten (Farkaš et al. 2007; Blättler et al. 2012). Bezogen auf das heutige Meerwasser ist die Ca-Isotopensignatur am ^{44}Ca verarmt, mithin zeigen phanerozoische Karbonate negative $\delta^{44}Ca$-Werte. Generell

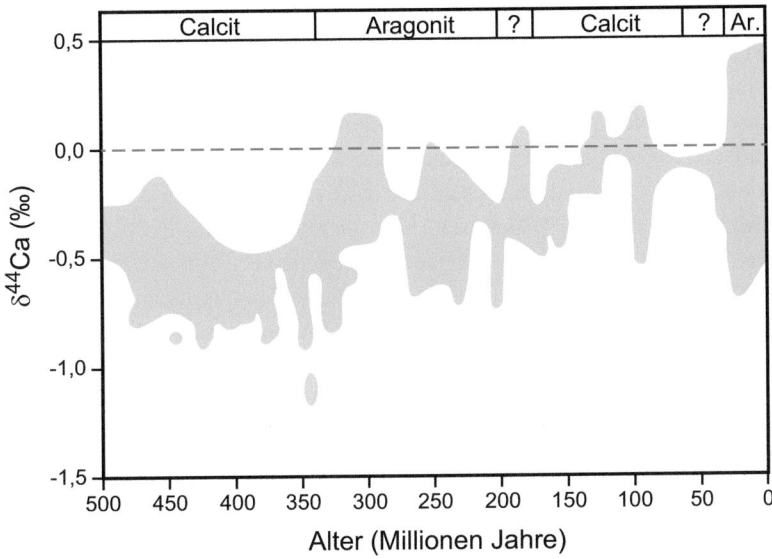

Abb. 7.18 Zeitliche Variationen in der Calciumisotopensignatur des phanerozoischen Meerwassers. (Nach Blättler et al. 2012)

ist ein Anstieg im δ^{44}Ca während des Phanerozoikums bis heute erkennbar. Bemerkenswert ist jedoch vor allem ein singulärer deutlicher Anstieg im δ^{44}Ca während des Oberkarbons. Weitere Oszillationen existieren auf kürzeren Zeitskalen, sind aber geringer in ihrer Magnitude. Farkaš et al. (Farkaš et al. 2007) interpretierte die zeitlichen Variationen der Ca-Isotopensignatur des phanerozoischen Meerwassers als Spiegel zeitlicher Variationen in der chemischen Zusammensetzung des Meerwassers, im Speziellen mit dem zeitlichen Wechsel zwischen Calcit- und Aragonitmeeren (Hardie 1996). Das altpaläozoische Minimum (Ordovizium bis Devon) im δ^{44}Ca wurde als Ausdruck der bevorzugten Abscheidung von Calcit und höhere δ^{44}Ca-Werte für Karbon und Perm (jungpaläozoisches Maximum) als kennzeichnend für Aragonitmeere gewertet. Demgegenüber sind die Oszillationen im Meso- und Känozoikum nicht so eindeutig, wie das Hardie-Modell es ausdrückt.

Blättler et al. (2012) betrachten die zeitlichen Variationen in der Ca-Isotopensignatur des phanerozoischen Meerwassers als Konsequenz unterschiedlich großer Isotopenfraktionierung bei der Karbonatbildung. Grundsätzlich repräsentiert die Karbonatabscheidung die prinzipielle Senke für Ca im modernen Ozean. Dabei kommt es zu einer Isotopenfraktionierung, sodass die Karbonate isotopisch gegenüber dem Meerwasser am ^{44}Ca verarmt sind (Gussone et al. 2003, 2005). Die Evaluierung der Ca-Isotopensignatur einiger Hundert karbonatischer Ooide und verschiedener biogener Karbonate ergab klare Unterschiede in der Höhe der Isotopenfraktionierung zwischen Meerwasser und karbonatischem Präzipitat. Basierend auf ihrer unterschiedlichen Isotopenfraktionierung unterscheiden Blättler et al. (2012) drei verschiedene Gruppen von biogenen Karbonaten und schlussfolgern, dass zeitliche Wechsel in der Bedeutung der prinzipiellen Karbonatmineralisation die zeitlichen Wechsel in der δ^{44}Ca-Isotopensignatur des phanerozoischen Meerwassers begründen. Übereinstimmung herrscht mit der Vorstellung von Farkaš et al. (Farkaš et al. 2007), dass der deutliche Anstieg im δ^{44}Ca während des Karbons in der Tat dem Wechsel von einem Calcit- zu einem Aragonitmeer zugeschrieben werden kann. Das Fehlen eindeutiger Oszillationen vergleichbarer Magnitude während des Wechsels zurück zum mesozoischen Calcitmeer und schließlich der Wechsel zum heutigen Aragonitmeer erklären Blättler et al. (2012) dadurch, dass gleichzeitig ein Wechsel von vorwiegend flachmarinen Riffkalken hin zu vorwiegend pelagischen Karbonaten und ein damit einhergehender Wechsel in den hauptsächlichen calcifizierenden Organismen in Summe zu einer Abschwächung der δ^{44}Ca-Signatur des phanerozoischen Meerwassers führte.

Eine zusammenfassende Diskussion dieser und weiterer Isotopenzeitreihen als Spiegel zeitlicher Veränderungen in der Entwicklung des Ozean-Atmosphäre-Systems findet sich bei Hoefs und Harmon (2023).

7.4 Zusammenfassung

Sedimente und Sedimentgesteine sind wichtige Archive für die Rekonstruktion der Erdsystementwicklung. Die geochemische und isotopische Zusammensetzung klastischer, chemischer und biogener Sedimente und Sedimentgesteine ermöglichen die Rekonstruktion der Zusammensetzung der oberen kontinentalen Kruste ebenso wie die Entwicklung der Zusammensetzung von Atmosphäre und Ozean und den Einfluss der Biosphäre. Sie sind Spiegel von Verwitterung, Transport und Ablagerung unter den jeweils vorherrschenden Umweltbedingungen. Die Rekonstruktion räumlicher Zusammenhänge und zeitlicher Veränderungen aus Sedimenten und Sedimentgesteinen erfordert jedoch auch ein qualitatives und quantitatives Verständnis möglicher Veränderungen der primären Signale im Zuge von Diagenese und Metamorphose.

Literatur

Ader M, Busigny V, und Thomazo C (2025) Les grands cycles biogéochimiques. In: Philippot P (Hrsg) Terre archéenne et protérozoïque. iSTE editions Paris, S 231–265. https://doi.org/10.51926/ISTE.9205.ch7

Anbar AD, Duan Y, Lyons TW, Arnold GL, Kendall B, Creaser RA, Kaufman AJ, Gordon GW, Scott C, Garvin J, Buick R (2007) A whiff of oxygen before the great oxidation event? Science 317:1903–1906

Arvidson RS, Guidry MW, Mackenzie FT (2006) MAGic: a Phanerozoic model for the geochemical cycling of major rock-forming components. Am J Sci 306:135–190

Bekker A, Slack JF, Planavsky N, Krapež B, Hofmann A, Konhauser KO, Rouxel O (2010) Iron formation: the sedimentary product of a complex interplay among mantle, tectonic, oceanic, and biospheric processes. Econ Geol 105:467–508

Berner RA (2004) A model for calcium, magnesium and sulfate in seawater over Phanerozoic time. Am J Sci 304:438–453

Beukes NJ, Gutzmer J (2008) Origin and paleoenvironmental significance of major iron formations at the Archean-Paleoproterozoic boundary. Rev Econ Geol 15:5–47

Blättler CL, Henderson GM, Jenkyns HC (2012) Explaining the Phanerozoic Ca isotope history of seawater. Geology 40:843–846

Blättler CL, Claire MW, Prave AR, Kirsimäe K, Higgins JA, Medvedev PV, Romashkin AE, Rychanchik DV, Zerkle AL, Paiste K, Kreitsmann T, Millar IL, Hayles JA, Bao H, Turchyn AV, Warke MR, Lepland A (2018) Two-billion-year-old evaporites capture Earth's great oxidation. Science 360:320–323

Brasier MD, Lindsay JF (1998) A billion years of environmental stability and the emergence of eukaryotes: new data from northern Australia. Geology 26:555–558

Buick R, Des Marais DJ, Knoll AH (1995) Stable isotopic compositions of carbonates from the Mesoproterozoic Bangemall Group, northwestern Australia. Chem Geol 123:153–171

Burke A, Present TM, Paris G, Rae ECM, Sandilands BH, Gaillard J, Peucker-Ehrenbrink B, Fischer WW, McClelland JW, Spencer RGM, Voss BM, Adkins JF (2018) Sulfur isotopes in rivers: insights into global weathering budgets, pyrite oxidation, and the modern sulfur cycle. Earth Planet Sci Lett 496:168–177

Burke WH, Denison RE, Heatherington EA, Koepnick RB, Nelson HF, Otto JB (1982) Variation of seawater $^{87}Sr/^{86}Sr$ throughout Phanerozoic time. Geology 10:516–519

Butterfield NJ (2009) Oxygen, animals and oceanic ventilation: an alternate view. Geobiology 7:1–7

Canfield DE (1998) A new model for Proterozoic ocean chemistry. Nature 396:450–453

Canfield DE (2001) Biogeochemistry of sulfur isotopes. In: Valley J, Cole DR (Hrsg) Stable isotope geochemistry, Reviews in mineralogy and geochemistry, Bd 43. De Gruyter Mouton, S 607–636

Canfield DE (2005) The early history of atmospheric oxygen: homage to R.M. Garrels. Annu Rev Earth Planet Sci 33:1–36

Canfield DE, Poulton SW, Knoll AH, Narbonne GM, Ross G, Goldberg T, Strauss H (2008) Ferruginous conditions dominated later Neoproterozoic deep-water chemistry. Science 321:949–952

Castillo P, Bahlburg H, Fernandez R, Fanning CM, Berndt J (2022) The European continental crust through detrital zircons from modern rivers: testing representativity of detrital zircon U-Pb geochronology. Earth Sci Rev 232:104145

Cawood PA, Hawkesworth CJ, Dhuime B (2012) Detrital zircon record and tectonic setting. Geology 40:875–878

Chen G, Cheng Q, Lyons TW, Shen J, Agterberg F, Huang N, Zhao M (2022) Reconstructing Earth's atmospheric oxygenation history using machine learning. Nat Commun 13:5862

Clark FW, Washington HS (1924) The composition of the Earth's crust. US Geological Survey professional paper 127

Clarke FW (1889) The relative abundance of the chemical elements. Bull Philos Soc Wash XI:131–142

Claypool GE, Holser WT, Kaplan IR, Sakai H, Zak I (1980) The age curves of sulfur and oxygen isotopes in marine sulfate and their mutual interpretation. Chem Geol 28:199–260

Cox R, Lowe DR, Cullers LR (1995) The influence of sediment recycling and basement composition on evolution of mudrock chemistry in the southwestern United States. Geochim Cosmochim Acta 59:2919–2940

Crockford PW, Kunzmann M, Bekker A, Hayles J, Bao H, Halverson GP, Peng Y, Bui TH, Cox GM, Gibson TM, Wörndle S, Rainbird R, Lepland A, Swanson-Hysell NL, Master S, Sreenivas B, Kuznetsov A, Krupenik V, Wing BA (2019) Claypool continued: extending the isotopic record of sedimentary sulfate. Chem Geol 513:200–225

Dalai TK, Krishnaswami S, Kumar A (2003) Sr and $^{87}Sr/^{86}Sr$ in the Yamuna River System in the Himalaya: sources, fluxes, and controls on Sr isotope composition. Geochim Cosmochim Acta 67:2931–2948

David J, Godin L, Stevenson R, O'Neil J, Francis D (2009) U-Pb ages (3.8–2.7 Ga) and Nd isotope data from the newly identified Eoarchean Nuvvuagittuq supracrustal belt, Superior Craton, Canada. Geol Soc Am Bull 121:150–163

Deines P (2002) The carbon isotope geochemistry of mantle xenoliths. Earth Sci Rev 58:247–278

Des Marais DJ, Strauss H, Summons RE, Hayes JM (1992) Carbon isotope evidence for the stepwise oxidation of the Proterozoic environment. Nature 359:605–609

Diamond CW, Ernst RE, Zhang SH, Lyons TW (2021) Breaking the boring billion: a case for solid-earth processes as drivers of system-scale environmental variability during the mid-Proterozoic. In: Ernst RE, Dickson AJ, Bekker A (Hrsg) Large igneous provinces: a driver of global environmental and biotic changes, Geophysical monograph 255. https://doi.org/10.1002/9781119507444.ch21

Eade KE, Fahrig WF (1971) Chemical evolutionary trends of continental plates – preliminary study of the Canadian shield. Bull Geol Surv Can 179:51

Eigenbrode J, Freeman KH (2006) Late Archean rise of aerobic microbial ecosystems. Proc Natl Acad Sci 103:15759–15764

Elming S-Å, Salminen J, Pesonen LJ (2021) Paleo-Mesoproterozoic Nuna supercycle. In: Pesonen LJ, Salminen J, Elming S-Å, Evans DAD, Veikkolainen T (Hrsg) Ancient supercontinents and the paleogeography of Earth. Elsevier, Amsterdam, S 499–548

Eroglu S, Thomazo C, Strauss H (2022) Isotope biosignatures. In: Gargaud M et al (Hrsg) Encyclopedia of astrobiology. Springer, Berlin/Heidelberg. https://doi.org/10.1007/978-3-642-27833-4_182-3

Fakhraee M, Planavsky N (2024) Insights from a dynamical system approach into the history of atmospheric oxygenation. Nat Commun 15:6794

Falkowski PG, Raven JA (2007) Aquatic photosynthesis, 2. Aufl. Princeton University Press, Princeton

Farkaš J, Böhm F, Wallmann K, Blenkinsop J, Eisenhauer A, van Geldern R, Munnecke A, Voigt S, Veizer J (2007) Calcium isotope record of Phanerozoic oceans: implications for chemical evolution of seawater and its causative mechanisms. Geochim Cosmochim Acta 71:5117–5134

Farquhar J, Zerkle AL, Bekker A (2011) Geological constraints on the origin of oxygenic photosynthesis. Photosynth Res 107:11–36

Gaffin S (1987) Ridge volume dependence on sea floor generation rate and inversion using long-term sea level change. Am J Sci 287:596–611

Gallet S, Jahn B-M, van Vliet LB, Dia A, Rossello E (1998) Loess geochemistry and its implications for particle origin and composition of the upper continental crust. Earth Planet Sci Lett 156:157–172

Galy A, France-Lanord C, Derry L (1999) The strontium isotopic budget of Himalayan Rivers in Nepal and Bangladesh. Geochim Cosmochim Acta 63:1905–1925

Gao S, Luo T-C, Zhang B-R et al (1998) Chemical composition of the continental crust as revealed by studies in east China. Geochim Cosmochim Acta 62:1959–1975

German CR, Seyfried WE Jr (2014) Hydrothermal processes. In: Treatise on geochemistry, 2. Aufl. https://doi.org/10.1016/B978-0-08-095975-7.00607-0

Goldich SS (1938) A study of rock weathering. J Geol 46:17–58

Goldschmidt VM (1933) Grundlagen der quantitativen Geochemie. Fortschritte der Mineralogie, Kristallographie und Petrographie 17:112

Guo Q, Strauss H, Kaufman AJ, Schröder S, Gutzmer J, Wing B, Baker MA, Bekker A, Jin Q, Kim S-T, Farquhar J (2009) Reconstructing Earth's surface oxidation across the Archean-Proterozoic transition. Geology 37:399–402

Gussone N, Eisenhauer A, Heuser A, Dietzel M, Bock B, Böhm F, Spero HJ, Lea DW, Bijma J, Nägler TF (2003) Model for kinetic effects on calcium isotope fractionation ($\delta^{44}Ca$) in inorganic aragonite and cultured planktonic foraminifera. Geochim Cosmochim Acta 67:1375–1382

Gussone N, Böhm F, Eisenhauer A, Dietzel M, Heuser A, Teichert BMA, Reitner J, Wörheide G, Dullo W-C (2005) Calcium isotope fractionation in calcite and aragonite. Geochim Cosmochim Acta 69:4485–4494

Hardie LA (1996) Secular variation in seawater chemistry: An explanation for the coupled variation in the mineralogies of marine limestones and potash evaporites over the past 600 my. Geology 24:279–283

Harley SL, Kelly NM (2007) Zircon – tiny but timely. Elements 3:13–18

Hattori Y, Suzuki K, Honda M, Shimizu H (2003) Re–Os isotope systematics of the Taklimakan Desert sands, moraines and river sediments around the Taklimakan Desert, and of Tibetan soils. Geochim Cosmochim Acta 67:1195–1206

Hayes JM (1993) Factors controlling ^{13}C contents of sedimentary organic compounds: principles and evidence. Mar Geol 113:111–125

Hayes JM (1994) Global methanotrophy at the Archean-Proterozoic transition. In: Bengtson S (Hrsg) Early life on Earth. Nobel symposium. Columbia University Press, New York, S 220–236

Higgins JA, Schrag DP (2003) Aftermath of a snowball Earth. Geochem Geophys Geosyst 4:1028. https://doi.org/10.1029/2002GC000403

Hoefs J, Harmon RS (2023) Isotopic history of seawater: the stable isotope character of the global ocean at present and in the geological past. Isotopes Environ Health Stud. https://doi.org/10.1080/10256016.2023.2271127

Hoffman PF, Kaufman AJ, Halverson GP, Schrag DP (1998) A Neoproterozoic snowball Earth. Science 281:1342–1346

Hoffman PF, Abbot DS, Ashkenazy Y, Benn DI, Brocks JJ, Cohen PA, Cox GM, Creveling JR, Donnadieu Y, Erwin DH, Fairchild IJ, Ferreira D, Goodman JC, Halverson GP, Jansen MF, Le Hir G, Love GD, Macdonald FA, Maloof AC, Partin CA, Ramstein G, Rose BEJ, Rose CV, Sadler PM, Tziperman E, Voigt A, Warren SG (2017) Snowball Earth climate dynamics and Cryogenian geology-geobiology. Sci Adv 3:e1600983

Holland HD (2005) Sea level, sediments, and the composition of seawater. Am J Sci 305:220–239

Holland HD (2006) The oxygenation of the atmosphere and oceans. Philos Trans R Soc B 361:903–915

Holland HD, Zimmermann H (2000) The dolomite problem revisited. Int Geol Rev 42:481–490

Horita J, Friedman TJ, Lazar B, Holland HD (1991) The composition of Permian seawater. Geochim Cosmochim Acta 55:417–432

James HL (1954) Sedimentary facies of iron-formation. Econ Geol 49:235–293

Johnston DT (2011) Multiple sulfur isotopes and the evolution of Earth's surface sulfur cycle. Earth Sci Rev 106:161–183

Kampschulte A, Strauss H (2004) The sulfur isotopic evolution of Phanerozoic sea water based on the analysis of structurally substituted sulfate in carbonates. Chem Geol 204:255–286

Kappler A, Pasquero C, Konhauser KO, Newman DK (2005) Deposition of banded iron formations by anoxygenic phototrophic Fe(II)-oxidizing bacteria. Geology 33:865–868

Kasting JF (1993) Earth's early atmosphere. Science 259:920–926

Kennedy M, Mrofka D, von der Borch C (2008) Snowball Earth termination by destabilization of equatorial permafrost methane clathrate. Nature 453:642–645

Kennedy MJ, Christie-Blick N, Sohl LE (2001) Are Proterozoic cap carbonates and isotopic excursions a record of gas hydrate destabilization following Earth's coldest intervals? Geology 29:443–446

Kirschvink JL (1992) Late Proterozoic low-latitude global glaciations: the snowball Earth. In: Schopf JW, Klein C (Hrsg) The Proterozoic biosphere: a multidisciplinary study. Cambridge University Press, Cambridge, MA, S 51–52

Knoll AH (2011) The multiple origins of complex multicellularity. Annu Rev Earth Planet Sci 39:217–239

Knoll AH, Hayes JM, Kaufman AJ, Swett K, Lambert IB (1986) Secular variation in carbon isotope ratios from Upper Proterozoic successions of Svalbard and East Greenland. Nature 321:832–838

Konhauser K, Hamade T, Raiswell R, Morris RC, Ferris FG, Southam G, Canfield D (2002) Could bacteria have formed the Precambrian banded iron formations? Geology 30:1079–1082

Kurzweil F, Claire M, Thomazo C, Peters M, Hannington MD, Strauss H (2013) Atmospheric sulfur rearrangement 2.7 billion years ago: evidence for oxygenic photosynthesis. Earth Planet Sci Lett 366:17–26

Lenton TM, Boyle RA, Poulton SW, Shields-Zhou GA, Butterfield NJ (2014) Co-evolution of eukaryotes and ocean oxygenation in the Neoproterozoic era. Nat Geosci 7:257–265

Li W, Beard BL, Johnson CM (2015) Biologically recycled continental iron is a major component in banded iron formations. Proc Natl Acad Sci 112:8193–8198

Li ZX, Bogdanova SV, Collins AS, Davidson A, De Waele B, Ernst RE, Fitzsimons ICW, Fuck RA, Gladkochub DP, Jacobs J, Karlstrom KE, Lu S, Natapov LM, Pease V, Pisarevsky SA, Thrane K, Vernikovsky V (2008) Assembly, configuration, and break-up history of Rodinia: a synthesis. Precambrian Res 160:179–210

Lowenstein TK, Kendall B, Anbar AD (2014) The geologic history of seawater. In: Treatise on geochemistry, 2. Aufl. https://doi.org/10.1016/B978-0-08-095975-7.00621-5

Lyons TW, Reinhard CT, Planavsky NJ (2014) The rise of oxygen in Earth's early ocean and atmosphere. Nature 506:307–315

Mazumder R (2017) Sediment provenance. Elsevier, Amsterdam, S 600

McLennan SM (2001) Relationships between the trace element composition of sedimentary rocks and upper continental crust. Geochem Geophys Geosyst 2:1021

McLennan SM, Taylor SR, McCulloch MT, Maynard JB (1990) Geochemical and Nd–Sr isotopic composition of deep-sea turbidites: crustal evolution and plate tectonic associations. Geochim Cosmochim Acta 54:2015–2050

McLennan SM, Bock B, Hemming SR, Hurowitz JA, Lev SM, McDaniel DK (2003) The roles of provenance and sedimentary processes in the geochemistry of sedimentary rocks. In: Lentz DR (Hrsg) Geochemistry of sediments and sedimentary rocks: evolutionary considerations to mineral deposit-forming environments, GEOtext, Bd 5. Geological Association of Canada, St. Johns, S 1–31

Melezhik V, Prave AR, Hanski EJ, Fallick AE, Lepland A, Kump LR, Strauss H (2013) Reading the archive of earth's oxygenation. Springer, Berlin/Heidelberg

Mitchell RN, Evans DAD (2024) The balanced billion. GSA Today 34:10–11

Mojzsis SJ, Harrison TM, Pidgeon RT (2001) Oxygen-isotope evidence from ancient zircons for liquid water at the Earth's surface 4,300 Myr ago. Nature 409:178–181

Morse JW, Mackenzie FT (1990) Geochemistry of sedimentary carbonates. Elsevier, Amsterdam

Morse JW, Wang Q, und Tsio M-Y (1997) Influences of temperature and Mg:Ca ratio on $CaCO_3$ precipitates from seawater. Geology 25:85–87

Nesbitt HW, Young GM (1984) Predictions of some weathering trends of plutonic and volcanic rocks based on thermodynamic and kinetic considerations. Geochim Cosmochim Acta 48:1523–1534

Nutman AP, McGregor VR, Friend CRL, Bennett VC, Kinny P (1996) The Itsaq Gneiss Complex of southern West Greenland: the world's most extensive record of early crustal evolution 3900–3600 Ma. Precambrian Res 78:1–39

Ossa Ossa F, Hofmann A, Spangenberg JE, Poulton SW, Stüeken EE, Schönberg R, Eickmann B, Wille M, Butler M, Bekker A (2019) Limited oxygen production in the Mesoarchean ocean. Proc Natl Acad Sci 116:6647–6652

Pavlov AA, Kasting JF (2002) Mass-independent fractionation of sulfur isotopes in Archean sediments: strong evidence for an anoxic Archean atmosphere. Astrobiology 2:27–41

Paytan A, Kastner M, Campbell D, Thiemens MH (2004) Seawater sulfur isotope fluctuations in the Cretaceous. Science 304:1663

Peck WH, Valley JW, Wilde SA, Graham CM (2001) Oxygen isotope ratios and rare earth elements in 3.3 to 4.4 Ga zircons: ion microprobe evidence for high d18O continental crust in the early Archean. Geochim Cosmochim Acta 65:4215–4229

Peucker-Ehrenbrink B, Jahn B-M (2001) Rhenium-osmium isotope systematics and platinum group element concentrations: Loess and the upper continental crust. Geochem Geophys Geosyst 2:1061

Planavsky NJ, McGoldrick P, Scott CT, Li C, Reinhard CT, Kelly AE, Chu X, Bekker A, Love GD, Lyons TW (2011) Widespread iron-rich conditions in the mid-Proterozoic ocean. Nature 477:448–451

Posth NR, Konhauser KO, Kappler A (2013) Microbiological processes in banded iron formation diagenesis. Sedimentology 60:1733–1754

Prave AR, Kirsimäe K, Lepland A, Fallick AE, Kreitsmann T, Deines YE, Romashkin AE, Rychanchik DV, Medvedev PV, Moussavou M, Bakakas K, Hodgskiss MSW (2022) The grandest of them all: the Lomagundi–Jatuli Event and Earth's oxygenation. J Geol Soc London 179:jgs2021-036

Present TM, Adkins JF, Fisher WW (2020) Variability in sulfur isotope records of Phanerozoic seawater sulfate. Geophys Res Lett 47:e2020GL088766

Prokoph A, Shields GA, Veizer J (2008) Compilation and time-series analysis of a marine carbonate $\delta^{18}O$, $\delta^{13}C$, $^{87}Sr/^{86}Sr$ and $\delta^{34}S$ database through Earth history. Earth-Sci Rev 87:113–133

Rasmussen B, Fletcher IR, Bekker A, Muhling JR, Gregory CJ, Thorne AM (2012) Deposition of 1.88-billion-year-old iron formations as a consequence of rapid crustal growth. Nature 484:498–501

Raymo ME, Ruddiman WF, Froelich PN (1988) Influence of late Cenozoic mountain building on ocean geochemical cycles. Geology 16:649–653

Reinhard CT, Planavsky NJ, Olson SL, Lyons TW, Erwin DH (2016) Earth's oxygen cycle and the evolution of animal life. Proc Natl Acad Sci 113:8933–8938

Richter FM, Rowley DB, DePaolo DJ (1992) Sr evolution of seawater: the role of tectonics. Earth Planet Sci Lett 109:11–23

Ronov AB (1964) Common tendencies in the chemical evolution of Earth's crust, ocean and atmosphere. Geochem Int 8:715–743

Ronov AB, Yaroshevsky AA (1967) Chemical structure of the Earth's crust. Geokhimiya 11:1285–1309

Rudnick RL, Gao S (2014) Composition of the continental crust. In: Treatise on geochemistry, 2. Aufl. https://doi.org/10.1016/B978-0-08-095975-7.00301-6

Sandberg PA (1983) An oscillating trend in Phanerozoic nonskeletal carbonate mineralogy. Nature 305:19–22

Sandberg PA (1985) Nonskeletal aragonite and pCO2 in the Phanerozoic and Proterozoic. In: Sundquist ET, Broecker WS (Hrsg) The carbon cycle and atmospheric CO2, natural variations archean to present, Geophysical Monograph 32. American Geophysical Union, Washington, DC, S 585–594

Scherer E, Whitehouse MJ, Münker C (2007) Zircon as a monitor of crustal growth. Elements 3:19–24

Shaw DM, Reilly GA, Muysson JR, Pattenden GE, Campbell FE (1967) An estimate of the chemical composition of the Canadian Precambrian shield. Can J Earth Sci 4:829–853

Shields GA (1999) Towards a new calibration scheme for the Terminal Neoproterozoic. Eclogae Geol Helv 92:221–233

Shields-Zhou G, Och L (2011) The case for a Neoproterozoic Oxygenation Event: geochemical evidence and biological consequences. GSA Today 21. https://doi.org/10.1130/GSATG102A.1

Sim MS, Bosak T, Ono S (2011) Large sulfur isotope fractionation does not require disproportionation. Science 333:74–77

Sims KWW, Newsom HE, Gladney ES (1990) Chemical fractionation during formation of the Earth's core and continental crust: clues from As, Sb, W, and Mo. In: Newsom HE, Jones JH, Newson JH (Hrsg) Origin of the Earth. Oxford University Press, Oxford, S 291–317

Slotznick SP, Johnson JE, Rasmussen B, Raub TD, Webb SM, Zi J-W, Kirschvink JL, Fischer WW (2022) Reexamination of 2.5-Ga "whiff" of oxygen interval points to anoxic ocean before GOE. Sci Adv 8:eabj7190

Spencer RJ, Hardie LA (1990) Control of seawater composition by mixing of river waters and mid-ocean ridge hydrothermal brines. In: Spencer RJ, Chou I-M (Hrsg) Fluid–mineral interactions: a tribute to H. P. Eugster, Special publication 2. Geochemical Society, San Antonio, S 409–419

Taylor SR, McLennan SM (1985) The continental crust: its composition and evolution. Blackwell, Oxford

Taylor SR, McLennan SM, McCulloch MT (1983) Geochemistry of loess, continental crustal composition and crustal model ages. Geochim Cosmochim Acta 47:1897–1905

Tostevin R, Turchyn AV, Farquhar J, Johnston DT, Eldridge DL, Bishop JKB, McIlvin M (2014) Multiple sulfur isotope constraints on the modern sulfur cycle. Earth Planet Sci Lett 396:14–21

Veizer J (1988a) The earth and its life: systems perspective. Orig Life Evol Biosph 18:13–39

Veizer J (1988b) Solid Earth as a recycling system: temporal dimensions of global tectonics. In: Lerman A, Meyback M (Hrsg) Physical and chemical weathering in geochemical cycle. Reidel, Dordrecht, S 357–372

Veizer J, Ernst RE (1996) Temporal pattern of sedimentation: Phanerozoic of North America. Geochem Int 33:64–76

Veizer J, Jansen SL (1985) Basement and sedimentary recycling: 2. Time dimension to global tectonics. J Geol 93:625–643

Veizer J, Hoefs J, Lowe DR, Thurston PC (1989) Geochemistry of Precambrian carbonates: II. Archean greenstone belts and Archean sea water. Geochim Cosmochim Acta 53:859–871

Veizer J, Ala D, Azmy K, Bruckschen P, Buhl D, Bruhn F, Carden GAF, Diener A, Ebneth S, Godderis Y, Jasper T, Korte C, Pawellek F, Podlaha OG, Strauss H (1999) $^{87}Sr/^{86}Sr$, $\delta^{13}C$ and $\delta^{18}O$ evolution of Phanerozoic seawater. Chem Geol 161:59–88

Wallmann K (2001) Controls on the Cretaceous and Cenozoic evolution of seawater composition, atmospheric CO_2 and climate. Geochim Cosmochim Acta 65:3005–3025

Wang R, Yin Z, Shen B (2023) A late Ediacaran ice age: the key node in the Earth system evolution. Earth Sci Rev 247:104610

Wanner C, Liu X-M, Sonnenthal E (2014) Seawater δ^7Li: a direct proxy for global CO_2 consumption by continental silicate weathering? Chem Geol 381:154–167

Wedepohl H (1995) The composition of the continental crust. Geochim Cosmochim Acta 59:1217–1239

Whitehouse MJ, Nemchin AA, Pidgeon RT (2017) What can Hadean detrital zircon really tell us? A critical evaluation of their geochronology with implications for the interpretation of oxygen an hafnium isotopes. Gondw Res 51:78–91

Wilde SA, Valley JW, Peck WH, Graham CM (2001) Evidence from detrital zircons for the existence of continental crust and oceans on the Earth 4.4 Gyr ago. Nature 409:175–178

Zieger J, Zieger-Hofmann M, Gärtner A, Linnemann U (2023) Variscan zircons everywhere? Multistage sedimentary recycling in Central Europe. In: Nance RD et al (Hrsg) Supercontinents, orogenesis and magmatism, Special publication, Bd 542. Geological Society of London, S 379–401

Zimmermann U, Andersen T, Madland MV, Larsen IS (2015) The role of U-Pb ages of detrital zircons in sedimentology-an alarming case study for the impact of sampling for provenance interpretation. Sediment Geol 320:38–50

Umweltgeochemie – Chemische Facetten des Anthropozäns

8

Intensive Pyritverwitterung, Rio Tinto, Spanien (Foto: H. Strauß)

Inhaltsverzeichnis

8.1	Bergbaufolgen – Acid Mine Drainage	140
8.2	Organische Schadstoffe	143
8.3	Die Geochemie urbaner Räume – Große Probleme auf kleinem Raum	146
8.4	Zusammenfassung	151
Literatur		151

▶ Der Einfluss des Menschen auf die Umwelt ist nicht zu leugnen. Er ist divers im Hinblick auf die eingetragenen Schadstoffe und vollumfänglich durch die Belastung von Atmosphäre, Oberflächen- und Grundwässern, der Bodenzone sowie der pflanzlichen und tierischen Lebewelt bis hin zu uns selbst. Die Bedeutung der Beeinflussung der Umwelt durch den Menschen zu erfassen, ist Ziel umweltgeochemischer Untersuchungen. In der Regel geht es um das Erkennen räumlicher und/oder zeitlicher Konzentrationsgradienten. Aber Konzentrationsmessungen alleine ermöglichen nicht immer die gewünschte eindeutige Aussage, vor allem nicht im Hinblick auf den Abbau im Zuge von Sanierungsmaßnahmen. Hier bietet der Einsatz isotopengeochemischer Untersuchungsmethoden, vor allem der stabilen (also nichtradioaktiven) Isotope, eine weitere zielführende Möglichkeit. Im Zusammenspiel mit den Konzentrationsmessungen lassen sich dadurch die Herkunft eines Schadstoffes identifizieren und dessen Abbau charakterisieren. Die Beeinflussung der Umwelt durch den Menschen wird exemplarisch anhand von drei Themenbereichen vorgestellt, die derzeit im Fokus wissenschaftlicher Untersuchungen stehen, zugleich aber auch von gesellschaftspolitischem Interesse sind.

8.1 Bergbaufolgen – Acid Mine Drainage

Acid Mine Drainage (AMD) oder bergbausaure Grubenwässer entstehen durch die Oxidation von Sulfidmineralen im Zusammenhang mit dem Bergbau von sulfidischen Erzen, aber auch dem Abbau von Braun- und Steinkohle, da diese häufig mit sedimentärem Pyrit vergesellschaftet sind. Die Bildung saurer Grubenwässer erfolgt dabei nicht nur während des aktiven Abbaus und der damit verbundenen Bewirtschaftung von Halden, sondern repräsentiert vor allem auch ein nachhaltiges Umweltproblem in Regionen, in denen der aktive Bergbau bereits beendet ist (Nordstrom und Alpers 1999; Blowes et al. 2014). Hier sei der Begriff der Ewigkeitslast genannt, der für die langandauernde Erfordernis der Förderung und Entsorgung der Grubenwässer des deutschen Steinkohlebergbaus steht (Hartmann 2018).

Schlüsselprozess für die Bildung saurer Grubenwässer ist die Oxidation sulfidischer Minerale. Dies entspricht grundsätzlich dem natürlichen Prozess der Sulfidverwitterung, wie er geogen bei der Verwitterung pyrithaltiger Gesteine auftritt. Pyrit ist das häufigste Sulfidmineral in der Erdkruste. Daher soll im Folgenden die Pyritoxidation als Beispiel für die Bildung saurer Grubenwässer genutzt werden.

8.1 Bergbaufolgen – Acid Mine Drainage

Zahlreiche Faktoren bestimmen die Intensität der Pyritoxidation: die Verfügbarkeit von O_2, Fe^{3+} und H_2O, die Temperatur, pH und E_h sowie die An- oder Abwesenheit von Mikroorganismen. Bei der Oxidation des Pyrits mit atmosphärischem Sauerstoff nach folgender Reaktion

$$FeS_2 + 3,5 O_2 + H_2O \rightarrow Fe^{2+} + 2 SO_4^{2-} + 2 H^+$$

bilden sich 1 Mol Fe^{2+}, 2 Mol SO_4^{2-} und 2 Mol H^+. Fe^{2+} kann im Nachgang zu Fe^{3+} oxidieren:

$$Fe^{2+} + 0,25 O_2 + H^+ \rightarrow Fe^{3+} + 0,5 H_2O$$

und das resultierende Fe^{3+} als Ferrihydrit präzipitieren

$$Fe^{3+} + 3 H_2O \rightarrow Fe(OH)_3 + 3 H^+.$$

Werden alle drei Teilreaktionen zusammengefasst, ergibt sich für die Pyritoxidation mit atmosphärischem Sauerstoff die folgende Reaktion

$$FeS_2 + 3,75 O_2 + 3,5 H_2O \rightarrow 2 SO_4^{2-} + Fe(OH)_3 + 4 H^+.$$

Mithin setzt die Oxidation eines Mols Pyrit 4 Mol H^+ frei. Neben der Freisetzung von vier Protonen entstehen zwei Mol Sulfat, sodass als Folge der Pyritoxidation eine saure sulfathaltige Lösung entsteht – ein saures Grubenwasser.

Vor allem unter sauren pH-Bedingungen erfolgt die Pyritoxidation oft durch Fe^{3+} (Singer und Stumm 1970):

$$FeS_2 + 14 Fe^{3+} + 8 H_2O \rightarrow 15 Fe^{2+} + 2 SO_4^{2-} + 16 H^+.$$

Dies setzt jedoch die Verfügbarkeit von Fe^{3+} voraus, welches zuvor durch die Oxidation des Fe^{2+} mittels Sauerstoff gebildet wurde.

Die Oxidation weiterer Sulfidminerale, im Speziellen klassischer Sulfiderzminerale wie Sphalerit (ZnS), Galena (PbS), Chalcopyrit ($CuFeS_2$) oder Arsenopyrit (FeAsS), erfolgt mehr oder weniger vergleichbar zur Pyritoxidation mittels molekularem Sauerstoff und/oder Fe^{3+}:

$$ZnS + 4 H_2O \rightarrow Zn^{2+} + SO_4^{2-} + 8 H^+$$
$$PbS + 2 O_2 \rightarrow Pb^{2+} + SO_4^{2-}$$
$$PbS + 8 Fe^{3+} + 4 H_2O \rightarrow Pb^{2+} + 8 Fe^{2+} + 8 H^+ + SO_4^{2-}$$
$$CuFeS_2 + 4 Fe^{3+} \rightarrow 5 Fe^{2+} + Cu^{2+} + 2 S^0$$
$$4 FeAsS + 11 O_2 + 6 H_2O \rightarrow 4 Fe^{2+} + 4 H_3AsO_3 + 4 SO_4^{2-}.$$

Detaillierte Informationen zu den genannten Reaktionen finden sich z. B. bei Rimstidt et al. (1994).

Zusammenfassend muss festgestellt werden, dass durch die Pyritoxidation saure Wässer mit einer hohen Sulfatfracht entstehen. Wird die Acidität nicht abgepuffert, etwa durch geogene Wasser-Gesteins-Wechselwirkung oder durch bewusste Zugabe von Kalk beispielsweise in der Bewirtschaftung von Bergbauhalden, vermögen die sauren Wässer Schwermetalle zu lösen (Cui et al. 2012; Liao et al. 2017). Hieraus ergibt sich eine zusätzliche Belastung der Umwelt.

Das Thema Bergbaufolgen und die Problematik bergbausaurer Wässer (engl. *acid mine drainage*) ist in Deutschland untrennbar mit dem Braun- und Steinkohlebergbau verknüpft. Empirische und experimentelle Studien belegten klar die erwartbaren Folgen der genannten Reaktionen zur Pyritverwitterung und schufen das Fundament für die Entwicklung von Handlungsstrategien, um die Beeinflussung vor allem der Oberflächen- und Grundwässer durch geeignete Maßnahmen zu minimieren (Knöller und Strauch 2002; Knöller et al. 2004, 2012).

Die Studie von Trettin et al. (2007) über die geochemischen Folgen der Flutung des ehemaligen Tagebaus Goitsche bei Bitterfeld mag hier als Beispiel für diese Problematik gelten. Insbesondere der Einsatz stabiler Isotopenuntersuchungen in Kombination mit hydrochemischen Messungen führte zum Verständnis der räumlich-zeitlichen Entwicklung während der Flutungsphase (Abb. 8.1). Schwefelisotopenwerte des gelösten Sulfats spie-

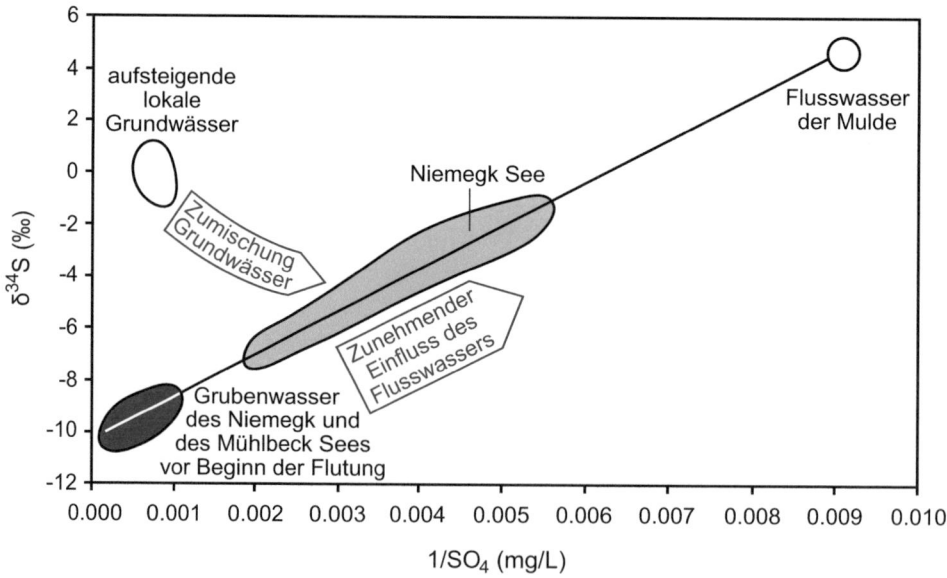

Abb. 8.1 Veränderung der Sulfatkonzentration und der Sulfat-Schwefel-Isotopie im Verlauf der Flutung des ehemaligen Braunkohletagebaus Goitsche bei Bitterfeld. Beide Parameter entwickeln sich als Folge einer Zwei-Komponenten-Mischung, wobei das Sulfat aus der Pyritoxidation im Bereich des ehemaligen Tagebaus und die Sulfatfracht des Flusses Mulde die prinzipiellen Endglieder sind. Die Zumischung von Sulfat aus aufsteigenden Grundwässern ist ebenfalls nachweisbar. (Verändert nach Trettin et al. 2007)

geln klar dessen Herkunft aus der Pyritoxidation wider. Mit fortschreitender Flutung des Tagebaus während der Rekultivierung entwickelte sich die Schwefelisotopensignatur entlang einer Zwei-Komponenten-Mischungslinie zwischen dem Sulfat aus der Pyritoxidation und dem Sulfat im Wasser der Mulde, dem Fluss, dessen Wasser für die Flutung genutzt wurde. Auch hinzuströmendes Grundwasser konnte als zusätzliche Sulfatquelle über die Isotopensignatur identifiziert werden.

Generell können neben der Schwefelisotopie Sauerstoffisotopenuntersuchungen ($\delta^{18}O_{SO4}$) zusätzliche Hinweise auf den unterlagernden Prozess der Pyritoxidation liefern. Kommt es im neutralen pH-Bereich zur Oxidation mittels O_2, so stammt ein O-Atom im resultierenden Sulfat aus dem molekularen Sauerstoff und die anderen O-Atome aus dem Wassermolekül. Im sauren pH-Bereich bei der Pyritoxidation mittels Fe^{3+} stammen alle vier O-Atome aus dem Wassermolekül (Balci et al. 2007).

8.2 Organische Schadstoffe

Die Belastung der Umwelt mit organischen Schadstoffen ist vielfältig, was die Stoffe selbst und ihre Konzentrationen betrifft, im Hinblick auf ihre Herkunft und die diversen Eintragspfade, ihre räumliche und zeitliche Verbreitung sowie die Konsequenzen für die Umwelt und den Menschen. Diese Stoffe zeigen eine hohe Persistenz in der Umwelt (engl. POP – *persistent organic pollutants*), können daher weit transportiert werden und sind dadurch ein globales Problem. Sie akkumulieren in pflanzlicher und/oder tierischer Biomasse und sind durch eine hohe Toxizität für Mensch und Umwelt charakterisiert (Jones 2021, und Zitate darin). Die meisten dieser organischen Schadstoffe sind anthropogenen, manche aber auch geogenen Ursprungs. Das Portfolio an organischen Schadstoffen scheint unbegrenzt zu sein, signalisiert durch den Begriff der „neu auftauchenden Schadstoffe" (engl. *emerging pollutants*) Dies sind Schadstoffe, die ggf. bereits seit Jahrzehnten in der Umwelt vorliegen können, ohne dass wir aufgrund mangelnder Analysemöglichkeiten Kenntnisse davon hatten. Wichtige Stoffklassen sind per- und polyfluorierte Alkylsubstanzen (PFAS), polyzyklische aromatische Verbindungen, Pestizide und Biozide, Rückstände von Arzneimitteln, Körperpflegeprodukten oder Industriechemikalien.

Polyzyklische aromatische Komponenten umfassen die klassischen polyzyklischen aromatischen Kohlenwasserstoffe (PAK) und die Heterozyklen (NSO-PAK), ringförmige organische Strukturen, deren Ringgerüst neben Kohlenstoff mindestens ein Atom eines anderen chemischen Elements enthält, in der Regel Stickstoff, Schwefel oder Sauerstoff. Zusammen bilden sie eine Stoffklasse mit mehreren Tausend individuellen Komponenten, viele davon karzinogen oder mutagen (Achten und Andersson 2015). Bereits 1976 legte die amerikanische Umweltbehörde (U.S. Environmental Protection Agency) eine Liste von 16 polyzyklischen aromatischen Kohlenwasserstoffen vor (Keith 2015), die sog. 16 EPA-PAK. Ihre Konzentrationen dienten als Referenz im Hinblick auf das Risiko für die menschliche Gesundheit, und auch heute definieren diese 16 Stoffe das Standard-Untersuchungsprogramm vieler Umweltanalysen (Andersson und Achten 2015).

Polyzyklische aromatische Kohlenwasserstoffe sind natürliche Bestandteile von Erdöl und Kohle (petrogen) und entstehen bei deren unvollständiger Verbrennung (pyrogen). Weltweit nachweisbar sind PAK vor allem anthropogenen Ursprungs, eine natürliche Herkunft wäre beispielsweise aus Waldbränden. Sie treten in Böden und Grundwässern ehemaliger Bergbau- oder Industrieregionen, aber auch in Hausgärten auf, resultierend aus kohlehaltigem Haldenmaterial, zugesetzten Aschen sowie ggf. Teer und Teerölen ehemaliger Kokereien und Gaswerksstandorte. So fanden z. B. Hindersmann und Achten (2018) in urbanen Böden des Ruhrgebietes PAK-Konzentrationen zwischen 60 und 140 mg/kg (eine Bodenprobe zeigte sogar 559 mg/kg). Aufgrund charakteristischer Verteilungsmuster der 59 untersuchten PAK konnten die Autoren sowohl petrogene als auch pyrogene Anteile differenzieren (Abb. 8.2). Die petrogene Herkunft wurde durch eine Dominanz nieder-molekularer PAK (Stout und Wasielewski 2004), durch eine glockenförmige Verteilung der alkylierten PAK (Sauer und Uhler 1994; Stout et al. 2002, 2015) und die Vergleichbarkeit zwischen Böden und Steinkohlen in der Konzentration von Benzenpolycarbonsäuren (BPCA) (Roth et al. 2012; Hindersmann und Achten 2017) aufgezeigt. Der eindeutig pyrogene Ursprung aschehaltiger Böden wurde im Gegensatz dazu durch einen hohen Anteil an höher molekularen PAK, eine absteigende Verteilung der alkylierten PAK und eine Konzentration an Benzenpolycarbonsäuren deutlich oberhalb von Kohlen nachgewiesen (Hindersmann und Achten 2017).

Polyzyklische aromatische Verbindungen sind Teil des Spektrums organischer Umweltschadstoffe. Trotz der Fortschritte in den relevanten analytischen Techniken werden auch in neueren Studien oft nur die 16 EPA-PAK quantifiziert. Die hohe Toxizität zahlreicher weiterer PAK für die Umwelt und den Menschen stellt die Bedeutung der etablierten 16 EPA-PAK für eine konkrete umweltchemische Bewertung von Wässern und Böden in Frage und erfordert ein Umdenken in dieser Hinsicht (Andersson und Achten 2015).

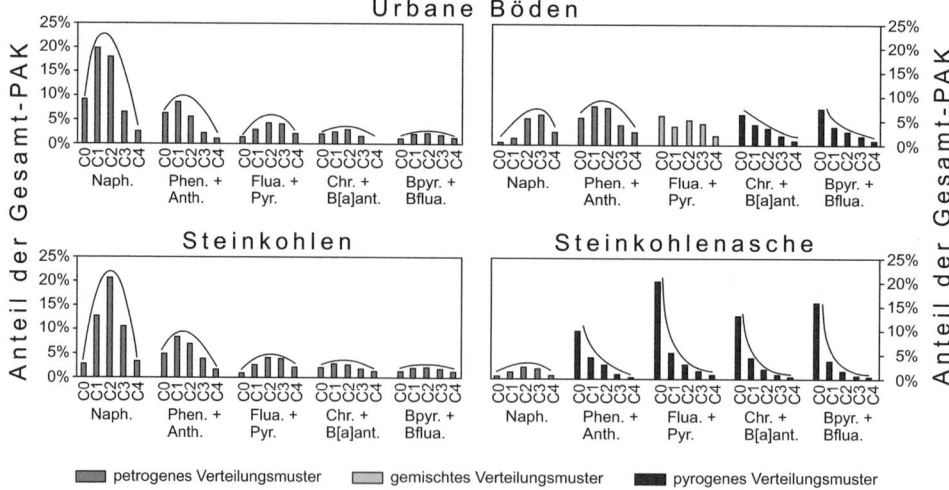

Abb. 8.2 Verteilungsmuster petrogener und pyrogener PAK (Naph. = Naphthalin, Phen. + Anth. = Phenantren + Anthracen, Flua. + Pyr. = Fluoranthen + Pyren, Chr. + B[a]ant. = Chrysen + Benzo[a]anthracen, Bpyr. + Bflua. = Benzopyrene + Benzofluoranthene) in urbanen Böden des Ruhrgebietes. (Verändert nach Hindersmann und Achten 2018)

Pestizide (also Insektizide, Herbizide, Fungizide, Rodentizide oder Biozide) haben nur ein Ziel, nämlich die Bekämpfung (Tötung) des jeweiligen Zielorganismus. Bewarb die Pennsylvania Salt Manufacturing Company in den 1940er-Jahren das Dichlordiphenyltrichlorethan (DDT) noch mit dem musikalischen Slogan „DDT is good for me-e-e", wurden nach und nach die Konsequenzen des Einsatzes von Pestiziden für die Umwelt und schlussendlich auch den Menschen klar (Carson 1962). Als Folge dieser Erkenntnisse wurde beispielsweise DDT 1972 in Deutschland und vielen anderen Ländern verboten. Weiterhin trat am 17. Mai 2004 das sog. Stockholm-Übereinkommen zum weltweiten Verbot einer Reihe persistenter organischer Schadstoffe in Kraft. Zunächst waren dies 12 Substanzen, die als das „Dreckige Dutzend" bezeichnet wurden: Die Pestizide Aldrin, Chlordane, DDT, Dieldrin, Endrin, Heptachlor, Hexachlorbenzene, Mirex, Toxaphene, und die drei weiteren Stoffgruppen polychlorinierte Biphenyle (PCB), polychlorinierte Dibenzo-p-Dioxine und polychlorinierte Dibenzofurane. Seither sind zahlreiche weitere Substanzen in den Katalog der verbotenen POP-Stoffe aufgenommen worden (z. B. PFAS – per- und polyfluorierte Chemikalien, bromierte Flammschutzmittel).

Seit 70 Jahren kommen Pestizide zur Ertragssteigerung in der Landwirtschaft zum Einsatz (Geissen et al. 2021). Die Konsequenzen in den von Pestiziden beeinflussten Ökosystemen sind vielschichtig, führen aber in Summe zu einer Reduktion der Produktivität und der Biodiversität (Hallmann et al. 2017; Wagner 2020; Schulz et al. 2021). Letzteres geht einher mit einer Veränderung des Ökosystems, dergestalt, dass Arten mit geringer Sensibilität gegenüber den eingesetzten Pestiziden zunehmen (Liess und von der Ohe 2005). Auch der Einfluss auf die menschliche Gesundheit ist unbestritten (Dereumeaux et al. 2020; Teysseire et al. 2021).

Die Ausbreitungsgeschwindigkeit und damit auch die Persistenz von Pestiziden in der Umwelt sind erwartungsgemäß verbindungsspezifisch sehr variabel. Mackay et al. (1997) untersuchte die sog. Halbwertszeit (Dauer, bis 50 % des originären Eintrags verschwunden sind) ausgewählter Pestizide in Atmosphäre, Oberflächengewässern, Böden und aquatischen Sedimenten und stellte eine Zunahme der Halbwertszeiten von Tagen bis hin zu Jahren fest, wobei die Verweildauer in der Atmosphäre am geringsten, in den aquatischen Sedimenten am höchsten war. Aber es sind nicht nur die primär eingetragenen Stoffe selbst, die eine Beeinflussung der Umwelt hervorrufen. Photochemische, thermisch induzierte sowie abiotisch oder mikrobiell katalysierte Redoxreaktionen führen zu einer Umwandlung primär eingetragener Substanzen. Und auch solche Umwandlungsprodukte (Metabolite) können schädliche Einflüsse auf die Ökosysteme haben, wenn auch zumeist in geringerem Ausmaß, als die Originalsubstanzen.

Seit Jahren steigt die Konzentration von *Arzneimittelrückständen* wie entzündungshemmenden Medikamenten, Antibiotika und Schmerzmitteln in Oberflächen- und Grundwässern (Ortúzar et al. 2022). Dies ist eine Folge der zunehmenden Nutzung von Arzneimitteln durch den Menschen, aber auch in der Massentierhaltung (Kirchhelle 2018), gepaart mit der Tatsache, dass Arzneimittelrückstände die Kläranlagen häufig ungehindert passieren.

Arzneimittelrückstände sind wasserlöslich und pharmakologisch aktiv und finden sich mittlerweile in vielen terrestrischen und marinen Ökosystemen mit multiplen schädlichen Konsequenzen für diese (Ortúzar et al. 2022 und Zitate darin). So finden sich beispielsweise Entzündungshemmer und Schmerzmittel in zahlreichen terrestrischen aquatischen Systemen (Swiacka et al. 2021). Selbst in abgelegenen Regionen wie der Antarktis konnten Schmerzmittelrückstände in Oberflächenwässern nachgewiesen werden (González-Alonso et al. 2017), ohne Zweifel eine Folge des ansteigenden Tourismus in dieser Region.

Ein klarer Fokus im Hinblick auf Arzneimittelrückstände in Abwässern liegt aufgrund ihrer Persistenz und Stoffwechselaktivität auf den Antibiotika (Mukhtar et al. 2020). Konzentrationen variieren in Abwässern zwischen 1,3 und 12,5 µg/L, im Vergleich zu 0,5–21,4 µg/L in Trinkwässern oder 0,3–3,9 µg/L in Fließgewässern (Zhang et al. 2015; Pan und Chu 2017; Hanna et al. 2018). Eine erwartbare und beunruhigende Konsequenz ist eine zunehmende Resistenz gegenüber Antibiotika zunächst bei Mikroorganismen und schlussendlich auch bei Menschen (Bondarczuk und Piotrowska-Seget 2019; Bilal et al. 2020).

Eine aktuelle Studie von Wilkinson et al. (2022) zeigt deutlich die Vielfalt und Magnitude der globalen Belastung von Fließgewässern durch Arzneimittelrückstände auf. In ihrer Untersuchung von 258 Flüssen (1052 Lokationen in 104 Ländern) und dabei einem kumulativen Einzugsgebiet für 471 Mio. Menschen waren von den gemessenen 61 Stoffen Carbamazepin, Metformin und Koffein die am häufigsten nachgewiesenen Arzneimittel. Die höchsten kumulativen Konzentrationen von Arzneimittelrückständen fanden sich in den Sub-Sahara-Staaten, im südlichen Asien und in Südamerika. Dies sind Regionen, die durch unzureichende Infrastrukturen für die Behandlung flüssiger und fester Abfälle gekennzeichnet sind und gleichzeitig eine Konzentration pharmazeutischer Produktionsstätten zeigen (Wilkinson et al. 2022). Vier Stoffe wurden auf allen Kontinenten einschließlich der Antarktis nachgewiesen (Koffein, Nikotin, Paracetamol und Cotinin, ein Abbauprodukt des Nikotins), vierzehn weitere auf allen Kontinenten außer der Antarktis.

8.3 Die Geochemie urbaner Räume – Große Probleme auf kleinem Raum

Lebten vor 200 Jahren nur 3 % der Weltbevölkerung in Städten, sind es heute bereits mehr als 50 %, und für 2050 sind 70 % prognostiziert (https://population.un.org/wup/). Die zunehmende Urbanisierung drückt sich in der steigenden Zahl sog. Megastädte aus, Ballungszentren mit mehr als 10 Mio. Einwohnern. Derzeit werden 34 Megastädte gelistet. Ihre globale Verteilung ist sehr heterogen, aber nur 14 dieser Megastädte liegen nicht in Asien. Mit 37,5 Mio. Einwohnern führt Tokio die Liste an.

Megastädte zeichnen für 70 % des globalen Energieverbrauchs verantwortlich, ebenso wie für 80 % der globalen Emission von Kohlendioxyd (Lyons und Harmon 2012). Die Probleme solcher Ballungsräume sind vielschichtig, aber die zentrale Herausforderung liegt in der Versorgung der Bevölkerung mit Nahrungsmitteln und sauberem Trinkwasser.

8.3 Die Geochemie urbaner Räume – Große Probleme auf kleinem Raum

Weitere Kernprobleme sind ein erforderlicher Ausbau der kommunalen Infrastruktur und die Zunahme der Umweltbelastung. Letztere beeinflusst die Kompartimente Boden, Wasser und Luft, hat ohne Zweifel einen negativen Einfluss auf Ökologie und Biodiversität und schlussendlich auch auf die menschliche Gesundheit.

Lyons und Harmon (2012) adressierten bereits vor gut 10 Jahren das Thema der Geochemie urbaner Räume (engl. *Urban Geochemistry*). Am Anfang ihrer Betrachtung stand die Frage, was das Besondere an der Geochemie urbaner Räume ist und wie sich diese von der „normalen" Umweltgeochemie unterscheidet. Die Antwort ist vergleichsweise einfach: Der Maßstab der anthropogenen Beeinflussung biogeochemischer Prozesse in urbanen Räumen unterscheidet sich sehr deutlich vom natürlichen geogenen Rahmen. Viele chemische Elemente und Verbindungen werden in Konzentrationen in unsere Umwelt eingetragen, die deutlich oberhalb der natürlichen sind (beispielsweise Blei oder Quecksilber), oder es sind Stoffe, die gar keine natürlichen Konzentrationen aufweisen (viele neue organische Schadstoffe; Chambers et al. 2016). Wie bereits von Thornton (1991) aufgezeigt, befasst sich die Geochemie urbaner Räume mit dem komplexen Wechselspiel der anthropogen eingetragenen Stoffe und der Umwelt sowie den Effekten, die diese Einträge auf die Lebewelt einschließlich der menschlichen Gesundheit haben (Norra 2014). Damit kommt ihr durchaus eine besondere Bedeutung zu, und sie hebt sich deutlich von der klassischen Geochemie ab.

Gardner et al. (2014) und Chambers et al. (2016) definierten den wissenschaftlichen Rahmen für die Geochemie urbaner Räume. Wesentliche Aspekte sind dabei die qualitative und quantitative Erfassung der geochemischen Signatur urbaner Räume und die Langlebigkeit anthropogener Belastungen in urbanen Räumen. Aus beiden gilt es, ein Verständnis für das Ausmaß der Einflüsse zu gewinnen, die urbane Räume auf natürliche geochemische Kreisläufe haben, wie sich die einstmals natürlichen Umweltbedingungen räumlich und zeitlich verändern, und wie die Beziehung zwischen der Geochemie urbaner Räume und der menschlichen Gesundheit sind. Hieraus lassen sich dann entsprechende Handlungsstrategien entwickeln, die wiederum die Grundlage für politische Entscheidungen bilden.

Die geochemische Signatur urbaner Räume ist ein direktes Abbild der Probleme, die mit der rapiden Urbanisierung verknüpft sind. Zentral sind der Ausbau einer adäquaten kommunalen Infrastruktur und/oder der Verfall der existierenden, die Verbrennung fossiler Energieträger sowie der Eintrag industrieller und kommunaler Abwässer.

Aus geochemischer Perspektive bilden geogene Materialien die stoffliche Grundlage der kommunalen Infrastruktur. Klassische Baustoffe wie Kalkstein, Gips, Sand und Kies verdeutlichen, dass die chemisch-mineralogische Zusammensetzung von Straßen und Gebäuden durch Silikate und Karbonate bestimmt wird. Hinzu kommen noch diverse Erzminerale und die daraus gewonnenen Metalle. Fortschreitende Alteration oder alternativ gesagt, die chemische Verwitterung einer kommunalen Infrastruktur bestimmt die chemische Zusammensetzung urbaner Gewässer und führt u. a. zu einer Erhöhung von Alkalinität und der Ca-Konzentration (Kaushal et al. 2014).

Die Verbrennung fossiler Energieträger, ob in Industriebetrieben oder für die kommunale Energieerzeugung, beeinflusst die Luftqualität in Städten und Ballungsräumen. Zu nennen sind hier der Anstieg der Konzentration an Treibhausgasen und die Belastung der städtischen Atmosphäre durch Feinstaub. Neben der Erfassung der Konzentrationen, lassen sich die Quellen der Belastung über die Isotopensignatur oft eindeutig identifizieren (Widory et al. 2004, 2010). Ein Beispiel mag die Rekonstruktion der Herkunft des Sulfats in den Aerosolen der städtischen Atmosphäre Beijings sein. Diese lässt sich aufgrund der Schwefel- und Sauerstoffisotope des Sulfats der Verbrennung von Kohle zuordnen (Han et al. 2016, 2017). Zugleich korreliert eine erkennbare Saisonalität der Sulfatfracht mit der Belastung der Atmosphäre durch Feinstaub (Abb. 8.3) (Han et al. 2016).

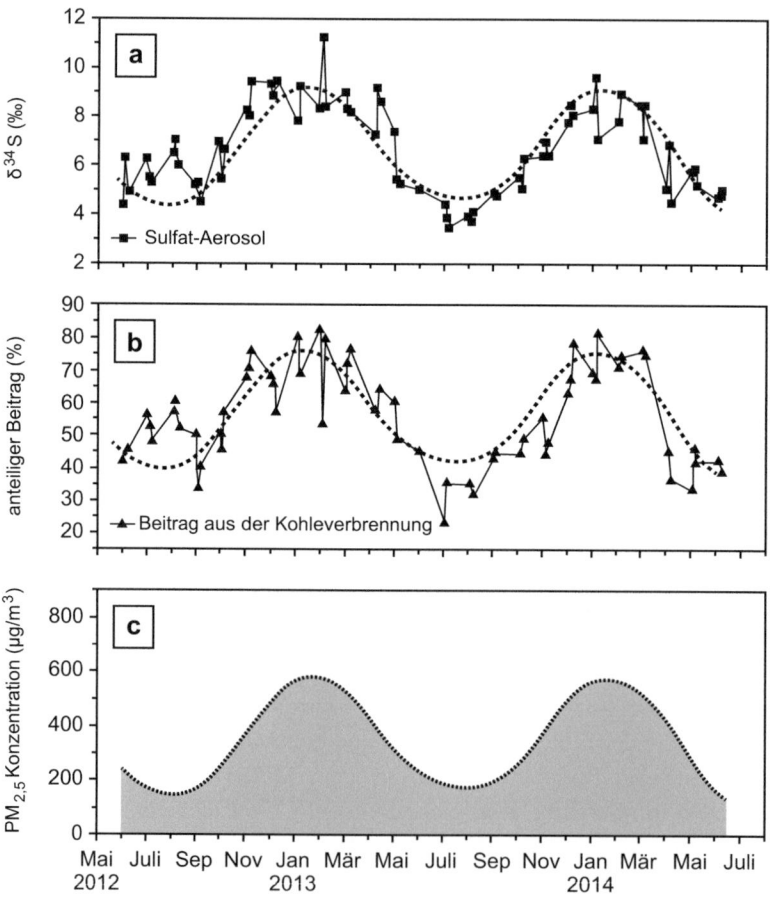

Abb. 8.3 Saisonale Veränderungen der Schwefelisotopie von Sulfataerosolen (**a**), des berechneten Beitrags aus der Kohleverbrennung am Gesamtgehalt an Sulfataerosolen (**b**), und die zeitliche Korrelation mit der Feinstaubkonzentration (**c**) in der Stadtatmosphäre Beijings. (Verändert nach Han et al. 2016)

8.3 Die Geochemie urbaner Räume – Große Probleme auf kleinem Raum

Zahlreiche Studien asiatischer Megastädte belegen den Umfang anthropogener Beiträge aus Landwirtschaft, Industrie und kommunalen Abwässern auf die Oberflächen- und Grundwässer in urbanen Räumen (Hosono et al. 2009, 2011, 2014). Auch hier sind die Anwendungen multipler Isotopensysteme im Zusammenspiel mit den Konzentrationsbestimmungen der gelösten Inhaltsstoffe zielführend, um den anthropogenen Beitrag vom geogenen Hintergrund zu differenzieren und zugleich die Herkunft der anthropogenen Beiträge zuzuordnen. So konnten beispielsweise Peters et al. (2015, 2019, 2020) für die Stadt Beijing und deren Umland zeigen, dass die Belastung der Oberflächen- und Grundwässer für eine Reihe gelöster Inhaltsstoffe oberhalb der nationalen und internationalen Grenzwerte liegt. Weiterhin konnte die Vergleichbarkeit der geochemischen Signaturen in den Oberflächen- und Grundwässern (Abb. 8.4) ursächlich zumindest in großen Teilen auf eine ungenügende bzw. marode kommunale Wasserver- und/oder -entsorgung zurückgeführt werden.

Eine zusätzliche Belastung urbaner Gewässer stellt ein gesteigerter Abfluss anthropogen beeinflusster Oberflächenwässer bei extremen Niederschlagsereignissen als Folge der zunehmenden Versiegelung städtischer Räume dar (Göbel et al. 2007; Simpson et al. 2022; Zanoletti und Bontempi 2023).

Das vielleicht beste Beispiel für die Persistenz anthropogener Belastungen der Umwelt ist das Element Blei. Trotz des Auslaufens verbleiter Kraftstoffe (in Europa und Nordamerika Ende der 1990er-Jahre) findet sich Blei in urbanen Böden, im Hausstaub, in den Haaren und im Blut vor allem von Kindern in nach wie vor hohen Konzentrationen (Hwang et al. 2019). Oft kann die Herkunft lokalen/regionalen Quellen wie erzverarbeitenden Betrieben zugeordnet werden (Brewer et al. 2016). Daneben bieten Eiskerne, Seesedimente oder die Nutzung von Flechten und Moosen die Möglichkeit für das differenzierte Aufzeigen von Einträgen über die Atmosphäre, ob nun aus dem Fern- oder Nahtransport (Aebischer et al. 2015; Shotyk et al. 2015).

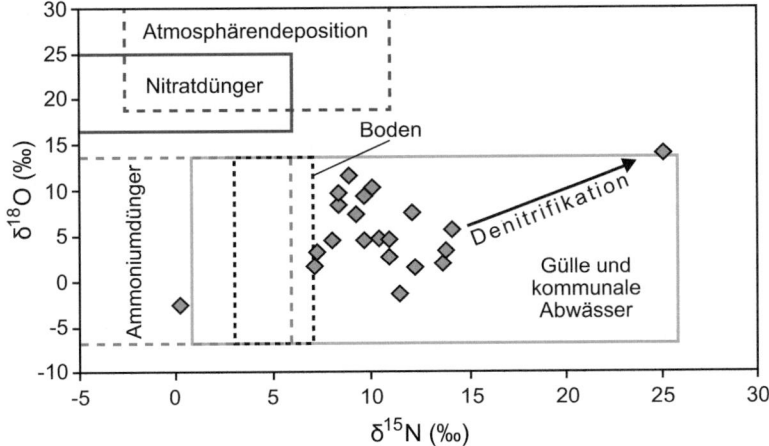

Abb. 8.4 Stickstoff- und Sauerstoffisotope des gelösten Nitrats im Leitungswasser Beijings sind denen kommunaler Abwässer vergleichbar. (Verändert nach Peters et al. 2015)

Auch beim Blei eröffnen Isotopenmessungen wieder die Möglichkeit, den Weg vom Erz über die Verhüttung und den Atmosphärentransport zum Menschen nachzuzeichnen (Brewer et al. 2016). Als Beispiel mag eine hohe Bleibelastung des Bodens und hohe Bleikonzentrationen im Hausstaub in der Stadt Mitrovica (Kosovo) als Konsequenz langjähriger Einträge aus metallverarbeitenden Betrieben in der Region gelten. Messungen der Bleikonzentrationen im menschlichen Haar und im Blut belegen eindrücklich, dass die Bevölkerung Mitrovicas unter einer Bleibelastung leidet, wie sie sonst selten in der Literatur beschrieben ist. Anhand von Bleiisotopenmessungen (^{208}Pb/^{206}Pb vs. ^{206}Pb/^{207}Pb) konnten die Herkunft und der Eintragspfad für das Blei in den Haaren der Bevölkerung Mitrovicas nachgewiesen werden (Abb. 8.5). Die Herkunft des Bleis in den oberen Bodenschichten in Mitrovica stammt nachweislich aus der lokalen Metallaufbereitung. Diese Einträge müssen als historische Belastung betrachtet werden, da die Metallverarbeitung zur Zeit der Untersuchungen bereits seit 10 Jahren beendet war. Die menschliche Aufnahme des Bleis erfolgte dann vor allem über die Atemwege durch Inhalation von Hausstaub und/oder die Aufnahme von Blei aus dem Oberboden.

Das Element Blei schlägt im Kontext der Geochemie urbaner Räume die Brücke von der Geochemie zur medizinischen Geologie, einer ebenfalls vergleichsweise jungen und in hohem Maße interdisziplinären Forschungsrichtung (Plumlee et al. 2014; Hasan 2021). Andere Beispiele für die enge Verknüpfung zwischen der Geochemie und der menschlichen Gesundheit sind der Verzehr von quecksilberbelastetem Fisch und dem Auftreten neurologischer Erkrankungen (Grandjean et al. 2010) oder organische Lösemittel und Chemikalien in Böden und Wässern und dem verstärkten Auftreten von Krebserkrankungen (Xie et al. 2024).

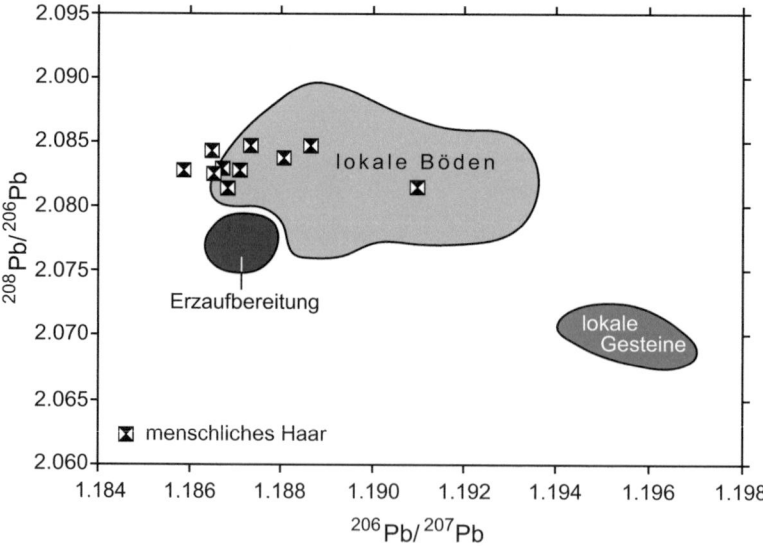

Abb. 8.5 Bleiisotope belegen die Herkunft des Bleis im menschlichen Haar aus bleiverarbeitenden Betrieben vor Ort. (Verändert nach Brewer et al. 2016)

8.4 Zusammenfassung

Unbestritten ist der Einfluss des Menschen auf die Umwelt. Dieser ist vielschichtig und umfassend im Hinblick auf die Belastung von Atmosphäre, Hydrosphäre, Pedosphäre und Biosphäre. Der heutige Umfang der anthropogenen Beeinflussung unserer Umwelt wird durch den Begriff des Anthropozäns in prägnanter Weise zum Ausdruck gebracht: ein durch den menschlichen Einfluss bestimmtes Zeitalter.

Aber es gibt durchaus auch positive Nachrichten. Das Erkennen der Beziehung zwischen dem geochemischen Zustand unserer Umwelt und der menschlichen Gesundheit hat für eine Reihe von Schadstoffen bereits zu deutlichen und positiven Veränderungen geführt. Zu nennen sind hier beispielsweise der Rückgang in den Emissionen von Stickoxyden oder Schwefeldioxyd und das Ende des verbleiten Kraftstoffs. Der Weg ist also beschritten, aber noch sehr lang. Und mit Blick auf die sog. *emerging pollutants* kommen stetig neue Stoffe hinzu.

Literatur

Achten C, Andersson JT (2015) Overview of polycyclic aromatic compounds (PAC). Polycycl Aromat Compd 35:1–10

Aebischer S, Cloquet C, Carignan J, Maurice C, Pienitz R (2015) Disruption of the geochemical metal cycle during mining: multiple isotope studies of lake sediments from Schefferville, subarctic Québec. Chem Geol 412:167–178

Andersson JT, Achten C (2015) Time to say goodbye to the 16 EPA PAHs? Toward an up-to-date use of PACs for environmental purposes. Polycycl Aromat Compd 35:330–354

Balci N, Shanks WC III, Mayer B, Mandernack KW (2007) Oxygen and sulfur isotope systematics of sulfate produced by bacterial and abiotic oxidation of pyrite. Geochim Cosmochim Acta 71:3796–3811

Bilal M, Mehmood S, Rasheed T, Iqbal HMN (2020) Antibiotics traces in the aquatic environment: persistence and adverse environmental impact. Curr Opin Environ Sci Health 13:68–74

Blowes DW, Ptacek CJ, Jambor JL, Weisener CG, Paktunc D, Gould WD, Johnson DB (2014) The geochemistry of acid mine drainage. In: Treatise on geochemistry. Elsevier, Amsterdam, S 131–189

Bondarczuk K, Piotrowska-Seget Z (2019) Microbial diversity and antibiotic resistance in a final effluent-receiving lake. Sci Total Environ 650:2951–2961

Brewer PA, Bird G, Macklin MG (2016) Isotopic provenancing of Pb in Mitrovica, northern Kosovo: Source identification of chronic Pb enrichment in soils, house dust and scalp hair. Appl Geochem 64:164–175

Carson RL (1962) Silent Spring. Houghton-Mifflin, Boston

Chambers LG, Chin Y-P, Filippelli GM, Gardner CB, Herndon EM, Long DT, Lyons WB, Macpherson GL, McElmurry SP, McLean CE, Moore J, Moyer RP, Neumann K, Nezat CA, Soderberg K, Teutsch N, Widom E (2016) Developing the scientific framework for urban geochemistry. Appl Geochem 67:1–20

Cui M, Jang M, Cho S-H, Khim J, Cannon FS (2012) A continuous pilot-scale system using coal-mine drainage sludge to treat acid mine drainage contaminated with high concentrations of Pb, Zn, and other heavy metals. J Hazard Mater 215:122–128

Dereumeaux C, Fillol C, Quenel P, Denys S (2020) Pesticide exposures for residents living close to agricultural lands: a review. Environ Int 134:105210

Gardner CB, Lyons WB, Long DT (2014) Defining urban geochemistry. Eos Trans AGU 95:460

Geissen V, Silva V, Huerta Lwanga E, Beriot N, Oostindie K, Bin Z, Pyne E, Busink S, Zomer P, Mol H, Ritsema CJ (2021) Cocktails of pesticide residues in conventional and organic farming systems in Europe e Legacy of the past and turning point for the future. Environ Pollut 278:116827

Göbel P, Dierkes C, Coldewey W (2007) Storm water runoff concentration matrix for urban areas. J Contam Hydrol 91:26–42

González-Alonso S, Merino LM, Esteban S, López de Alda M, Barceló D, Durán JJ, Lopez-Martínez J, Aceña J, Perez S, Mastroianni N, Silva A, Catala M, Valcarcel Y (2017) Occurrence of pharmaceutical, recreational and psychotropic drug residues in surface water on the northern Antarctic Peninsula region. Environ Pollut 229:241–254

Grandjean P, Satoh H, Murata K, Eto K (2010) Adverse effects of methylmercury: environmental health research implications. Environ Health Perspect 118:1137–1145

Hallmann CA, Sorg M, Jongejans E, Siepel H, Hofland N, Schwan H, Stenmans W, Müller A, Sumser H, Hörren T, Goulson D, de Kroon H (2017) More than 75 percent decline over 27 years in total flying insect biomass in protected areas. PloS One 12:e0185809

Han X, Guo QJ, Liu CQ, Fu P, Strauss H, Yang J, Hu J, Wei L, Ren H, Peters M, Wei R, Tian L (2016) Using stable isotopes to trace sources and formation processes of sulfate aerosols from Beijing, China. Sci Rep 6:29958

Han X, Guo QJ, Strauss H, Liu CQ, Hu J, Guo Z, Wei R, Peters M, Tian L, Kong J (2017) Multiple sulfur isotope constraints on sources and formation processes of sulfate in Beijing $PM_{2.5}$ aerosol. Environ Sci Technol 51:7794–7803

Hanna N, Sun P, Sun Q, Li X, Yang X, Ji X, Zoub H, Ottoson J, Nilsson LE, Berglund B, Dyar OJ, Tamhankar AJ, Lundborg CS (2018) Presence of antibiotic residues in various environmental compartments of Shandong province in eastern China: its potential for resistance development and ecological and human risk. Environ Int 114:131–142

Hartmann C (2018) Ewigkeitskosten nach dem Ausstieg aus der Steinkohleförderung in Deutschland. In: Kühne O, Weber F (Hrsg) Bausteine der Energiewende. RaumFragen: Stadt – Region – Landschaft. Springer VS, Wiesbaden, S 315–330

Hasan SE (2021) Medical geology. In: Encyclopedia of geology. Elsevier, Amsterdam, S 684–702

Hindersmann B, Achten C (2017) Accelerated benzene polycarboxylic acid analysis by liquid chromatography-time-of-flight-mass spectrometry for the determination of petrogenic and pyrogenic carbon. J Chromatogr 1510:57–65

Hindersmann B, Achten C (2018) Urban soils impacted by tailings from coal mining: PAH source identification by 59 PAHs, BPCA and alkylated PAHs. Environ Pollut 242:1217–1225

Hosono T, Ikawa R, Shimada J, Nakano T, Saito M, Onodera S, Lee K-K, Taniguchi M (2009) Human impacts on groundwater flow and contamination deduced by multiple isotopes in Seoul City, South Korea. Sci Total Environ 407:3189–3197

Hosono T, Delinom R, Nakano T, Kagabu M, Shimada J (2011) Evolution model of $\delta^{34}S$ and $\delta^{18}O$ in dissolved sulfate in volcanic fan aquifers from recharge to coastal zone and through the Jakarta urban area, Indonesia. Sci Total Environ 409:2541–2554

Hosono T, Tokunaga T, Tsushima A, Shimada J (2014) Combined use of $\delta^{13}C$, $\delta^{15}N$, and $\delta^{34}S$ tracers to study anaerobic bacterial processes in groundwater flow systems. Water Res 54:284–296

Hwang et al (2019) Globally temporal transitions of blood lead levels of preschool children across countries of different categories of Human Development Index. Sci Total Environ 659:1395–1402

Jones KC (2021) Persistent organic pollutants (POPs) and related chemicals in the global environment: some personal reflections. Environ Sci Technol 55:9400–9412

Kaushal SS, McDowell WH, Wollheim WM (2014) Tracking evolution of urban biogeochemical cycles: past, present, and future. Biogeochemistry 121:1–21

Keith LH (2015) The source of US EPA's sixteen priority pollutants. Polycycl Aromat Compd 35:147–160

Kirchhelle C (2018) Pharming animals: a global history of antibiotics in food production (1935–2017). Palgrave Communications 4:96. https://doi.org/10.1057/s41599-018-0152-2

Knöller K, Strauch G (2002) The application of stable isotopes for assessing the hydrological, sulfur, and iron balances of acidic mining lake ML 111 (Lusatia, Germany) as a basis for biotechnological remediation. Water Air Soil Pollution Focus 2:3

Knöller K, Fauville A, Mayer B, Strauch G, Friese K, Veizer J (2004) Sulfur cycling in an acid mining lake and its vicinity in Lusatia, Germany. Chem Geol 204:303–323

Knöller K, Jeschke C, Simon A, Gast M, Hoth N (2012) Stable isotope fractionation related to technically enhanced bacterial sulphate degradation in lignite mining sediments. Isotopes Environ Health Stud 48:76–88

Liao J, Ru X, Xie B, Zhang W, Wu H, Wu C, Wei C (2017) Multi-phase distribution and comprehensive ecological risk assessment of heavy metal pollutants in a river affected by acid mine drainage. Ecotoxicol Environ Saf 141:75–84

Liess M, von der Ohe P (2005) Analyzing effects of pesticides on invertebrate communities in streams. Environ Toxicol Chem 24:954–965

Lyons WB, Harmon RS (2012) Why urban geochemistry? Elements 8:417–422

Mackay D, Shiu W-Y, Ma K-C (1997) Illustrated handbook of physical–chemical properties and environmental fate for organic chemicals, Vol V: Pesticide chemicals. Lewis, New York

Mukhtar A, Manzoor M, Gul I, Zafar R, Jamil HI, Niazi AK, Ali MA, Park TJ, Arshad M (2020) Phytotoxicity of different antibiotics to rice and stress alleviation upon application of organic amendments. Chemosphere 258:127353

Nordstrom DK, Alpers CN (1999) Geochemistry of acid mine waters. In: Plumlee GS, Logsdon MJ (Hrsg) The environmental geochemistry of mineral deposits. Society of Economic Geologists, Littleton, Co, S 133–157

Norra S (2014) Urban geochemistry news in brief. Environ Earth Sci 71:983–990

Ortúzar M, Esterhuizen M, Olicón-Hernández DR, González-López J, Aranda E (2022) Pharmaceutical pollution in aquatic environments: a concise review of environmental impacts and bioremediation systems. Front Microbiol 13:869332

Pan M, Chu LM (2017) Fate of antibiotics in soil and their uptake by edible crops. Sci Total Environ 599–600:500–512

Peters M, Guo QJ, Strauss H, Zhu GX (2015) Geochemical and multiple stable isotope (N, O, S) investigation on tap and bottled water from Beijing, China. J Geochem Explor 157:36–51

Peters M, Guo Q, Strauss H, Wei R, Li S, Yue F (2019) Contamination patterns in river water from rural Beijing: a hydrochemical and multiple stable isotope study. Sci Total Environ 654:226–236

Peters M, Guo Q, Strauss H, Wei R, Li S, Yue F (2020) Seasonal effects on contamination characteristics of tap water from rural Beijing: a multiple isotope approach. J Hydrol 588:125037

Plumlee G, Morman S, Hoefen T, Meeker G, Wolf R, Hageman P (2014) The environmental and medical geochemistry of potentially hazardous materials produced by disasters. In: Treatise on geochemistry. Elsevier, Amsterdam, S 257–304

Rimstidt JD, Chermak JA, Gagen PM (1994) Rates of reaction of galena, sphalerite, chalcopyrite and arsenopyrite. In: Alpers CN, Blowes DW (Hrsg) Environmental geochemistry of sulfide oxidation. American Chemical Society, Washington, S 2–13

Roth PJ, Lehndorff E, Brodowski S, Bornemann L, Sanchez-Garcia L, Gustafsson Ö, Amelung W (2012) Differentiation of charcoal, soot and diagenetic carbon in soil: method comparison and perspectives. Org Geochem 46:66–75

Sauer TC, Uhler AD (1994) Pollutant source identification and allocation: advances in hydrocarbon fingerprinting. Remediat J 5:25–50

Schulz R, Bub S, Petschick LL, Stehle S, Wolfram J (2021) Applied pesticide toxicity shifts toward plants and invertebrates, even in GM crops. Science 372:81–84

Shotyk W, Kempter H, Krachler M, Zaccone C (2015) Stable (^{206}Pb, ^{207}Pb, ^{208}Pb) and radioactive (^{210}Pb) lead isotopes in 1 year of growth of Sphagnum moss from four ombrotrophic bogs in southern Germany: geochemical significance and environmental implications. Geochim Cosmochim Acta 163:101–125

Simpson IM, Winston RJ, Brooker MR (2022) Effects of land use, climate, and impervinousness on urban stormwater quality: a meta-analysis. Sci Total Environ 809:152206

Singer PC, Stumm W (1970) Acid mine drainage-rate determining step. Science 167:1121–1123

Stout SA, Wasielewski TN (2004) Historical and chemical assessment of the sources of PAHs in soils at a former coal-burning power plant, New Haven, Connecticut. Environ Forensic 5:195–211

Stout SA, Uhler AD, McCarthy KJ, Emsbo-Mattingly SD (2002) Chemical fingerprinting of hydrocarbons. In: Introduction to environmental forensics. Elsevier, S 137–260

Stout SA, Emsbo-Mattingly SD, Douglas GS, Uhler AD, McCarthy KJ (2015) Beyond 16 priority pollutant PAHs: a review of PACs used in environmental forensic chemistry. Polycycl Aromat Compd 35:285–315

Swiacka K, Michnowska A, Maculewicz J, Caban M, Smolarz K (2021) Toxic effects of NSAIDs in non-target species: a review from the perspective of the aquatic environment. Environ Pollut 273:115891

Teysseire R, Manangama G, Baldi I, Carles C, Brochard P, Bedos C, Delva F (2021) Determinants of non-dietary exposure to agricultural pesticides in populations living close to fields: a systematic review. Sci Total Environ 761:143294

Thornton I (1991) Metal contamination of soils in urban areas. In: Bullock P, Gregory PJ (Hrsg) Soils in the urban environment. British Society of Soil Science,

Trettin R, Gläser HR, Schultze M, Strauch G (2007) Sulfur isotope studies to quantify sulfate components in water of flooded lignite open pits – Lake Goitsche, Germany. Appl Geochem 22:69–89

Wagner DL (2020) Insect declines in the Anthropocene. Annu Rev Entomol 65:457–480

Widory D, Roy S, Le Moullec Y, Goupil G, Cocherie A, Guerrot C (2004) The origin of atmospheric particles in Paris: a view through carbon and lead isotopes. Atmos Environ 38:953–961

Widory D, Liu X, Dong S (2010) Isotopes as tracers of sources of lead and strontium in aerosols (TSP & PM$_{2.5}$) in Beijing. Atmos Environ 44:3679–3687

Wilkinson JL, Boxall ABA, Kolpin DW, Leung KMY, Lai RWS, Galban-Malagon C, Adell AD, Mondon J, Metian M, Marchant RA, Bouzas-Monroy A, Cuni-Sanchez A, Coors A, Carriquiriborde P, Rojo M, Gordon C, Cara M, Moermond M, Luarte T, Petrosyan V, Perikhanyan Y, Mahon CS, McGurk CJ, Hofmann T, Kormoker T, Iniguez V, Guzman-Otazo J, Tavares JL, De Figueiredo FG, Razzolini MTP, Dougnon V, Gbaguidi G, Traore O, Blais JM, Kimpe LE, Wong M, Wong D, Ntchantcho R, Pizarro J, Ying G-C, Chen C-E, Paez M, Martınez-Lara JM, Otamonga J-P, Pote J, Ifo SA, Wilson P, Echeverrıa-Saenz S, Udikovic-Kolic N, Milakovic M, Fatta-Kassinos D, Ioannou-Ttofa L, Belusova V, Vymaza J, Cardenas-Bustamante M, Kassa BA, Garric J, Chaumot A, Gibba P, Kunchulia I, Seidensticker S, Lyberatos G, Halldorsson HP, Melling M, Shashidhar T, Lamba M, Nastiti A, Supriatin A, Pourang N, Abedini A, Abdullah O, Gharbia SS, Pilla F, Chefetz B, Topaz T, Yao KM, Aubakirova B, Beisenova R, Olaka L, Mulu JK, Chatanga P, Ntuli V, Blama NT, Sherif S, Aris AZ, Looi LJ, Niang M, Traore ST, Oldenkamp R, Ogunbanwo O, Ashfaq M, Iqbal M, Abdeen Z, O'Dea A, Morales-Saldaña JM, Custodio M, de la Cruz H, Navarrete I, Carvalho F, Gogra AB, Koroma BM, Cerkvenik-Flajs V, Gombac M, Thwala M, Choi K, Kang H, Ladu JLC, Rico A, Amerasinghe P, Sobek A, Horlitz G, Zenker AK, King AC, Jiang J-J, Kariuki R, Tumbo M, Tezel U, Onay TT, Lejju JB, Vystavna Y, Vergeles Y, Heinzen H, Perez-Parada A, Sims DB, Figy M, Good D, Teta C (2022) Pharmaceutical pollution of the world's rivers. Proc Natl Acad Sci 119:e2113947119

Xie S, Melissa C, Friesen MC, Baris D, Schwenn M, Rothman N, Johnson A, Karagas MR, Silverman DT, Koutros S (2024) Occupational exposure to organic solvents and risk of bladder cancer. J Expo Sci Environ Epidemiol. https://doi.org/10.1038/s41370-024-00651-4

Zanoletti A, Bontempi E (2023) Editorial: urban runoff of pollutants and their treatment. Front Environ Chem 4:1151859

Zhang Q-Q, Ying G-G, Pan C-G, Liu Y-S, Zhao J-L (2015) Comprehensive evaluation of antibiotics emission and fate in the river basins of China: source analysis, multimedia modeling, and linkage to bacterial resistance. Environ Sci Technol 49:6772–6782

Die Geochemie des Erdmantels

9

Dunkle Harzburgite des Erdmantels, Oman (Foto: D. Garbe-Schönberg)

Inhaltsverzeichnis

9.1 Peridotite – Direkte Proben des Erdmantels 158
9.2 Ozeanische Basalte als Spiegel der chemischen Zusammensetzung des Erdmantels 160
9.3 Skalen der räumlichen Heterogenität des Erdmantels 162
9.4 Implikationen der Heterogenität der Erdmantels 162
9.5 Zusammenfassung 163
Literatur 164

▶ Der Erdmantel beginnt unterhalb der Mohorovičić-Diskontinuität, der Grenze zwischen der Erdkruste und dem Erdmantel. Diese liegt in 5–7 km Tiefe an der Basis der ozeanischen Kruste und in einer Tiefe zwischen 40 und 70 km an der Basis der kontinentalen Kruste. Der Erdmantel erstreckt sich bis zur Kern-Mantel-Grenze in ca. 2900 km Tiefe. Mit etwa 2/3 der Masse unserer Erde ist der Erdmantel das größte silikatische Reservoir, im Wesentlichen zusammengesetzt aus den Elementen Sauerstoff, Magnesium, Silizium, Eisen, Calcium und Aluminium. Das dominierende Gestein ist der Peridotit, wobei sich die Minerale (Olivin, Ortho- und Klinopyroxen, Spinel oder Granat) den mit der Tiefe variierenden Druck-Temperatur-Bedingungen anpassen. Zwei prominente Veränderungen der mineralogischen Zusammensetzung finden sich mit zunehmender Tiefe, verbunden mit deutlichen Änderungen in der Ausbreitungsgeschwindigkeit seismischer Wellen: der Wechsel von Olivin zu Wadsleyit (410 km) und von Spinell zu Bridgmanit (660 km).

9.1 Peridotite – Direkte Proben des Erdmantels

Eine direkte Beprobung des Erdmantels für die Bestimmung seiner chemischen Zusammensetzung ist nur in seltenen Fällen möglich. Peridotite finden sich auf den Kontinenten nur in obduzierten Ophiolith-Sequenzen, in peridotitischen Massiven oder als sog. Mantel-Xenolithe in Basalten. An ozeanischen Kernkomplexen, Transform-Störungen oder langsam spreizenden mittelozeanischen Rücken sind Peridotite vereinzelt am Meeresboden aufgeschlossen. In den meisten Fällen, sowohl an Land als auch am Meeresboden, sind die Peridotite jedoch deutlich alteriert, was die Rekonstruktion der primären Zusammensetzung erschwert (Dick 1989; Warren 2016; Stracke 2021a).

Abyssale Peridotite, Gesteine des Tiefseebodens im Bereich der mittelozeanischen Rücken, sind direkte Zeugnisse für die Zusammensetzung des oberen Erdmantels (Warren 2016). Generell sind sie an inkompatiblen Elementen verarmt, zeigen dabei aber eine große chemische und isotopische Heterogenität. Diese spiegelt die Folgen der Extraktion von Schmelze bei der Bildung der ozeanischen Kruste und die Wechselwirkung von Schmelze und Gestein (Prozesssignatur) wider. Konkret ist die Heterogenität der Peridotite als Folge einer Kombination folgender Aspekte zu betrachten: 1.) Variationen im Grad der Aufschmelzung, 2.) prä-existente kompositionelle Variabilität und 3.) die Interaktion zwischen Schmelze und Gestein. Studien

9.1 Peridotite – Direkte Proben des Erdmantels

legen nahe, dass ggf. multiple Phasen von partiellem Schmelzen und die Interaktion zwischen Schmelze und Gestein die Zusammensetzung von Peridotiten, d. h. den Grad der Verarmung an inkompatiblen Elementen, bestimmt (Warren 2016; Sani et al. 2023).

Radiogene Isotope wie etwa Hafnium und Neodymium ermöglichen es, die chemische Heterogenität und generelle Verarmung des silikatischen Erdmantels an inkompatiblen Elementen qualitativ und quantitativ zu erfassen. Mehrheitlich zeigen abyssale Peridotite ε_{Hf}- und ε_{Nd}-Werte, die denen von mittelozeanischen Rückenbasalten (MORB) und Ozeaninselbasalten (OIB) entsprechen (Abb. 9.1). Andere Peridotite, beispielsweise die des langsam spreizenden Gakkelrückens, haben extrem stark verarmte ε_{Hf}-Werte, während die ε_{Nd}-Werte denen von MORB und OIB entsprechen (Stracke et al. 2011; Sani et al. 2023). Diese Isotopensignaturen belegen, dass Peridotite, bevor sie heutzutage in den Ozeanen beprobt werden, bereits eine oder mehrere Phasen partieller Aufschmelzung vor mehreren 10^7–10^9 Jahren durchlaufen haben, allerdings auch in unterschiedlichen Maß mit den extrahierten Schmelzen reagiert haben, und so ihre chemische Zusammensetzung modifiziert wurde. Generell spiegelt also die chemische und isotopische Zusammensetzung von abyssalen Peridotiten die Rate der Schmelzbildung, also die Rate, mit der ozeanische Kruste im Verlauf der Erdgeschichte gebildet wurde, wider. Sie ist somit ein grundlegender Parameter zum Verständnis der chemischen und geodynamischen Entwicklung des Erdinneren.

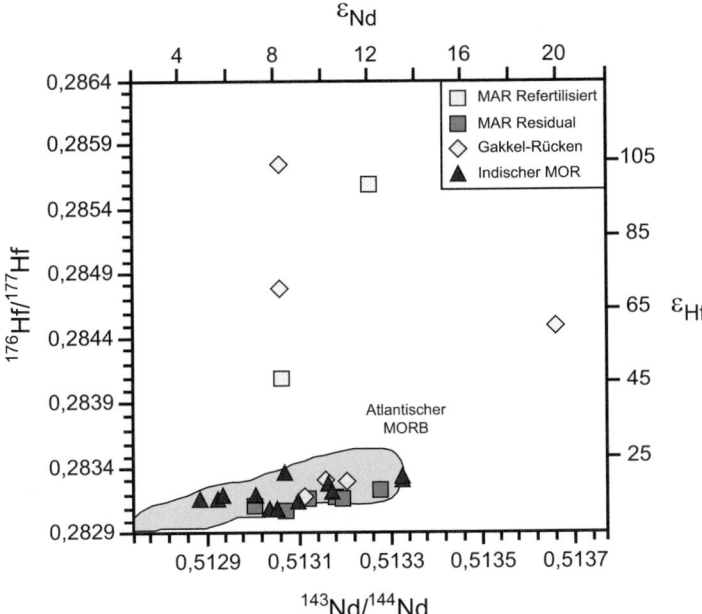

Abb. 9.1 Hf- und Nd-Isotopie von Klinopyroxenen aus Peridotiten des Mittelatlantischen Rückens (MAR); zusätzliche Daten abyssaler Peridotite vom Gakkel und vom Indischen Mittelozeanischen Rücken (MOR) sowie von mittelozeanischen Rückenbasalten vom MAR. (Verändert nach Sani et al. 2023)

Die Heterogenität des Erdmantels nimmt Einfluss auf die Zusammensetzung mittelozeanischer Rückenbasalte. In Ermangelung nicht alterierter Peridotite werden Rückenbasalte in vielen Studien als Spiegel der chemischen Zusammensetzung des Erdmantels angesehen. Sie sollten die chemische und isotopische Heterogenität des peridotitischen Mantels widerspiegeln, zeigen aber oft nicht das volle Maß dieser Heterogenität. Dies legt nahe, dass MORB zusätzlich einen gewissen Beitrag an Material erhält, welches an inkompatiblen Elementen angereichert sein muss (<10 %: Salters und Stracke 2004; Yang et al. 2020), und hauptsächlich recycelte ozeanische oder kontinentale Kruste ist (Stracke 2012).

9.2 Ozeanische Basalte als Spiegel der chemischen Zusammensetzung des Erdmantels

Als Alternative zu den Peridotiten wird die Untersuchung von Basalten des Ozeanbodens (Mittelozeanische Rückenbasalte – MORB) oder ozeanischer Inseln (Ozeaninselbasalte – OIB) angesehen. Als partielle Schmelzen des Erdmantels erlauben sie zumindest einen indirekten Zugang zu dessen chemischer Zusammensetzung (Hofmann 1997; Stracke 2012, 2021b; White 2015a, b).

Zahlreiche Studien ozeanischer Basalte belegen deren chemische Heterogenität (Zindler und Hart 1986; Stracke 2012; Hofmann 2014). Diese Heterogenität findet sich sowohl im räumlichen als auch im zeitlichen Maßstab und ist als Folge plattentektonischer Prozesse zu verstehen (Stracke 2021a). Basaltische Schmelzen entstehen durch partielles Aufschmelzen des flachen Erdmantels (in der Regel <100 km Tiefe). Vor ihrer Eruption am Meeresboden oder auf der Landoberfläche passiert die gebildete Schmelze den oberen Erdmantel und die Kruste. Dabei verändert sich kontinuierlich ihre chemische Zusammensetzung durch Mischung verschiedener Schmelzen, durch fraktionierte Kristallisation, durch die Wechselwirkung mit Gesteinen und durch Entgasung. Somit repräsentiert die Schmelze bei ihrer Eruption nicht mehr die Zusammensetzung, die ursprünglich im Gleichgewicht mit dem geschmolzenen Erdmantel stand. Hieraus ergibt sich die kritische Frage, inwieweit und in welchem Maße die Dynamik des Erdmantels (im Sinne des Motors plattentektonischer Prozesse) die primäre(n) Quellsignature(n) basaltischer Schmelzen modifiziert (Stracke 2021a).

Frühe Studien zur geochemischen und isotopischen Zusammensetzung ozeanischer Basalte belegten bereits deren chemische Heterogenität (Gast 1960; Gast et al. 1964; Tatsumoto et al. 1965; Hedge 1966; Hart 1971), welche die Autoren auf chemische Heterogenitäten des Erdmantels zurückführten. Zusammenfassende Arbeiten stammen u. a. von Hofmann (1997, 2014), White (2015b) und Stracke (2012, 2018, 2021a, b). Eine Zusammenstellung veröffentlichter geochemischer Daten findet sich in der Georoc-Datenbank (https://georoc.eu). Basierend auf verfügbaren Daten wurden in vielen Studien kompositionell unterschiedliche Mantelreservoire differenziert: ein verarmter (*depleted mantle* – DM) oder angereicherter (*enriched mantle* – EM) Mantel, PREMA (*prevalent mantle*) oder HIMU (high mu: hohes ^{238}U/^{204}Pb-Verhältnis). Diese wurden als differenzierbare Volumina innerhalb des Mantels betrachtet und zugleich als mehr oder weniger gut definierte Mantelquellen für die daraus gebildeten ozeanischen Basalte, was aus heutiger Sicht allerdings zu vereinfacht erscheint.

Im Gegensatz dazu basiert unser heutiges Verständnis der chemischen Heterogenität ozeanischer Basalte auf dem Verständnis der verschiedenen einflussnehmenden Prozesse und ihrer Bedeutung für die chemische Zusammensetzung und Entwicklung im Verlauf der Erdgeschichte. Basalte repräsentieren partielle Schmelzen des oberen Erdmantels. Als solche sind sie maßgeblich ein Spiegel der chemischen und isotopischen Heterogenität des Erdmantels, der heutzutage ein komplexes Gemenge an heterogenen Peridotiten (>85–90 %) und recycelten Materialien (ozeanische und kontinentale Kruste, <10–15 %) ist. Schmelzproduktion und Vermischung individueller Schmelzvolumina der einzelnen Komponenten des heterogenen Mantels bestimmen die finale Zusammensetzung. Letztere wirkt dabei aber auch homogenisierend, somit stellt ein ozeanischer Basalt kompositionell den gewichteten Durchschnitt chemisch heterogener Anteile des Mantels dar. Die Untersuchung unterschiedlicher radiogener Isotopensysteme (^{87}Sr/^{86}Sr, ^{143}Nd/^{144}Nd, ^{207}Pb/^{204}Pb, ^{206}Pb/^{204}Pb, ^{176}Hf/^{177}Hf) bietet die Möglichkeit, diese räumlichen und zeitlichen Veränderungen in der Zusammensetzung der ozeanischen Basalte abzubilden (Abb. 9.2; Stracke 2021b).

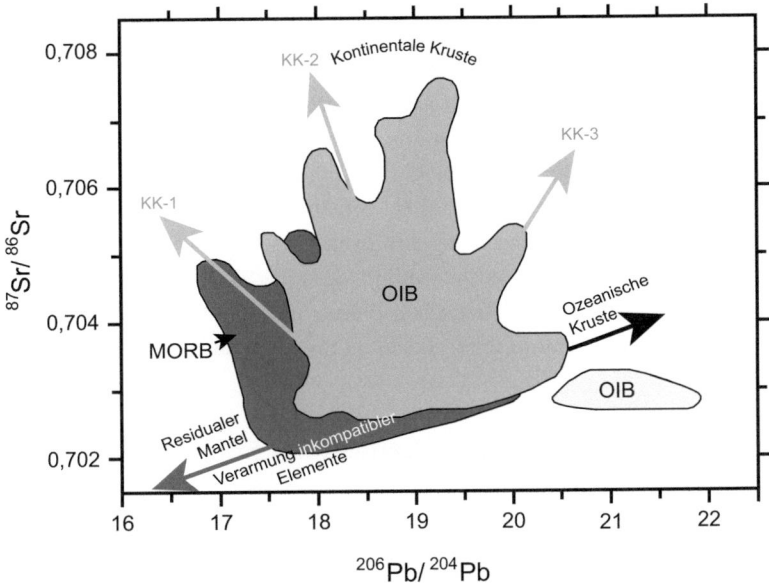

Abb. 9.2 Strontium- (^{87}Sr/^{86}Sr-) und Bleiisotopendaten (^{206}Pb/^{204}Pb) mittelozeanischer Rückenbasalte (MORB) und Ozeaninselbasalte (OIB). Erkennbar sind die Einflüsse des Recyclings kontinentaler Kruste. (Verändert nach Stracke 2021b)

9.3 Skalen der räumlichen Heterogenität des Erdmantels

Die chemische Heterogenität basaltischer Schmelzen als Konsequenz der Dynamik des Erdmantels im Sinne plattentektonischer Prozesse bedingt die Frage nach der räumlichen Größe der heterogenen Komponenten, aus denen sich diese Schmelzen generieren (Stracke 2021a). Während die finale Eruption basaltischer Schmelzen durch räumlich begrenzte einzelne Vulkane in den axialen Rifttälern mittelozeanischer Rücken oder über die Vulkane ozeanischer Inseln erfolgt, geschieht die Schmelzbildung im Erdmantel sicherlich auf lateralen und vertikalen Skalen von einigen 100 km (Stracke 2021a). Generell ist die kompositionelle Heterogenität des Erdmantels kleinmaßstäblicher als die Skala, auf der die Schmelzbildung erfolgt. Gleichzeitig führt die Mischung geochemisch unterschiedlicher Schmelzen von deren Bildung bis zur Eruption einer kompositionell finalen Schmelze auf vergleichbar großen Skalen zu einer Verringerung primärer Unterschiede. Generell ist die chemische und isotopische Zusammensetzung der Basalte weniger variabel, als ihre Mantelquelle(n). Auch zeigen räumlich benachbarte Basalte (z. B. Hawaii) kompositionelle Unterschiede, die ggf. auf lokale Veränderungen der geotektonischen Bedingungen der Schmelzbildung und Schmelzextraktion zur Eruption von chemisch und isotopisch unterschiedlichen Schmelzen führt. Inselketten wie etwa Hawaii erlauben zudem die Untersuchung der chemischen Zusammensetzung unterschiedlich alter Basalte, die – vereinfacht ausgedrückt – als Folge der Plattenbewegung über dieselbe Region der Schmelzbildung (*hot spot/mantle plume*) zu unterschiedlichen Zeiten (Unterschiede in Millionen bis Zehner Millionen Jahren) gefördert wurden. Die beobachtete chemische und isotopische Heterogenität wird entweder als Konsequenz einer zeitlichen Entwicklung der Mantelquelle betrachtet, oder als Ausdruck einer variablen Beprobung der Heterogenität der Quellregion auf Kilometer- oder sogar sub-Kilometer-Maßstab (Stracke 2021a). Vergleichbare Beobachtungen kompositioneller Heterogenitäten innerhalb eines Segmentes eines mittelozeanischen Rückens, die größer sind als entlang größerer Strecken desselben mittelozeanischen Rückens, bestätigen diese Beobachtung kleinskaliger Heterogenitäten in der Zusammensetzung des Erdmantels.

Zusammenfassend kann also gesagt werden, dass die Skala von Beprobung und Beobachtung in Raum und Zeit einen kritischen Faktor in der Interpretation chemischer und isotopischer Variabilität in ozeanischen Basalten repräsentiert.

9.4 Implikationen der Heterogenität der Erdmantels

Auch wenn die Analyse ozeanischer Basalte und Peridotite unser Verständnis über die chemische Zusammensetzung des Erdmantels begründet, bleibt festzustellen, dass weite Teile des Erdmantels für direkte geochemische Untersuchungen unerreichbar sind. Dennoch lassen sich verschiedene Schlussfolgerungen aus der beobachteten Heterogenität für unser Verständnis der Dynamik des Erdmantels ziehen, die grundlegende Bedeutung für die Bildungsprozesse der ozeanischen und kontinentalen Erdkruste hat.

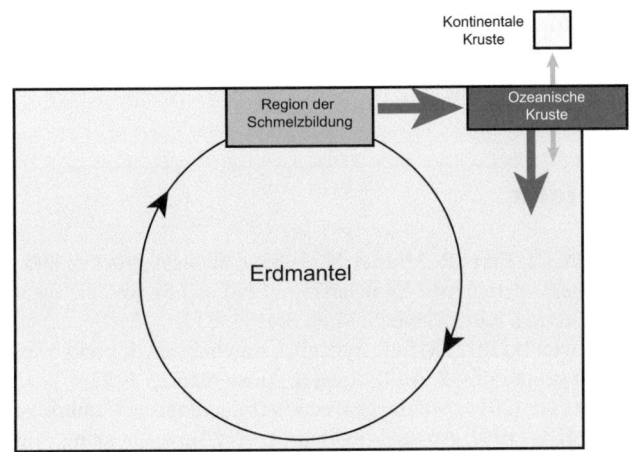

Abb. 9.3 Schematische Darstellung der Prozesse, die die Zusammensetzung von Erdmantel und Erdkruste bestimmen. Partielles Schmelzen sowie Recycling ozeanischer und kontinentaler Kruste führen zu einer kompositionellen Heterogenität des Erdmantels. (Verändert nach Stracke 2021a)

Wie zuvor ausgeführt, bestimmen partielle Schmelzbildung und Krustenrecycling die chemische und isotopische Heterogenität der Basalte. Die partielle Schmelzbildung führt zur Extraktion inkompatibler Elemente aus dem Erdmantel und damit der Bildung eines Volumens an verarmtem Mantel. Die inkompatiblen Elemente reichern sich in Folge in der ozeanischen Kruste an, und ein Teil dann auch in der kontinentalen Kruste. Die Rückführung erfolgt über das Recycling ozeanischer und kontinentaler Kruste durch Subduktion sowie Delamination (Abb. 9.3). Hieraus ergibt sich, dass die finale chemische und isotopische Zusammensetzung des Mantels durch das Verhältnis von ausgehendem (partielles Schmelzen) und einkommendem (Recycling) Stofffluss bestimmt wird (Allegre et al. 1983; Jacobsen und Wasserburg 1979; O'Nions et al. 1979; Tucker et al. 2020). Dieses wird jedoch nicht nur vom Volumen des Stoffflusses (engl. *mass flux*) bestimmt, sondern beinhaltet auch eine zeitliche Komponente. Ozeanische Kruste wird deutlich schneller recycelt als kontinentale Kruste; so liegt die mittlere Recyclingrate ozeanischer Kruste bei etwa 60 Mio. Jahren, während die Erhaltungsfähigkeit kontinentaler Kruste bei ca. 1,2 Mrd. Jahren liegt (Veizer und Jansen 1985). Hieraus ergibt sich, dass die Rate, in welcher die Mantelkonvektion zur Schmelzbildung beiträgt (Abb. 9.3), das Ausmaß der Verarmung des Erdmantels an inkompatiblen Elementen steuert. Die Tatsache, dass mittelozeanische Rückenbasalte kein exaktes Abbild der chemischen und isotopischen Zusammensetzung des verarmten Mantels sind, sondern die Quelle für die MORB-Schmelze sowohl verarmten Mantel als auch recyceltes Material enthält, spiegelt die Wechselwirkung zwischen Erdmantel und Erdkruste wider, sowohl ozeanischer als auch kontinentaler. Es ist davon auszugehen, dass diese Dynamik des Erdmantels bereits seit dem Hadaikum aktiv ist (Rosas und Korenaga 2018; Kumari et al. 2019).

9.5 Zusammenfassung

Untersuchungen von Peridotiten und Mantel-Xenolithen, vor allem aber mittelozeanischen Rückenbasalten (MORB) und Ozeaninselbasalten (OIB) belegen deren chemische und isotopische Heterogenität. Diese wird als Zeugnis einer kompositionellen Heterogenität des Erdmantels angesehen. Diese Heterogenität ist Folge plattentektonischer Prozesse und spiegelt sich auf sehr unterschiedlichen räumlichen Skalen und auch im Sinne zeitlicher Veränderungen wider.

Literatur

Allègre CJ, Hart SR, Minster JF (1983) Chemical structure and evolution of the mantle and the continents determined by inversion of Nd and Sr isotopic data, II. Numerical experiments and discussion. Earth Planet Sci Lett 66:191–213

Bercovici D (2015) Mantle dynamics – an introduction and overview. In: Schubert G (Hrsg) Treatise on geophysics, 2. Aufl. Elsevier, Amsterdam, S 1–22

Davies GF (2011) Mantle convection for geologists. Cambridge University Press. 232 S

Dick HJB (1989) Abyssal peridotites, very slow spreading ridges and ocean ridge magmatism. In: Saunders AD, Norry MJ (Hrsg) Magmatism in the ocean basins. Geological Society special publication, London, S 71–105

Fukao Y, Obayashi M (2015) Deep earth structure – subduction zone structure in the mantle transition zone. In: Treatise on geophysics, 2. Aufl. Elsevier, Amsterdam, S 641–654

Gast PW (1960) Limitations on the composition of the upper mantle. J Geophys Res 65:1287–1297

Gast PW, Tilton GR, Hedge C (1964) Isotopic composition of lead and strontium from Ascension and Gough Islands. Science 145:1181–1185

Hart SR (1971) The geochemistry of basaltic rocks. Carnegie Instit Washington Yearbook 70:353–355

Hedge CE (1966) Variations in radiogenic strontium found in volcanic rocks. J Geophys Res 71:6119–6126

Hofmann AW (1997) Mantle geochemistry: the message from oceanic volcanism. Nature 385:219–229

Hofmann AW (2014) Sampling mantle heterogeneity through oceanic basalts: isotopes and trace elements. In: Treatise on geochemistry, 2. Aufl. Elsevier, Amsterdam, S 67–101

Jacobsen SB, Wasserburg GJ (1979) Mean age of mantle and crustal reservoirs. J Geophys Res 84:7411–7427

Kind R, Li X (2015) Deep earth structure – transition zone and mantle discontinuities. In: Treatise on geophysics, 2. Aufl. Elsevier, Amsterdam, S 655–682

Kumari S, Paul D, Stracke A (2019) Constraints on Archean crust formation from open system models of Earth evolution. Chem Geol 530:119307

O'Nions RK, Evensen NM, Hamilton PJ (1979) Geochemical modeling of mantle differentiation and crustal growth. J Geophys Res 84:6091–6101

Palme H, O'Neill HSC (2014) Cosmochemical estimates of mantle composition. In: Treatise on geochemistry, 2. Aufl. Elsevier, Amsterdam, S 1–39

Ringwood AE (1969) Composition and evolution of the upper mantle. In: Hart R (Hrsg) The earth's crust and upper mantle. American Geophysical Union Monograph Ser 13:1–17

Rosas JC, Korenaga J (2018) Rapid crustal growth and efficient crustal recycling in the early Earth: implications for Hadean and Archean geodynamics. Earth Planet Sci Lett 494:42–49

Salters VJM, Stracke A (2004) Composition of the depleted mantle. Geochem Geophys Geosyst 5:Q05B07. https://doi.org/10.1029/2003GC000597

Sani C, Sanfilippo A, Peyve AA, Genske F, Stracke A (2023) Earth mantle's isotopic record of progressive chemical depletion. Am Geophys Union Adv 4:e2022AV000792

Stracke A (2012) Earth's heterogeneous mantle: a product of convection-driven interaction between crust and mantle. Chem Geol 330–331:274–299

Stracke A (2018) Mantle geochemistry. In: White WM (Hrsg) Encyclopedia of geochemistry: a comprehensive reference source on the chemistry of the earth. Springer, Cham, S 867–878

Stracke A (2021a) A process-oriented approach to mantle geochemistry. Chem Geol 579:120350

Stracke A (2021b) Composition of earth's mantle. In: Alderton D, Elias SA (Hrsg) Encyclopedia of geology, 2. Aufl. Academic Press, Cambridge, S 164–177

Stracke A, Snow JE, Hellebrand E, von der Handt A, Bourdon B, Birbaum K, Günther D (2011) Abyssal peridotite Hf isotopes identify extreme mantle depletion. Earth Planet Sci Lett 308:359–368

Tatsumoto M, Hedge CE, Engel AEJ (1965) Potassium, rubidium, strontium, thorium, uranium, and the ratio of strontium-87 to strontium-86 in oceanic tholeiitic basalt. Science 150:886–888

Tucker JM, van Keken PE, Jones RE, Ballentine CJ (2020) A role for subducted oceanic crust in generating the depleted mid-ocean ridge basalt mantle. Geochem Geophys Geosyst 21:e2020GC009148

Veizer J, Jansen SL (1985) Basement and sedimentary recycling: 2. Time dimension to global tectonics. J Geol 93:625–643

Warren JM (2016) Global variations in abyssal peridotite compositions. Lithos 248–251:193–219

White WM (2015a) Probing the earth's deep interior through geochemistry. Geochem Perspect 4:251 S

White WM (2015b) Isotopes, DUPAL, LLSVPs, and Anekantavada. Chem Geol 419:10–28

Yang S, Humayun M, Salters VJ (2020) Elemental constraints on the amount of recycled crust in the generation of mid-oceanic ridge basalts (MORBs). Sci Adv 6:eaba2923

Zindler A, Hart S (1986) Chemical geodynamics. Annu Rev Earth Planet Sci 14:493–571

Geochemie der ozeanischen Kruste

10

Pillowlaven am Geotimes Aufschluss, Oman (Foto: D. Garbe-Schönberg)

Inhaltsverzeichnis

10.1	Aufbau und Struktur der ozeanischen Kruste	168
10.2	Die Bildung ozeanischer Kruste an mittelozeanischen Rücken	171
10.3	Die chemische Zusammensetzung ozeanischer Basalte	172
10.4	Die untere ozeanische Kruste – Gabbros und mehr	173
10.5	Die chemische Zusammensetzung der gesamten ozeanischen Kruste	176
10.6	Zusammenfassung	177
Literatur		177

▶ Etwa 60 % der Erdoberfläche bestehen aus ozeanischer Kruste. Unsere Vorstellung über den Aufbau der ozeanischen Kruste, die mineralogische und chemische Zusammensetzung der verschiedenen Ozeanbodengesteine sowie über die chemischen und mineralogischen Veränderungen im Zuge zunehmender Alteration stammen aus mehreren Quellen: den Ergebnissen seismischer Messungen, den Ergebnissen des Internationalen Ozeanischen Tiefbohrprogramms, submarinen Aufschlüssen der ozeanischen Kruste an Transformstörungen sowie aus landbasierten Aufschlüssen obduzierter ozeanischer Kruste (Ophiolithe), wie etwa dem Samail Ophiolith im Oman oder dem Troodos Ophiolith auf Zypern.

10.1 Aufbau und Struktur der ozeanischen Kruste

Ozeanische Kruste wird vornehmlich an den divergenten Plattengrenzen der Mittelozeanischen Rücken (engl. *mid-ocean ridge* – MOR) gebildet, jenem etwa 60.000 km langen untermeerischen Gebirge, welches sich durch die Ozeane zieht (Abb. 10.1). Hinzukommen Ozeaninselbasalte. Die durchschnittliche globale Spreizungsrate an den MOR beträgt 3,4 km^2/Jahr (Parsons 1981), mit deutlichen Unterschieden zwischen ultralangsamen Spreizungsraten von unter 15 mm/Jahr wie etwa am Arktischen Mittelatlantischen Rücken (engl. *Arctic Mid-Atlantic Ridge* – AMOR), und schnell spreizenden MOR wie dem Ostpazifischen Rücken (engl. *East Pacific Rise* – EPR), mit bis zu 16 cm/Jahr. Ob diese globalen Spreizungsraten in der erdgeschichtlichen Vergangenheit immer konstant waren oder Variationen zeigten, mit möglichen Konsequenzen beispielsweise für die chemische Zusammensetzung des Meerwassers, wird in der Literatur kontrovers diskutiert (Müller et al. 2008; Rowley 2002, 2008). Mit zunehmendem Alter wird die neu gebildete ozeanische Kruste durch neue Magmenförderungen von der Spreizungsachse weg zu beiden Seiten mehr oder weniger symmetrisch verschoben. Nun beginnen die Alteration der Ozeanbodengesteine durch Wechselwirkung mit dem Meerwasser sowie die Akkumulation von Sediment am Meeresboden. Letztlich wird die ozeanische Kruste an konvergenten Plattengrenzen wieder subduziert, entweder unter kontinentaler Kruste oder unter einer anderen ozeanischen Platte, taucht in den Erdmantel ab und das Gesteinsmaterial wird recycelt. Ein solcher Lebenszyklus der ozeanischen Kruste ist im Mittel etwa 60 Mio. Jahre lang (Cogné et al. 2006). Heutzutage befindet sich die älteste ozea-

10.1 Aufbau und Struktur der ozeanischen Kruste

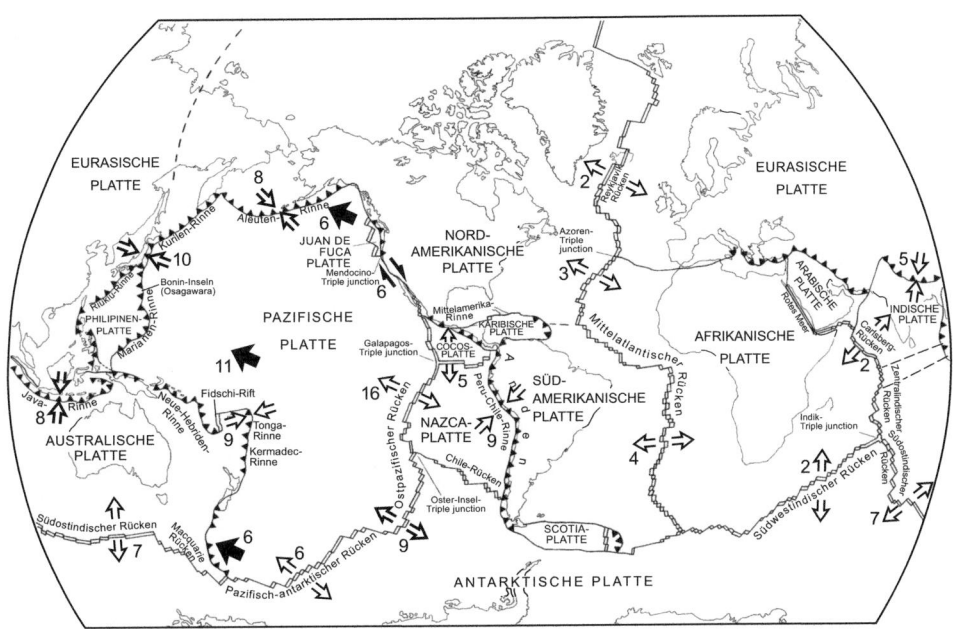

Abb. 10.1 Das globale Netzwerk divergenter und konvergenter Plattengrenzen. (Verändert nach Bahlburg und Breitkreuz 2017)

nische Kruste mit einem Alter zwischen 180 und 200 Mio. Jahren im westlichen Pazifik und im nordwestlichen Atlantik (Müller et al. 2008).

Unser Verständnis über den Aufbau der ozeanischen Kruste (Abb. 10.2) geht vor allem auf frühe Untersuchungen von Ophiolith-Sequenzen zurück, zusammenfassend präsentiert auf einer Penrose Conference 1972 (Anonymous 1972). Ozeanische Kruste ist im Mittel etwa 6,5 km mächtig und zeigt mit Blick auf die magmatischen Ozeanbodengesteine einen dreigeteilten Aufbau, der sich in natürlichen Aufschlüssen ebenso abbildet wie in seismischen Profilen (Karson 2002). Die oberste Einheit der Ozeanbodengesteine wird durch extrusive basaltische Laven aufgebaut (Lage 2A, auflagernde pelagische Sedimente, vor allem auf älterer ozeanischer Kruste, bilden die Lage 1). Das Erscheinungsbild dieser mittelozeanischen Rückenbasalte (engl. *mid-ocean ridge basalt* – MORB) variiert von den klassischen Kissenlaven (engl. *pillow lava*) über wulstige Laven (engl. *lobate lava*) bis hin zu flächiger Lavenausbildung (engl. *sheeted lava flows*; Rubin 2016). Mächtigkeiten um die 800 m erscheinen typisch für diese basaltische Lage, wie etwa in den beiden Bohrkernen ODP Hole 504B (Alt et al. 1993) bzw. ODP Hole 1256D (Umino et al. 2008) des Internationalen Ozeanischen Bohrprogramms erkennbar. Eine geringmächtige Übergangszone (20–60 m) trennt die Lage der extrusiven Laven von den darunter liegenden *sheeted dikes* (Lage 2B), säulenartige Strukturen, die typischerweise zwischen 0,5 und 2 m breit sind. Sie bilden sich durch Kristallisation aufsteigender Schmelze; aus ihnen heraus bilden sich die extrusiven Basalte der überlagernden Lage 2A. Die Mächtigkeit der *sheeted dikes* ist sehr

Abb. 10.2 Schematischer Aufbau der ozeanischen Kruste nach dem Penrose-Modell. (Verändert nach van Tongeren et al. 2021)

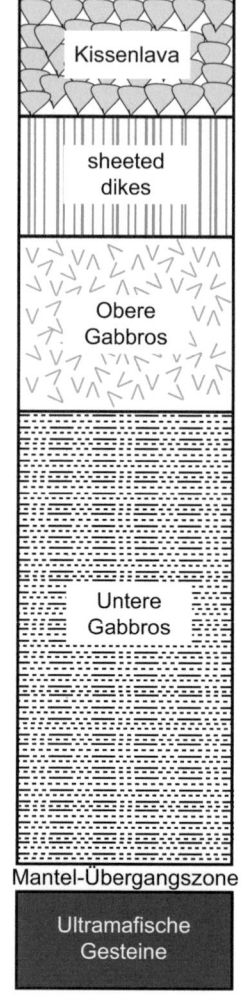

variabel zwischen 350 m (ODP Hole 504B; Alt et al. 1993) und 1060 m (ODP Hole 1256D; Umino et al. 2008). Die Gesamtmächtigkeit der Lage 2 korreliert mit der Spreizungsrate und zeigt Mächtigkeiten von 1–1,5 km an schnell spreizenden bis hin zu 2–3 km an mittel- und langsam spreizenden MOR (Carbotte und Scheirer 2004). Unterhalb der *sheeted dikes* folgt die seismische Lage 3, aufgebaut durch zumeist grobkörnige plutonische Gesteine, mehrheitlich Gabbros (Coogan 2014). Darunter, getrennt durch die Mohorovičić-Diskontinuität, folgen die Peridotite des oberen Erdmantels (Karson 2002).

Im Penrose-Modell (Anonymous 1972) ist die durchschnittliche Gesamtmächtigkeit der ozeanischen Kruste ca. 6,5 km und die Gabbro-Lage ein grundlegender Bestandteil (zwischen 3,5 und 5,5 km mächtig). Die Dicke der Gabbro-Lage, aber auch der Aufbau der ozeanischen Kruste insgesamt hängen allerdings stark von der Spreizungsrate der

MOR ab (Dick et al. 2006). An langsamen und ultralangsam spreizenden MOR kann die Gabbro-Lage nur gering mächtig sein, oder fast ganz fehlen. Es kann sogar Gebiete geben, in denen keine organisierte Stratigraphie der ozeanischen Kruste existiert (Karson 1998; Lagabrielle et al. 1998).

Neben dem vertikalen Aufbau der ozeanischen Kruste ist eine Segmentierung der Ozeanspreizungsachse in der Lateralen entlang des globalen Systems mittelozeanischer Rücken ein weiteres Charakteristikum. Diese Segmentierung erfolgt auf verschiedenen Skalen (Macdonald et al. 1991). Hervorstechen hier vor allem die großen Transformstörungen, die die Spreizungsachse um einige Hundert Kilometer lateral versetzen. Sie begrenzen MOR-Segmente mit Längen zwischen 300 und 500 km. Teilweise korreliert die tektonische Segmentierung mit Unterschieden in der Gesteinszusammensetzung und spiegelt mithin eine Korrespondenz zwischen tektonischer und magmatischer Segmentierung wider. Letzteres könnte individuellen Eruptivereignissen entsprechen (Haymon et al. 1991).

Außerdem variiert die Morphologie der mittelozeanischen Rücken mit der Spreizungsrate. Langsam spreizende MOR wie etwa der Mittelatlantische Rücken sind durch eine störungsdominierte Morphologie mit einem ausgeprägten Graben parallel zur Spreizungsachse gekennzeichnet. Der Zentralgraben ist 5–20 km breit und zumeist 1 km tief und wird durch Abschiebungen an den Grabenschultern begrenzt. Einzelne Vulkane finden sich am Grabenboden und bezeugen individuelle Eruptionsereignisse. Weiterhin finden sich an langsam spreizenden MOR sog. Ozeankernkomplexe oder „Megamullions" (Blackman et al. 1998; MacLeod et al. 2009; Smith et al. 2006). Entlang weitreichender Überschiebungsbahnen (engl. *detachment faults*) wurden großflächig Gabbros der unteren ozeanischen Kruste und sogar Mantelperidotite exhumiert und an die Meeresbodenoberfläche transportiert (Dick et al. 2008). Demgegenüber ist die Morphologie schnell spreizender MOR eher ausgeglichener, ein breites achsenparalleles Tal fehlt. Das Relief wird hier weniger durch Tektonik und mehr durch die magmatischen Ereignisse bestimmt, so fehlen beispielsweise ausgeprägte Störungen an den Grabenschultern. Die Unterschiede in der Morphologie der MOR, sowohl parallel als auch quer zur Rückenachse, spiegeln Unterschiede im Verhältnis tektonischer Kräfte zu magmatischer Aktivität wider. Sie äußern sich auch in Unterschieden in den begleitenden submarinen Hydrothermalsystemen.

10.2 Die Bildung ozeanischer Kruste an mittelozeanischen Rücken

Extensionsbewegungen am mittelozeanischen Rücken führen zur Aufwölbung des Erdmantels und zur Schmelzbildung durch Druckentlastung im flachen Erdmantel. Die Schmelze steigt auf und bildet achsenparallele sog. axiale Magmenkammern (engl. *axial magma chambers* – AMC) etwa an der Basis der *sheeted dikes* (Lage 2B), wie durch seismische Studien belegt (van Ark et al. 2007). Diese axialen Magmenkammern können sehr unterschiedlich in ihrer Ausdehnung sein (im Bereich von 1–2 km Breite und Länge), überlagern zumeist eine mächtige Zone aus Schmelze und Kristallisaten (engl. *mush zone*), können aber auch fehlen (Kelemen und Aharanov 1998). Aus der AMC heraus kristallisiert die gabbroide Unterkruste, wobei zwei unterschiedliche Modellvorstellungen existieren (Coogan et al. 2007). Extensionsbewegungen initiieren die aufwärts gerichtete Injektion von Schmelze in die Lage der *sheeted dikes*, ggf. kommt es zur Eruption von Lava am Meeresboden. Die genannten variablen Charakteristika begründen eine geochemische Heterogenität der Ozeanbodengesteine auf unterschiedlichen räumlichen und zeitlichen Skalen. Dennoch scheint eine positive Korrelation mit der Spreizungsrate zu existieren (Rubin et al. 2001). So zeigen Laven an schnell spreizenden MOR eine größere chemische Homogenität, vermutlich als Folge einer höheren thermischen Stabilität und Langlebigkeit der axialen Schmelzkammern, und damit einer effektiveren Mischung der Schmelzen vor der Eruption.

10.3 Die chemische Zusammensetzung ozeanischer Basalte

Bereits O'Hara (1968) stellte heraus, dass mittelozeanische Rückenbasalte keine primären Schmelzen im chemischen Gleichgewicht mit dem Erdmantel sind. Stattdessen erfahren Schmelzen an mittelozeanischen Rücken auf ihrem Weg aus dem Erdmantel bis zur Eruption am Meeresboden Veränderungen in ihrer chemischen Zusammensetzung (Rubin 2016; Langmuir 2017; und Referenzen darin). Diese resultieren aus der fraktionierten Kristallisation, einer Mischung kompositionell unterschiedlicher Schmelzen sowie der Wechselwirkung mit Gesteinen während des Schmelzaufstiegs durch den oberen Erdmantel und die Erdkruste. Eine Zusammenstellung veröffentlichter Daten zur geochemischen Zusammensetzung ozeanischer Basalte bietet die Georoc-Datenbank (https://georoc.eu).

Für die chemische Zusammensetzung mittelozeanischer Rückenbasalte werde drei verschiedene Datensätze genutzt: Hauptelemente, Spurenelemente einschließlich der Seltenen Erdelemente und radiogene Isotope (zumeist Sr, Nd, Pb, Hf).

Die durchschnittliche chemische Zusammensetzung der Hauptelemente mittelozeanischer Rückenbasalte (MORB) entspricht einem tholeiitischen Basalt (Tab. 10.1). Unterschiede ergeben sich auf unterschiedlichen Skalen als Konsequenz unterschiedlicher Spreizungsraten oder der Zusammensetzung und Temperatur des unterliegenden (heterogenen) Erdmantels (White und Klein 2014).

Im Gegensatz zu den Hauptelementen zeigen mittelozeanischen Rückenbasalte als Folge der Schmelzbildung aus einem chemisch heterogenen Erdmantel große Konzentrationsunterschiede in den inkompatiblen Spurenelementen (Hofmann 2014; White und Klein 2014).

Auf der Grundlage isotopengeochemischer Untersuchungsergebnisse (Sr, Nd, Pb, Hf) von Basaltproben wurden Gruppen mit ähnlicher Entwicklung der radiogenen Isotopenverhältnisse definiert (White 1985; Zindler und Hart 1986). Diese Einteilung ist allerdings rein deskriptiv in dem Verständnis, dass diese radiogenen Isotopenverhältnisse der Basalte nicht mit der von definierten Mantelkomponenten gleicher Isotopenzusammensetzung in der unter-

Tab. 10.1 Durchschnittliche Zusammensetzung mittelozeanischer Rückenbasalte. (Aus White und Klein (2014, S. 467)

Hauptelemente	Gesamtgestein	Vulkanisches Glas	Atlantik	Indik	Pazifik
SiO_2	50,06	50,60	50,04	49,93	50,10
TiO_2	1,52	1,67	1,33	1,41	1,71
Al_2O_3	15,00	14,76	15,20	16,03	14,63
FeO_T	10,36	10,46	10,18	9,10	10,74
MnO	0,19	0,19	0,18	0,17	0,19
MgO	7,71	7,42	7,98	7,83	7,45
CaO	11,46	11,38	11,59	11,24	11,37
Na_2O	2,52	2,77	2,37	2,86	2,61
K_2O	0,19	0,19	0,19	0,35	0,16
P_2O_5	0,16	0,18	0,14	0,18	0,18
H_2O	0,45	-	0,46	0,57	0,40
Summe	99,15	99,65	99,20	99,09	99,12
Anzahl Proben	2010	3129	877	152	967

Angaben in Gewichtsprozent (Gew.-%)

liegenden Mantelquelle gleichzusetzen sind. Vielmehr entsprechen die Basaltzusammensetzungen einem gewichteten Durchschnitt von Schmelzen aus lithologisch und chemisch heterogenen Mantelquellen (Stracke 2012, 2021). Diese unterschiedlichen Komponenten des heterogenen Erdmantels sind vor allem Peridotite (~90 % der Erdmantels), die eine teils komplexe vorherige Entwicklung durch partielles Aufschmelzen und teilweise Reaktion mit den extrahierten Schmelzen durchlaufen haben (Sani et al. 2023). Der Rest des Erdmantels besteht vorwiegend aus recycelter ozeanischer und kontinentaler Kruste (~10 %), dies trägt allerdings beträchtlich zur geochemischen und isotopischen Variabilität des Erdmantels bei. Global gesehen scheint es weiträumige Provinzen isotopisch ähnlicher Basalte zu geben, die durch das Aufschmelzen in sich heterogener, aber regional unterschiedlicher Mantelquellen zustande kommen (Stracke et al. 2022).

Zusammenfassend zeigen die mittelozeanischen Rückenbasalte und die Ozeaninselbasalte eine hohe geochemische und isotopische Heterogenität als Folge partieller Aufschmelzung des lithologisch und geochemisch heterogenen Erdmantels und nachfolgender Mischung und fraktionierter Kristallisation der entstandenen Schmelzen bei ihrem Aufstieg durch den Mantel und deren zwischenzeitlicher Lagerung in der ozeanischen Kruste.

10.4 Die untere ozeanische Kruste – Gabbros und mehr

Unsere Kenntnis über die mineralogische und chemische Zusammensetzung der Gesteine der unteren ozeanischen Kruste basiert auf wenigen direkten Beprobungen, mehrheitlich im Rahmen des Internationalen Ozeanischen Tiefbohrprogramms (IODP). Klassische Regionen, in denen Gesteine der unteren ozeanischen Kruste beprobt wurden, sind beispielsweise das Atlantis Massiv (30° N am Mittelatlantischen Rücken), die Atlantis Bank (31° S am Südwestindischen Rücken) oder das Hess Deep (2° N, 101° W) im östlichen Pazifik (Coogan 2014). An solchen Lokalitäten wurden die entsprechenden Gesteine zumeist durch tektonische Prozesse an den oder in die Nähe des Meeresbodens gebracht, beispielsweise in ozeanischen Kernkomplexen an langsam spreizenden MOR.

Deutlich detaillierter ist unser Verständnis über die Zusammensetzung der unteren ozeanischen Kruste durch die Ergebnisse jahrzehntelanger Arbeiten im kretazischen Oman-Ophiolith, vor allem im Kontext des internationalen Oman Drilling Projects, geworden (Kelemen et al. 2020). Zentrales Ergebnis mehrjähriger mineralogischer und geochemischer Untersuchungen ist eine Reihe von Referenzprofilen vor allem durch die gabbroide Unterkruste und die Kruste-Mantel-Grenze, basierend auf Hunderten von Aufschlussproben (Koepke et al. 2022; vanTongeren et al. 2021; Garbe-Schönberg et al. 2022) sowie den Bohrkernen GT1, GT2 und GT3 des Oman Drilling Projects (Kelemen et al. 2020). Die Erkenntnisse sind im Folgenden zusammengefasst.

Lithologisch zeigt die untere ozeanische Kruste eine große Vielfalt. Ausgehend von der Mantel-Kruste-Grenze differenzieren Koepke et al. (2022) im Wadi-Gideah-Referenzprofil eine 6500 m mächtige Abfolge aus lagigen Gabbros (engl. *layered gabbros*) mit olivinführendem Gabbro, seltenen Troktoliten und olivinfreien Gabbros, wobei die Gesteine mehrheitlich eine lagige Textur zeigen. Zum Hangenden hin folgt die Lage der sog. laminierten Gabbros (engl. *foliated gabbros*), feinkörnige olivinführende und olivinfreie Gabbros, die aber auch Hornblende, Orthopyroxen und Fe-Ti-Oxid enthalten. Den Abschluss bilden zum Hangenden hin die sog. isotropen Gabbros (engl. *isotropic oder varitextured gabbros*), eine Lage, die neben typischen Gabbros untergeordnet auch felsische Lithologien wie Quarzdiorite, Tonalite und Trondhjemite (gerne zusammenfassend als ozeanische Plagiogranite bezeichnet) enthält. Darüber folgen dann die *sheeted dikes* und Pillowlaven. Im benachbarten, ca. 10 km entfernten Wadi-Khafifah-Referenzprofil (5200 m mächtig) differenzieren vanTongeren et al. (2021) lediglich die Unteren von den Oberen Gabbros, wobei die lagigen und die laminierten Gabbros von Koepke et al. (2022) im Wesentlichen den Unteren Gabbros von vanTongeren et al. (2021) entsprechen, und die *isotropic and varitextured gabbros* den Oberen Gabbros.

Geochemisch (Tab. 10.2) notieren Garbe-Schönberg et al. (2022) für das Wadi-Gideah-Referenzprofil eine generelle Entwicklung zu geochemisch entwickelten Gesteinszusammensetzungen zum Hangenden hin (Abb. 10.3), wobei eine deutlich ausgeprägte Diskontinuität in den Konzentrationen im mittleren Bereich der *foliated gabbros* (bei ca. 3525 m oberhalb der Mantel-Kruste-Grenze) existiert. Inkompatible Elemente zeigen in den *layered gabbros* und in den *foliated gabbros* (den sog. Unteren Gabbros) eine weitestgehend homogene geochemische Zusammensetzung. Sie spiegeln eine geochemische Zusammensetzung im Gleichgewicht mit mittelozeanischen Rückenbasalten (MORB) wider (Müller et al. 2022). Im Gegensatz dazu zeigt sich im oberen Bereich der *foliated gabbros*, vor allem aber in den isotropen Gabbros (den sog. Oberen Gabbros), ein deutlicher Anstieg in den Konzentrationen der inkompatiblen Elemente. Die geochemische Zusammensetzung im oberen Teil des Wadi-

10.4 Die untere ozeanische Kruste – Gabbros und mehr

Tab. 10.2 Durchschnittliche Zusammensetzung der Gesteine des Wadi-Gideah-Referenzprofils, Oman-Drilling-Projekt. (Aus Garbe-Schönberg et al. 2022, S. 12)

Hauptelemente	Obere Gabbros 1280 m	Untere Gabbros 3520 m	Plutonische Abfolge 5010 m	Gesamte Kruste 6500 m
SiO_2	50,8	48,4	49,0	50,5
TiO_2	1,14	0,28	0,53	0,69
Al_2O_3	16,9	17,8	17,5	17,2
FeO_T	8,72	5,06	6,14	6,72
MnO	013	0,10	0,11	0,12
MgO	7,09	10,5	9,48	8,59
CaO	12,1	16,6	15,2	13,6
Na_2O	2,88	1,23	1,72	2,49
K_2O	0,12	0,05	0,07	0,10
P_2O_5	<0,08	<0,08	<0,08	<0,08
Summe	99,9	100	99,8	100

Angaben in Gewichtsprozent (Gew.-%)
Untere Gabbros: 0–3525 m, Obere Gabbros: 3525–5009 m, Plutonische Abfolge: 0–5009 m, Gesamte Kruste: 0–6464 m – jeweils als Höhe über der Kern-Mantel-Übergangszone

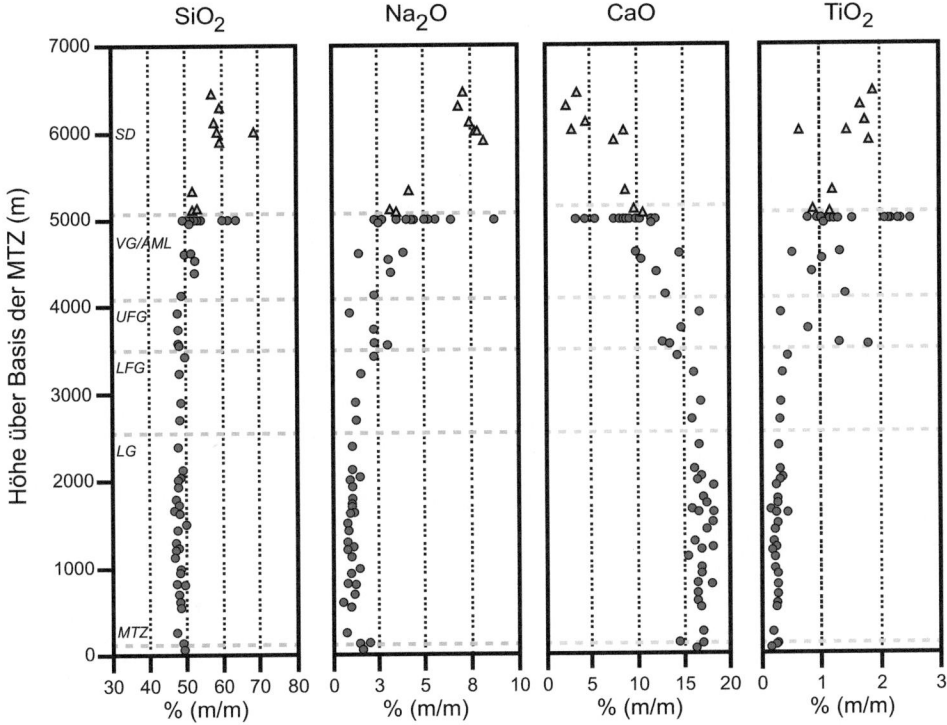

Abb. 10.3 Geochemische Zusammensetzung der ozeanischen Krustengesteine im Wadi-Gideah-Referenzprofil, Oman; *SD* sheeted dikes, *VG/AML* varitextured gabbros/axial melt lense, *UFG/LFG* upper und lower foliated gabbros, *LG* lower gabbros, *MTZ* mantle-crust transition zone. (Verändert nach Garbe-Schönberg et al. 2022)

Gideah-Referenzprofils spiegelt fraktionierte Kristallisation, ein zunehmendes Ungleichgewicht der Schmelzen gegenüber MORB und eine Mischung unterschiedlicher Magmen wider. VanTongeren et al. (2021) notieren ebenfalls einen deutlichen Unterschied in der geochemischen Zusammensetzung zwischen den Unteren und den Oberen Gabbros, mit einer deutlich größeren Heterogenität in den Oberen Gabbros.

Basierend auf den petrographischen Erkenntnissen entwickeln Koepke et al. (2022) ein Hybridmodell für die Genese der gabbroiden ozeanischen Unterkruste des Samail Ophioliths. Dabei werden die *layered* und unteren *foliated gabbros* im Sinne des Gabbro Glacier Models (Henstock et al. 1993) durch Kristallisation injizierter lagiger Mantelschmelzen (engl. *sheeted sills*) verstanden, während der obere Teil der *foliated gabbros* und die isotropen Gabbros als Konsequenz der Kristallisation aus einer abwärts gerichteten, geochemisch entwickelten Schmelze aus der axialen Magmenkammer an der Basis der überlagernden *sheeted dikes* interpretiert wird. Im Gegensatz dazu betrachten vanTongeren et al. (2021) die geochemische Zusammensetzung des Wadi-Khafifah-Referenzprofils ausschließlich als Ausdruck der in-situ-Kristallisation lagig intrudierender Schmelzen aus dem Mantel (engl. *full sheeted sill model*) in die ozeanische Unterkruste.

10.5 Die chemische Zusammensetzung der gesamten ozeanischen Kruste

Insgesamt liegt die ozeanische Kruste in ihrer durchschnittlichen chemischen Zusammensetzung (Tab. 10.3) zwischen der Zusammensetzung der am Meeresboden eruptierten Laven (MORB) und der Zusammensetzung der unteren ozeanischen Kruste und des oberen Erdmantels (Abb. 10.4; vanTongeren et al. 2021).

Tab. 10.3 Durchschnittliche Zusammensetzung der ozeanischen Kruste. (Aus White und Klein 2014, S. 484)

Hauptelemente	Gesamte Kruste	Mittelozeanische Rückenbasalte	Untere Kruste	Kumulat
SiO_2	50,1	50,06	50,6	48,9
TiO_2	1,1	1,52	0,78	0,12
Al_2O_y	15,7	15,00	16,7	16,4
FeO_T	8,3	10,36	7,5	5,1
MnO	0,11	0,19	0,14	0,03
MgO	10,3	7,71	9,4	14,5
CaO	11,8	11,46	12,5	13,46
Na_2O	2,21	2,52	2,35	1,34
K_2O	0,11	0,19	0,06	0,01
P_2O_5	0,10	0,16	0,02	0,0
Summe	99,7	99,2	100,1	99,8

Angaben in Gewichtsprozent (Gew.-%)

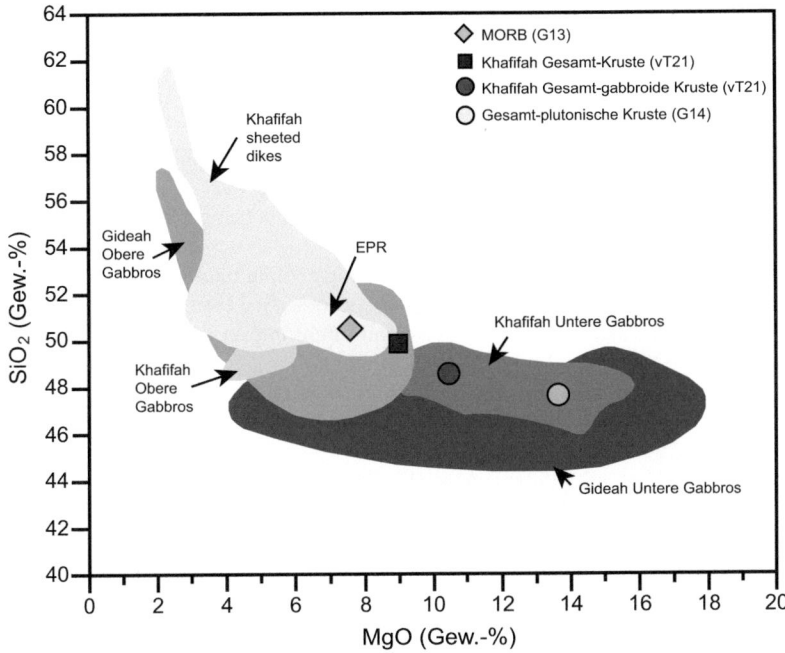

Abb. 10.4 Gesamtgesteinszusammensetzung ozeanischer Krustengesteine. (Verändert nach van-Tongeren et al. 2021)

10.6 Zusammenfassung

Die lithologische Differenzierung der ozeanischen Kruste in der Vertikalen mit extrusiven basaltischen Laven am Top, zum Liegenden gefolgt von den *sheeted dikes* und dann den gabbroiden Gesteinen der Unterkruste bis zur Kruste-Mantel-Grenze bedingt eine mineralogische und geochemische Heterogenität. Diese ist eine Konsequenz verschiedener Prozesse, wie der fraktionierten Kristallisation, einer Mischung kompositionell unterschiedlicher Schmelzen sowie der Wechselwirkung mit Gesteinen während des Schmelzaufstiegs durch den oberen Erdmantel und die ozeanische Kruste. Hinzu kommen die Folgen der Wasser-Gesteins-Wechselwirkung nach der Bildung aufgrund fortwährender Alteration am Ozeanboden.

Literatur

Alt JC, Kinoshita H, Stokking LB (1993) Proceedings of the ocean drilling program, initial reports, Bd 148. Ocean Drilling Program, College Station

Anonymous (1972) Penrose field conference: Ophiolites. Geotimes 17:24–25

Blackman DK, Cann JR, Janssen B, Smith DK (1998) Origin of extensional core complexes: evidence from the Mid-Atlantic Ridge at Atlantis Fracture Zone. J Geophys Res 103:21315–21333

Bahlburg H, Breitkreuz C (2017) Grundlagen der Geologie. 5. Aufl. Springer-Spektrum, Berlin, S 434

Carbotte SM, Scheirer DS (2004) Variability of ocean crustal structure created along the global mid ocean ridge. In: Davis EE, Elderfield H (Hrsg) Hydrogeology of the oceanic lithosphere. Cambridge University Press, Cambridge, S 59–107

Cogné J-P, Humler E, Courtillot V (2006) Mean age of oceanic lithosphere drives eustatic sea-level change since Pangea breakup. Earth Planet Sci Lett 245:115–122

Coogan LA (2014) The lower oceanic crust. In: Treatise on Geochemistry, 2. Aufl. Elsevier, Amsterdam, S 497–541

Coogan LA, Jenkin GRT, Wilson RN (2007) Contrasting cooling rates in the lower oceanic crust at fast- and slow-spreading ridges revealed by geospeedometry. J Petrol 48:2211–2231

Dick HJB, Natland JH, Ildefonse B (2006) Past and future impact of deep drilling in the oceanic crust and mantle. Oceanography 19:72–80

Dick HJB, Tivey MA, Tucholke B (2008) Plutonic foundation of a slow-spreading ridge segment: oceanic core complex at Kane Megamullion, 23°30′N, 45°20′W. Geochem Geophys Geosyst 9:Q05014. https://doi.org/10.1029/2007GC001645

Garbe-Schönberg D, Koepke J, Müller S, Mock D, Müller T (2022) A reference section through fast-spread lower oceanic crust, Wadi Gideah, Samail Ophiolite (Sultanate of Oman): Whole Rock Geochemistry. J Geophys Res Solid Earth 127:e2021JB022734

Haymon RM, Fornari DJ, Edwards MH, Carbotte S, Wright D, Macdonald KC (1991) Hydrothermal vent distribution along the East Pacific Rise Crest (9°090–540 N) and its relationship to magmatic and tectonic processes on fast-spreading mid-ocean ridges. Earth Planet Sci Lett 104:513–534

Henstock TJ, Woods AW, White RS (1993) The accretion of oceanic crust by episodic sill intrusion. J Geophys Res 98:4143–4161

Hofmann AW (2014) Sampling mantle heterogeneity through oceanic basalts: isotopes and trace elements. In: Treatise on Geochemistry, 2. Aufl. Elsevier, Amsterdam, S 67–101

Karson JA (1998) Internal structure of oceanic lithosphere: a perspective from tectonic windows. In: Buck WR, Delaney PT, Karson JA, Lagrabrielle Y (Hrsg) Faulting and magmatism at mid-ocean ridges, Geophysical monograph series, Bd 106. American Geophysical Union, Washington, S 177–218

Karson JA (2002) Geologic structure of the uppermost oceanic crust created at fast- to intermediate-rate spreading centers. Annu Rev Earth Planet Sci 30:347–384

Kelemen P, Matter J, Teagle D, Coggon J, the Oman Drilling Project Science Team (2020) Proceedings of the Oman drilling project. International Ocean Discovery Program. https://doi.org/10.14379/OmanDP.proc.2020

Kelemen PB, Aharanov E (1998) Periodic formation of magma fractures and generation of layered gabbros in the lower crust beneath oceanic spreading ridges. In: Buck WR, Delaney PT, Karson JA, Lagrabrielle Y (Hrsg) Faulting and magmatism at mid-ocean ridges, Geophysical Monograph Series, Bd 106. American Geophysical Union, Washington, S 267–289

Koepke J, Garbe-Schönberg D, Müller T, Mock D, Müller S, Nasir S (2022) A reference section through fast-spread lower oceanic crust, Wadi Gideah, Samail ophiolite (Sultanate of Oman): petrography and petrology. J Geophys Res Solid Earth 127:e2021JB022735

Lagabrielle Y, Bideau D, Cannat M, Karson JA, Mével C (1998) Ultramafic-mafic plutonic rocks suites exposed along the Mid-Atlantic Ridge (10°N–30°N) Symmetrical-asymmetrical distribution and implications for seafloor spreading processes. In: Buck WR, Delaney PT, Karson JA, Lagrabrielle Y (Hrsg) Faulting and magmatism at mid-ocean ridges, Geophysical Monograph Series, Bd 106. American Geophysical Union, Washington, S 153–176

Langmuir CH (2017) Mid-ocean ridge Basalts (MORB). In: White WM (Hrsg) Encyclopedia of Geochemistry. https://doi.org/10.1007/978-3-319-39193-9_252-1

Macdonald KC, Scheirer DS, Carbotte SM (1991) Mid-ocean ridges: discontinuities, segments and giant cracks. Science 253:986–994

MacLeod CJ, Searle RC, Murton BJ et al (2009) Life cycle of oceanic core complexes. Earth Planet Sci Lett 287:333–344
Müller RD, Sdrolias M, Gaina C, Roest WR (2008) Age, spreading rates, and spreading asymmetry of the world's ocean crust. Geochem Geophys Geosyst 9:Q04006
Müller S, Garbe-Schönberg D, Koepke J, Hoernle K (2022) A reference section through fast-spread lower oceanic crust, Wadi Gideah, Samail Ophiolite (Sultanate of Oman): trace element systematics and crystallization temperatures – Implications for hybrid crustal accretion. J Geophys Res Solid Earth 127:e2021JB022699
O'Hara MJ (1968) Are ocean floor basalts primary magma? Nature 220:683–685
Parsons B (1981) The rates of plate creation and consumption. Geophys J R Astron Soc 67:437–448
Rowley DB (2002) Rate of plate creation and destruction: 180 Ma to present. Geol Soc Am Bull 114:927–933
Rowley DB (2008) Extrapolating oceanic age distributions: lessons from the Pacific region. J Geol 116:587–598
Rubin KH (2016) Mid-ocean ridge magmatism and volcanism. In: Harff J, Meschde M, Petersen S, Thiede J (Hrsg) Encyclopedia of marine geosciences. Springer. https://doi.org/10.1007/978-94-007-6644-0_28-3
Rubin KH, Smith MC, Bergmanis EC, Perfit MR, Sinton JM, Batiza R (2001) Geochemical heterogeneity within mid-ocean ridge lava flows: insights into eruption, emplacement and global variations in magma generation. Earth Planet Sci Lett 188:349–367
Sani C, Sanfilippo A, Peyve AA, Genske F, Stracke A (2023) Earth mantle's isotopic record of progressive chemical depletion. AGU Advances 4:e2022AV000792
Smith DK, Cann JR, Escartin J (2006) Widespread active detachment faulting and core complex formation near 13° N on the Mid-Atlantic Ridge. Nature 442:440–443
Stracke A (2012) Earth's heterogeneous mantle: a product of convection-driven interaction between crust and mantle. Chem Geol 330-331:274–299
Stracke A (2021) A process-oriented approach to mantle geochemistry. Chem Geol 579:120350
Stracke A, Willig M, Genske F, Béguelin P, Todd E (2022) Chemical geodynamics insights from a machine learning approach. Geochem Geophys Geosyst 23:e2022GC010606
Umino S, Crispini L, Tartarotti P et al (2008) Origin of the sheeted dike complex at superfast spread East Pacific Rise revealed by deep ocean crust drilling at Ocean Drilling Program Hole 1256D. Geochem Geophys Geosyst 9:Q06O08
Van Ark EM, Detrick RS, Canales JP, Carbotte SM, Harding AJ, Kent GM, Nedimovic MR, Wilcock WSD, Diebold JB, Babcock JM (2007) Seismic structure of the endeavour segment, Juan de Fuca Ridge: Correlations with seismicity and hydrothermal activity. J Geophys Res Solid Earth 112:B02401
VanTongeren JA, Kelemen PB, Garrido CJ, Godard M, Hanghoj K, Braun M, Pearce JA (2021) The composition of the lower oceanic crust in the Wadi Khafifah section of the southern Samail (Oman) ophiolite. Journal of Geophysical Research: Solid. Earth 126:e2021JB021986
White WM (1985) Sources of oceanic basalts – radiogenic isotopic evidence. Geology 13:115–118
White WM, Klein EM (2014) Composition of the oceanic crust. In: Treatise on Geochemistry, 2. Aufl. Elsevier, Amsterdam, S 457–496
Zindler A, Hart S (1986) Chemical geodynamics. Annu Rev Earth Planet Sci 14:493–571

Submariner Hydrothermalismus – extremer Lebensraum und Lagerstätte zugleich

11

Schwarzer Raucher, Mittelatlantischer Rücken (Foto: MARUM – Zentrum für Marine Umweltwissenschaften, Universität Bremen)

11 Submariner Hydrothermalismus – extremer Lebensraum und Lagerstätte zugleich

Inhaltsverzeichnis

11.1	Submariner Hydrothermalismus – Rahmenbedingungen und Funktionsweise	182
11.2	Geochemie hydrothermaler Fluide	185
11.3	Hydrothermalsysteme – ein extremer Lebensraum	193
11.4	Massivsulfidvorkommen – wirtschaftliche Bedeutung des submarinen Hydrothermalismus	195
11.5	Zusammenfassung	196
	Literatur	197

▶ Das Auffinden submariner Hydrothermalquellen und assoziierter Ökosysteme in der lichtlosen Tiefe des Ozeans Ende der 1970er-Jahre war eine der spektakulärsten Entdeckungen der jüngeren Zeit im Bereich der Geo- und der Biowissenschaften. Die Chronologie der Entdeckung submariner Hydrothermalquellen im Bereich des Galapagos Rückens im östlichen äquatorialen Pazifik liest sich spannend wie ein Krimi und gleicht der Beschreibung der Entdeckung einer neuen Welt: die Existenz einer artenreichen Lebensgemeinschaft in der dunklen Tiefe des Ozeans, basierend auf einer zunächst vollkommen unbekannten Nahrungsgrundlage. Kurz darauf folgte die erste Entdeckung heißer hydrothermaler Ventsysteme mit den sog. Schwarzen Rauchern am Ostpazifischen Rücken. Nationale und internationale Forschungsfahrten unter Nutzung modernster Meerestechnik sowie geophysikalische Messungen und geochemische Untersuchungen der ozeanischen Wassersäule führten seither zur Entdeckung zahlreicher aktiver und inaktiver Hydrothermalsysteme entlang des ca. 60.000 km langen Systems mittelozeanischer Rücken sowie der ca. 7000 km langen intraozeanischen Subduktionszonen und Back-Arc-Becken. Empirische Befunde an hydrothermalen Fluiden und polymetallischen Präzipitaten, Ergebnisse geochemischer Experimente sowie die mikro- und makrobiologischen Untersuchungen der vergangenen gut 45 Jahre begründen unser heutiges Verständnis dieser submarinen Hydrothermalsysteme als extremen Lebensraum und wirtschaftlich interessante Polymetallsulfid-Lagerstätte zugleich.

11.1 Submariner Hydrothermalismus – Rahmenbedingungen und Funktionsweise

Unser Verständnis über Rahmenbedingungen und Funktionsweise submariner Hydrothermalsysteme wurde maßgeblich durch Erkenntnisse entsprechender Ventsysteme entlang der mittelozeanischen Rücken (engl. *mid-ocean ridge* – MOR) geformt. Prominente Lokalitäten sind in diesem Zusammenhang verschiedene Bereiche am Ostpazifischen Rücken (17–19° S, 9°N, 13°N, 21°N) oder am Mittelatlantischen Rücken (Logatchev, Lucky Strike), die im Rahmen nationaler und internationaler Forschungsprojekte seit Jahren, teilweise Jahrzehnten immer wieder untersucht werden.

11.1 Submariner Hydrothermalismus – Rahmenbedingungen und Funktionsweise

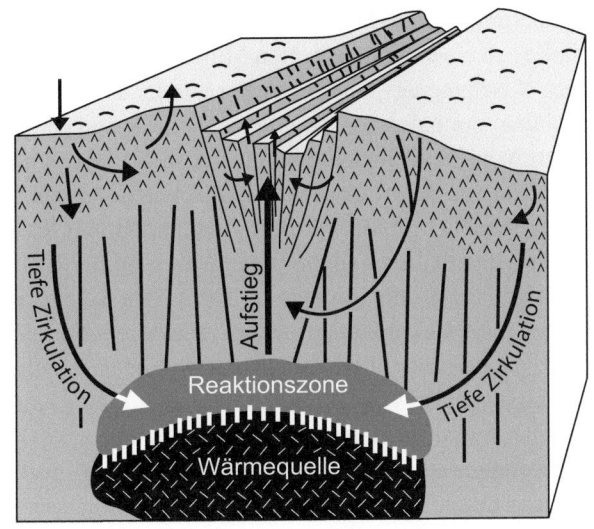

Abb. 11.1 Hydrothermale Zirkulation an mittelozeanischen Rücken. (Verändert nach German und Seyfried 2014)

Unsere Modellvorstellung der hydrothermalen Zirkulation (Abb. 11.1) gliedert sich in drei Abschnitte (German und von Damm 2004). Ozeanisches Tiefenwasser zirkuliert zunächst durch die Ozeanbodengesteine und erwärmt sich dabei. Als Folge kommt es einerseits zur Präzipitation verschiedener Minerale (z. B. Anhydrit und Brucit), andererseits zur Wechselwirkung des sich aufheizenden Fluids mit dem durchströmten Gestein. Hierdurch kommt es zu ersten Veränderungen der chemischen Zusammensetzung des ursprünglichen Meerwassers. Entlang der weiteren Passage bis zum Scheitelpunkt der Zirkulationszelle mit Temperaturen im Bereich von 450 °C verändern intensive Wasser-Gesteins-Wechselwirkung, aber auch Beiträge magmatischer Gase, die chemische Zusammensetzung des Fluids nun sehr deutlich. Zugleich erlangt das hydrothermale Fluid eine eigene Auftriebskraft und steigt in Folge in Richtung Ozeanboden auf. Dabei kommt es weiterhin unter sich ständig ändernden physikochemischen Rahmenbedingungen zu Wasser-Gesteins-Wechselwirkungen. Gleichzeitig wird mit Annäherung des aufsteigenden hydrothermalen Fluids an den Ozeanboden normales Ozeanbodenwasser hinzugemischt. Ursächlich hierfür sind flache Zirkulationszellen. Schließlich tritt das hydrothermale Fluid am Meeresboden aus. Prominenteste Erscheinungsform ist der fokussierte Austritt heißer Fluide an den sog. Schwarzen Rauchern. Unter den stark kontrastierenden physikochemischen Charakteristika zwischen dem austretenden nahezu reinen hydrothermalen Fluid und dem Ozeanbodenwasser kommt es zur Präzipitation von Metallsulfiden in Form schornsteinartiger Strukturen bis zu mehreren Zehn Metern Höhe. Zugleich steigt das hydrothermale Fluid einige Zehn bis wenige Hundert Meter in die ozeanische Wassersäule, bevor es sich dann aufgrund neutraler Auftriebskraft in die ozeanische Tiefenströmung einschichtet. Dabei kristallisieren kontinuierlich die gelösten Metalle als feinkörnige Metallsulfide aus, wodurch das austretende hydrothermale Fluid das Erscheinungsbild eines schwarz rauchenden Schornsteins bekommt. Im Umfeld dieser fokussierten Austrittsstellen finden sich diffuse Austrittsstellen, an denen deutlich geringer temperierte Fluide (im Bereich von einigen 10 °C) aus dem Ozeanboden ausströmen, ohne dass es zu einer nennenswerten Mineralpräzipitation kommt. Solche Fluide repräsentieren eine Mischung aus einem zumeist geringen Anteil des originären hydrothermalen Fluids und dem normalen Ozeanbodenwasser. Sie spiegeln die Existenz eines komplexen Netzwerks von Fluidkanälen im Untergrund der Hydrothermalsysteme wider, in denen es zur Mischung des hydrothermalen Fluids und des ozeanischen Tiefwassers kommt.

Treibender Motor für den submarinen Hydrothermalismus entlang der mittelozeanischen Rücken sind Schmelzlinsen an der Basis der *sheeted dikes* in ca. 2–2,5 km Tiefe (German und von Damm 2004). Ihre Wärme setzt eine Zirkulationszelle in Gang, wobei die Wegsamkeiten für das zirkulierende Fluid einerseits tiefreichende Störungen sind, andererseits aber auch durch die unterschiedliche Permeabilität der Ozeanbodengesteine gebildet werden. Bereits früh wurde eine Korrelation zwischen der Intensität submariner hydrothermaler Aktivität entlang eines mittelozeanischen Rückensegmentes und der Spreizungsrate des jeweiligen MOR aufgezeigt (Baker et al. 1996). Dementsprechend findet sich die höchste Dichte bekannter submariner Hydrothermalsysteme entlang des südlichen Ostpazifischen Rückens (17–19°S), der mit >14 cm/Jahr die global höchste Spreizungsrate zeigt (Baker und German 2004). Festzuhalten bleibt im Sinne einer globalen Betrachtung, dass derzeit ca. 500 aktive Hydrothermalsysteme entlang der 60.000 km mittelozeanischer Rücken bekannt sind und von etwa 1000 oder sogar mehr aktiven Systemen ausgegangen wird (Baker und German 2004; Beaulieu et al. 2013; Hannington et al. 2011).

Auch die intraozeanischen Plattengrenzen wie beispielsweise die prominenten Subduktionszonen im westlichen (Izu-Bonin und Marinenbogen) und südwestlichen (Kermadec-Tonga) Pazifik sind durch intensiven submarinen Hydrothermalismus gekennzeichnet (Embley et al. 2007). Rahmenbedingungen und Funktionsweise unterscheiden sich jedoch sehr deutlich von den submarinen Hydrothermalsystemen an mittelozeanischen Rückensystemen. So sind die Hydrothermalsysteme an die isolierten submarinen Vulkangebäude der Inselbögen gekoppelt, und die Mehrzahl der bekannten Hydrothermalsysteme findet sich in Wassertiefen geringer als 500 m. Dies steht in deutlichem Gegensatz zu den Hydrothermalsystemen an mittelozeanischen Rücken, die zumeist in Wassertiefen zwischen 2500 und 3000 m liegen. Die Austrittstemperaturen der heißen Fluide an den intraozeanischen Subduktionszonen liegen im Mittel eher bei 250–300 °C, und die hydrothermalen Fluide zeigen einen hohen Anteil an gelösten Gasen wie Kohlendioxyd und Schwefeldioxid. Waren die Schwarzen Raucher charakteristische Erscheinungsformen der submarinen Hydrothermalsysteme an mittelozeanischen Rücken, finden sich an intraozeanischen Plattengrenzen oft auch sog. Weiße Raucher als Ausdruck hoher Anteile an elementarem Schwefel und Sulfatmineralen im ausströmenden hydrothermalen Fluid.

Eine bedeutende Entdeckung, erneut eher zufällig, erfolgte im Jahr 2000 (Kelley et al. 2001). In einer Entfernung von 15 km westlich der Spreizungsachse des Mittelatlantischen Rückens und im Bereich der Atlantis Fracture Zone bei 30° nördlicher Breite wurde in 750–900 m Wassertiefe das Lost City-Hydrothermalfeld gefunden. Massive säulenförmige Strukturen bis 60 m Höhe stehen auf einem terrassenförmigen Absatz am Top des Atlantis

11.2 Geochemie hydrothermaler Fluide

Massivs, schneeweiß und aus Aragonit und Calcit bestehend. Hydrothermale Fluide, die am Top der Strukturen austreten, haben Temperaturen zwischen <40° und 91 °C und pH-Werte zwischen 9 und 11. Sie sind reich an Calcium, sodass es bei Kontakt des hydrothermalen Fluids mit dem Meerwasser zur Karbonatbildung kommt. Weiterhin sind die Fluide arm an gelösten Metallen, arm an gelöstem Sulfid, dafür aber reich an Wasserstoff und Methan sowie weiterer niedrigmolekularer Kohlenwasserstoffe (Kelley et al. 2005). Stabile Kohlenstoff- ($\delta^{13}C$: −13,6 bis −9,4 ‰) und Wasserstoffisotope (δ^2H: −147 bis −119 ‰) belegen, dass sowohl das Methan als auch die anderen niedrigmolekularen Kohlenwasserstoffe abiotischen Ursprungs sind, entstanden durch die Fischer-Tropsch-Synthesereaktion. Begleitende ^{14}C-Untersuchungen belegen weiterhin, dass nur die magmatischen Gesteine und nicht das Meerwasser als Kohlenstoffquelle in Frage kommen (Proskurowski et al. 2008). Die Fluidzusammensetzung im Lost City-Hydrothermalfeld steht in deutlichem Kontrast zur Zusammensetzung hydrothermaler Fluide der schwefelbetonten Hydrothermalfelder an den mittelozeanischen Rücken oder auch den intraozeanischen Subduktionszonen. Bestimmend für die Fluidzusammensetzung in Lost City ist die Serpentinisierung der ultramafischen Gesteine (Peridotite) durch die Wechselwirkung mit dem Meerwasser bei Temperaturen bis 200 °C.

$$6(Mg_{1.5}Fe_{0.5})SiO_4 + 7H_2O \rightarrow 3Mg_3Si_2O_5(OH)_4 + Fe_3O_4 + H_2$$
$$CO_2 + 4H_2 \rightarrow CH_4 + 2H_2O$$

Die Datierung mittels ^{14}C ergab, dass diese Serpentinisierungsreaktionen im Untergrund und auch die damit verbundene Bildung der Karbonatschornsteine seit mindestens 30.000 Jahren ablaufen (Früh-Green et al. 2003).

11.2 Geochemie hydrothermaler Fluide

Den Ursprung hydrothermaler Fluide bildet das Meerwasser. Auf der Passage durch die ozeanische Kruste wird dieses in seiner geochemischen Zusammensetzung deutlich verändert. Ursächlich sind dafür maßgeblich vier Prozesse: die Wasser-Gesteins-Wechselwirkung, die Phasenseparation, magmatische Entgasung und biologische Prozesse. Sie beeinflussen in unterschiedlicher Intensität die geochemische Zusammensetzung der finalen hydrothermalen Fluide, wobei die unterschiedlichen geologisch-tektonischen Situationen an mittelozeanischen Rücken, intraozeanischen Subduktionszonen oder Back-Arc-Becken den übergeordneten Rahmen setzen. Als Folge zeigen hydrothermale Fluide eine hohe Variabilität in ihrer geochemischen Zusammensetzung, sowohl in räumlicher als auch in zeitlicher Hinsicht.

Vor allem die empirischen Erkenntnisse für submarine Hydrothermalsysteme an mittelozeanischen Rücken begründen unser Verständnis über die Zusammensetzung hydrothermaler Fluide und deren räumliche und zeitliche Variabilität. Einige allgemein gültige Beobachtungen lassen sich dennoch identifizieren (von Damm 1995). Es sind Gemeinsamkeiten ausgewählter physikochemischer Parameter, die charakteristisch für die fokussiert austretenden, hydrothermalen Fluide (die Schwarzen Raucher) an den mittelozeanischen Rücken sind. Diese Fluide zeigen Austrittstemperaturen zwischen 350 und 450 °C, saure pH-Werte im Mittel bei 3,3 ± 0,5, und sie sind reduzierend. Gelöstes Magnesium und gelöstes Sulfat fehlen, im Gegensatz dazu sind Calcium, Silizium, Eisen und weitere Metalle angereichert. Wechselnde Konzentrationen an gelöstem Sulfid und Gasen wie Kohlendioxyd, Methan und Wasserstoff sind ebenso charakteristisch wie Unterschiede in der Chloridkonzentration. Diese Charakteristika lassen sich den verschiedenen einflussnehmenden Prozessen und ihrer Intensität entlang der Passage des Meerwassers durch die ozeanische Kruste zuordnen und begründen schlussendlich die Veränderung vom normalen Ozeanbodenwasser zum hydrothermalen Fluid.

Im Zuge des allmählichen Aufheizens des Meerwassers kommt es bei ca. 130 °C zur Präzipitation von Anhydrit ($CaSO_4$). Da nicht genügend Calcium im Meerwasser gelöst ist, um alles Sulfat auszufällen, wird Calcium aus dem Nebengestein gelöst. Magnesium präzipitiert u. a. als Brucit ($Mg(OH)_2$), was gleichzeitig Protonen freisetzt. Dadurch wird der pH-Wert erniedrigt und die Alkalinität titriert. Kontinuierliche Wasser-Gesteins-Wechselwirkung unter sich stetig ändernden physikochemischen Rahmenbedingungen führt zu Anreicherungen von Si, Fe, Mn und weiteren Metallen im Fluid. Ein Teil des originären Meerwassersulfats wird zu Schwefelwasserstoff (H_2S) reduziert, was sich durch Schwefelisotopenuntersuchungen belegen lässt (Ono et al. 2007).

Chlorid ist ein Schlüsselelement in hydrothermalen Fluiden. Es verhält sich generell eher konservativ in der Wechselwirkung des aufgeheizten Fluids mit dem Nebengestein. Nachdem das Sulfat entweder auspräzipitiert ist oder reduziert wurde, und auch das Hydrogenkarbonat durch Titration im sauren pH-Wert verloren wurde, bleibt Chlorid das einzige Anion in der Lösung. Infolge ersetzt die Chlorinität die übliche Charakterisierung des Fluids durch den Parameter Salinität. Die Bedeutung des Chlorids ergibt sich aus der Tatsache, dass gelöste Kationen, vor allem die Metalle, im hydrothermalen Fluid als Chlorokomplexe transportiert werden (von Damm 1995; German und Seyfried 2014).

Signifikante Variationen in der Chlorinität, also der Chloridkonzentration, ergeben sich nur durch den Prozess der Phasenseparation. Dies ist ein omnipräsenter Prozess in submarinen Hydrothermalsystemen. In ca. 2500 m Wassertiefe tritt an intermediär bis schnell spreizenden mittelozeanischen Rücken Phasenseparation bei einer Fluidtemperatur von ≥ 389 °C auf (Bischoff 1991). In Abhängigkeit von der Wassertiefe ändert sich diese Minimum-Fluidtemperatur. Weiterhin differiert die Temperatur aufgrund des Salzgehaltes (das System H_2O-NaCl). Der kritische Punkt für Meerwasser (3,2 % NaCl) liegt bei 407 °C und 298 bar (Driesner und Heinrich 2007). An der kritischen Kurve trennt sich das Fluid in eine Phase mit einer Chlorinität, die höher und eine Phase mit einer Chlorinität, die niedriger ist als die des Meerwassers (54 mM). Phasenseparation ist der einzige Prozess, der die Chloridkonzentration des hydrothermalen Fluids substantiell verändern kann. Empirische und experimentelle Daten belegen, dass bei der Phasenseparation für die meisten Kationen jedoch das Elementverhältnis zum Chlorid bestehen bleibt (Berndt und Seyfried 1990; von Damm 2000). Mithin verändern sich in Abhängigkeit der Chlorinität

11.2 Geochemie hydrothermaler Fluide

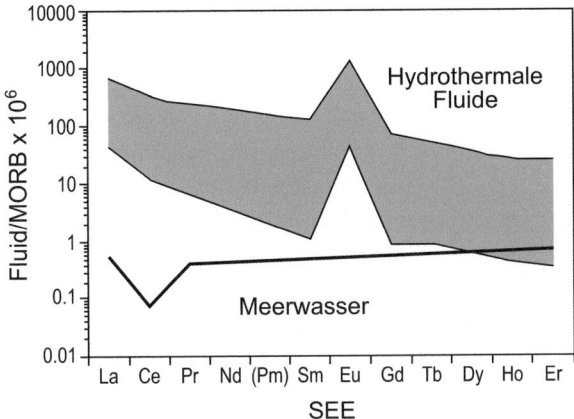

Abb. 11.2 Verteilung der Seltenen Erdelemente (*SEE*) hydrothermaler Fluide. (Verändert nach German und Seyfried 2014)

auch die absoluten Konzentrationen der Kationen eines hydrothermalen Fluids. Gelöste Gase wie CO_2, CH_4, He, H_2 und H_2S reichern sich bei der Phasenseparation bevorzugt in den hydrothermalen Fluiden mit niedrigen Chlorinitäten an (engl. *vapor phase*).

Im Allgemeinen spiegelt die chemische Zusammensetzung hydrothermaler Fluide eine Art Gleichgewichtseinstellung mit der Mineralvergesellschaftung der Wirtsgesteine des Hydrothermalsystems wider. Als Beispiel sei auf die Seltenen Erdelemente (SEE) verwiesen (Abb. 11.2). Diese zeigen eine relative Anreicherung der leichten SEE und eine ausgeprägte positive Eu-Anomalie. Klinkhammer et al. (1994) konnten zeigen, dass sich dies auf die Hochtemperatur-Alteration der Plagioklase in den basaltischen Wirtsgesteinen zurückführen lässt. Während die früh studierten submarinen Hydrothermalsysteme an den schnell spreizenden Segmenten des Ostpazifischen Rückens ausschließlich in basaltischen Wirtsgesteinen lokalisiert sind (von Damm 1995, 2000, 2004), zeigten spätere Studien beispielsweise am langsam spreizenden Mittelatlantischen Rücken die Präsenz hydrothermaler Systeme auch in ultramafischen Wirtsgesteinen (Charlou et al. 2002; Douville et al. 2002; Schmidt et al. 2007, 2011). Dabei wurden charakteristische Unterschiede in der geochemischen Zusammensetzung hydrothermaler Fluide deutlich, die offensichtlich auf die Wechselwirkung mit den unterschiedlichen Wirtsgesteinen zurückzuführen sind. Mit zu den deutlichsten Unterschieden gehört die Speziierung der im Fluid gelösten Gase. In den Ventsystemen mit basaltischen Wirtsgesteinen dominieren vor allem CO_2 und H_2S (von Damm 1995). Während das CO_2 häufig magmatischen Ursprungs ist, stammt ein Teil des gelösten Sulfids aus der thermochemischen Reduktion des Meerwassersulfats (Ono et al. 2007). Dabei zeigt die Konzentration des gelösten Sulfids eine klare Abhängigkeit zur Metallführung des Fluids und der Präzipitation dieser als Metallsulfide. Ventfluide in ultramafischen Wirtsgesteinen zeigen eher geringe Konzentrationen an gelöstem Sulfid. Im Gegensatz dazu sind hohe Konzentrationen von Methan und Wasserstoff charakteristisch für submarine Hydrothermalsysteme in ultramafischen Wirtsgesteinen (Charlou et al. 2002, 2010). Sie resultieren vornehmlich aus der Serpentinisierung der Wirtsgesteine.

Magmatische Entgasung zeigt sich in der Zusammensetzung der hydrothermalen Fluide durch erhöhte Konzentrationen an CO_2 bzw. He. Isotopenuntersuchungen ($\delta^{13}C$, ^3He) belegen klar die magmatische Herkunft dieser Beiträge. Vor allem die Fluide in submarinen Hydrothermalsystemen an intraozeanischen Subduktionszonen sind durch eine generell höhere Gasführung gekennzeichnet (Embley et al. 2007). Neben CO_2 spielt vor allem das SO_2 eine bedeutende Rolle und bestimmt die geochemische Zusammensetzung der Ventsysteme (McDermott et al. 2015).

Ein biologischer Einfluss auf die chemische Zusammensetzung findet sich vor allem in den niedrig temperierten, diffus austretenden hydrothermalen Fluiden und wird in einem späteren Abschnitt beschrieben.

Eine Zusammenstellung bisheriger Ergebnisse zur geochemischen Zusammensetzung hydrothermaler Fluide (Abb. 11.3) zeigt sowohl An- als auch Abreicherungen gegenüber der Meerwasserzusammensetzung. Festzustellen bleibt jedoch, dass im Grunde jedes submarine Hydrothermalsystem eine individuelle geochemische Zusammensetzung im Hinblick auf die gelösten Inhaltsstoffe zeigt. Für weitergehende Detailinformationen sei daher auf zusammenfassende Arbeiten von German und Seyfried (2014) und darin genannte Literatur verwiesen.

Deutlich wird bei Betrachtung der geochemischen Charakteristika hydrothermaler Fluide jedoch, dass vor allem Metalle häufig eine Anreicherung im Vergleich zum Meerwasser zeigen. Aufgrund häufig ebenfalls hoher Konzentrationen an gelöstem Sulfid kommt es zur Präzipitation polymetallischer Massivsulfide. Sie begründen das wirtschaftliche Interesse an den hochtemperierten submarinen Hydrothermalsystemen (Hannington et al. 2011). Neben der wirtschaftlichen Bedeutung ist der Metallexport submariner Hydrothermalsysteme in die ozeanische Wassersäule in den vergangenen Jahren vor allem vor dem Hintergrund der biologischen Verfügbarkeit betrachtet worden. Ein Schwerpunkt der Untersuchungen lag dabei auf dem Beitrag hydrothermal geförderten Eisens auf die marine Primärproduktion (Tagliabue et al. 2010; German et al. 2016).

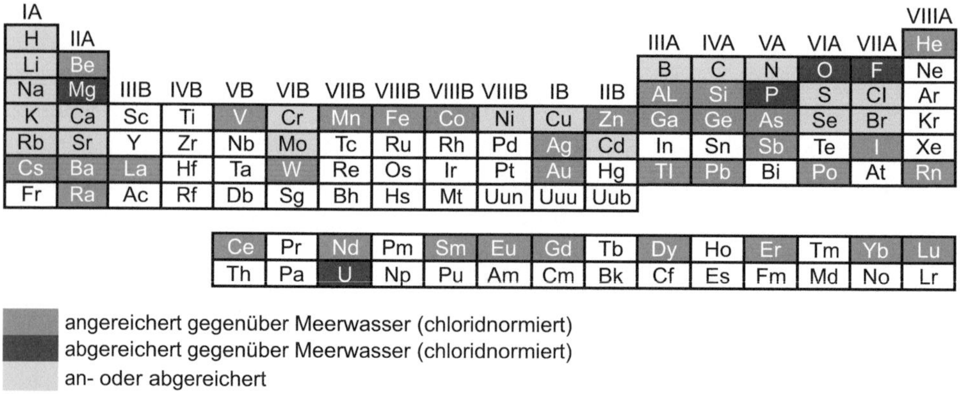

Abb. 11.3 An- und Abreicherungen gelöster Inhaltsstoffe hydrothermaler Fluide im Vergleich zum Meerwasser. (Verändert nach German und Seyfried 2014)

11.2 Geochemie hydrothermaler Fluide

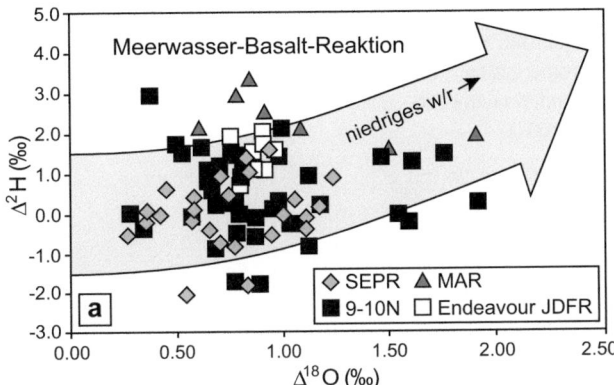

Abb. 11.4 Sauerstoff- und Wasserstoffisotope hydrothermaler Fluide. (Verändert nach Shanks 2001)

Untersuchungen zeigten, dass eine Stabilisierung des gelösten Eisens in hydrothermalen Fluiden als Organokomplex erfolgt (Sander und Koschinsky 2011; Kleint et al. 2019). Dadurch kommt es nicht zur vollumfänglichen Präzipitation des Eisens im direkten Umfeld der hydrothermalen Austrittsstellen als Fe-Sulfid oder Fe-Oxy-Hydroxyd, sondern Fe wird auch für das Phytoplankton als Mikronährstoff verfügbar. Im Fokus sind hier vor allem die submarinen Hydrothermalsysteme an Inselbögen. Aufgrund ihrer Lage in flachen Wassertiefen kommt es zum Export des hydrothermalen Fe in die photische Zone, wo es zur marinen Primärproduktion beiträgt (Tagliabue et al. 2010).

Unser Verständnis der auf die Zusammensetzung hydrothermaler Fluide einflussnehmenden Prozesse basiert auch auf Untersuchungen der stabilen Isotope von Wasserstoff, Sauerstoff, Kohlenstoff und Schwefel (Shanks 2001) sowie verschiedener Metalle (Rouxel et al. 2003, 2004, 2008).

Die Sauerstoff- und Wasserstoffisotopie hydrothermaler Fluide (Abb. 11.4) ist generell ein Spiegel der Wasser-Gesteins-Wechselwirkung. So zeigen entsprechende Fluide an mittelozeanischen Rücken zumeist $\delta^{18}O$-Werte zwischen 0 und +2,5 ‰ und δ^2H-Werte zwischen -2 und +3 ‰. Diese liegen damit zwischen den beiden Endgliedern Meerwasser ($\delta^{18}O$ und $\delta^2H = 0$ ‰; Shanks 2001) und mittelozeanische Rückenbasalte ($\delta^{18}O = +5,5$ bis +6,5 ‰ und $\delta^2H = -80$ bis -50 ‰, Shanks 2001), wobei das Wasser-Gesteins-Verhältnis bzw. die Intensität der Wasser-Gesteins-Wechselwirkung die schlussendliche Isotopensignatur bestimmt (Shanks 2001). Ein einflussnehmender Parameter ist dabei auch die Ozeanspreizungsrate (Bach und Humphris 1999). Eine Verschiebung zu deutlich negativen δ^2H-Werten bei nahezu unveränderter $\delta^{18}O$-Signatur zeigen hydrothermale Fluide aufgrund der Phasenseparation (Berndt et al. 1996).

Die Herkunft des gelösten Kohlendioxyds in hydrothermalen Fluiden lässt sich über die $\delta^{13}C$-Signatur ableiten (Abb. 11.5) (Früh-Green et al. 2004); typischerweise werden für mittelozeanische Rückenbasalte Kohlenstoffisotopenwerte um $-6,5$ ‰ bestimmt. Entsprechend werden $\delta^{13}C$-Werte zwischen -10 und -5 ‰ für CO_2 in hydrothermalen Fluiden als Beleg für die magmatische Herkunft gesehen. Im Gegensatz dazu spiegeln deutlich negative $\delta^{13}C$-Werte um -30 ‰ eher biologisch gesteuerte Prozesse und/oder die Inkorpo-

Abb. 11.5 Kohlenstoffisotopie des gelösten Kohlenstoffs in hydrothermalen Fluiden. (Verändert nach Früh-Green et al. 2004)

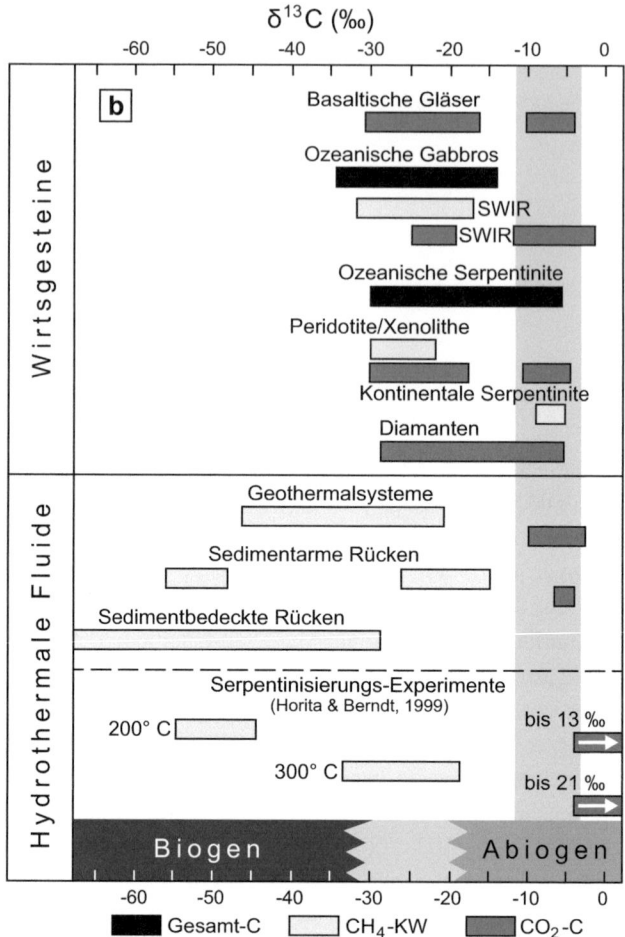

ration von sedimentärem Kohlenstoff wider, beispielsweise bei sedimentbedeckten mittelozeanischen Rückensystemen.

Aufgrund der Bedeutung des Schwefels in submarinen Hydrothermalsystemen gehören Schwefelisotopenuntersuchungen seit langem zum festen Untersuchungsprogramm. Auch hierbei steht die Frage nach der Herkunft des gelösten Sulfids in den hydrothermalen Fluiden bzw. des sulfidisch gebundenen Schwefels in den hydrothermalen Präzipitaten im Vordergrund. Erkenntnisse basieren vorwiegend auf der Bestimmung der $\delta^{34}S$-Signatur hydrothermaler Sulfide. In jüngeren Jahren findet auch die Bestimmung der beiden selteneren Schwefelisotope ^{33}S und ^{36}S Anwendung in der Hydrothermalismusforschung.

Im Hinblick auf die Herkunft des Schwefels in submarinen Hydrothermalsystemen an mittelozeanischen Rücken können zwei mögliche Quellen anhand ihres $\delta^{34}S$-Wertes differenziert werden (Abb. 11.6). Schwefel in den basaltischen Wirtsgesteinen zeigt einen $\delta^{34}S$-Wert nahe 0 ‰ (Labidi et al. 2012, 2014), während das Meerwassersulfat einen $\delta^{34}S$-

11.2 Geochemie hydrothermaler Fluide

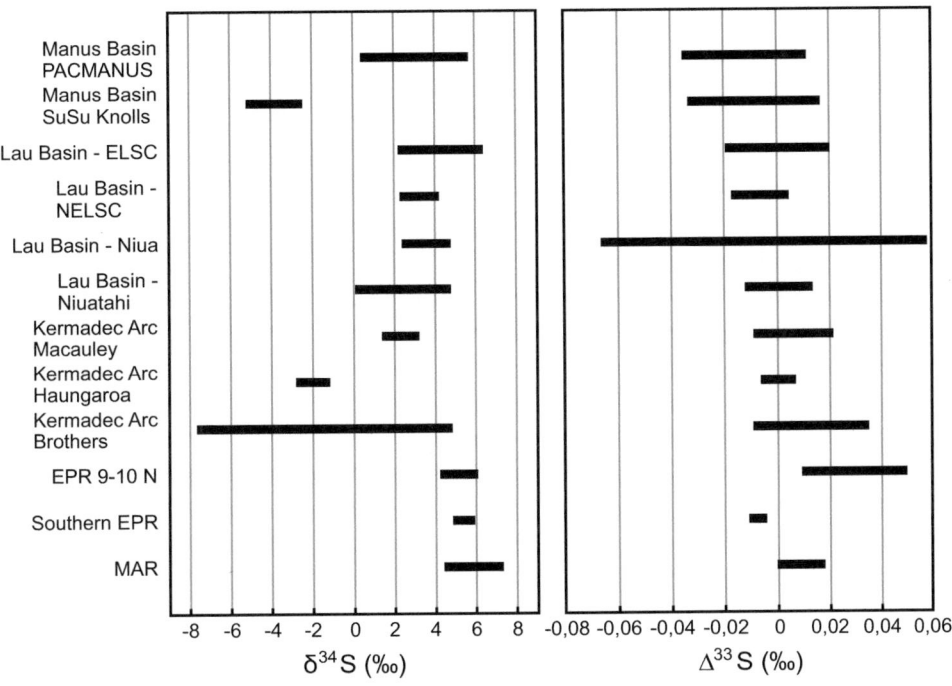

Abb. 11.6 Schwefelisotopensystematik hydrothermaler Fluide. (Verändert nach McDermott et al. 2015)

Wert von +21 ‰ aufweist (Tostevin et al. 2014). Die thermochemische Reduktion des Meerwassersulfats ist mit einer Isotopenfraktionierung verbunden, sodass das gelöste Sulfid mehr oder weniger deutlich am ^{34}S verarmt ist. Die Schwefelisotopensignatur hydrothermaler Sulfide an mittelozeanischen Rücken liegt zumeist in einem Wertebereich zwischen +2 und +8 ‰ (Peters et al. 2010). Eine zusätzliche Betrachtung des selteneren ^{33}S-Isotops (ausgedrückt als Δ^{33}S) macht deutlich, dass im Mittel ca. 25 % des gelösten Sulfids aus der Reduktion des Meerwassersulfats resultieren, während ca. 75 % aus der Lösung von sulfidisch gebundenem Schwefel der basaltischen Wirtsgesteine stammen (Ono et al. 2007).

Ein deutlich anderes Bild zeigen submarine Hydrothermalsysteme an Inselbögen und in Back-Arc-Becken (Peters et al. 2011; McDermott et al. 2015). Eine hohe Konzentration an gelöstem SO_2 in den hydrothermalen Fluiden, fokussierte Austritte hydrothermaler Fluide in sog. Weißen Rauchern und die Anwesenheit elementaren und sulfatisch gebundenen Schwefels in den hydrothermalen Präzipitaten machen deutlich, dass andere Prozesse des Schwefelumsatzes für diese Hydrothermalsysteme charakteristisch sind. Die Disproportionierung des magmatischen SO_2 resultiert in der Bildung von elementarem Schwefel und gelöstem Sulfat. Die Konsequenzen sind extrem niedrige pH-Werte in hydrothermalen Fluiden (pH <2; de Ronde und Stucker 2015) und die Anwesenheit von gelöstem Sulfat in den Fluiden (Kleint et al. 2019). Letzteres steht in deutlichem Gegensatz zu den hydrothermalen Fluiden an mittelozeanischen Rücken. Die SO_2-

Disproportionierung ist mit einer Schwefelisotopenfraktionierung verbunden. Deutlich am ^{34}S verarmte, negative δ^{34}S-Werte kennzeichnen den elementaren Schwefel, während das gelöste Sulfat oder Sulfatmineralpräzipitate die komplementäre, ^{34}S-angereicherte Signatur zeigen (Abb. 11.6; Petersen et al. 2014). Positive δ^{34}S-Werte für elementaren Schwefel berichten Kürzinger et al. (2022, 2023) von der Kemp Caldera, einer submarinen Caldera im Süden des intra-ozeanischen Inselbogens der Südlichen Sandwichinseln. Sie führen die Bildung des elementaren Schwefels auf den Prozess der Synproportionierung von Schwefeldioxyd und Schwefelwasserstoff zurück.

Auch unser Verständnis der hydrothermalen Alteration der Ozeanbodengesteine fußt neben der Beobachtung charakteristischer Konzentrationsänderungen ausgewählter chemischer Elemente sowie Veränderungen im Mineralbestand auf isotopengeochemischen Erkenntnissen. Klassische Arbeiten wie beispielsweise von Alt (1995) belegen anhand der Isotopensignaturen des sulfatisch gebundenen Schwefels (δ^{34}S), des silikatisch gebundenen Sauerstoffs (δ^{18}O) und der ^{87}Sr/^{86}Sr-Isotopensignatur der Gesteine die tiefreichende Zirkulation hydrothermaler Fluide und die damit verknüpfte Wasser-Gesteins-Wechselwirkung. Dabei zeichnet sich eine abnehmende Bedeutung des Meerwassersignals und eine zunehmende Bedeutung der Signaturen des Wirtsgesteins mit zunehmender Tiefe ab (Abb. 11.7).

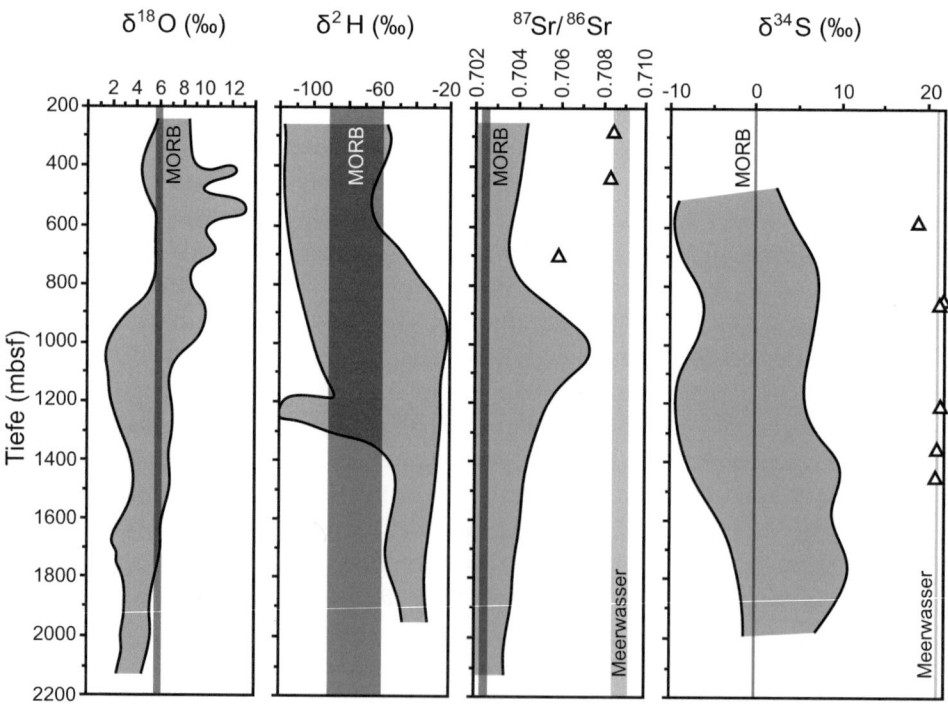

Abb. 11.7 Geochemische Signaturen hydrothermaler Alteration des Ozeanbodens. (Verändert nach Alt 1995)

11.3 Hydrothermalsysteme – ein extremer Lebensraum

Das Spektakuläre an der Entdeckung submariner Hydrothermalsysteme Ende der 1970er-Jahre war die Tatsache, dass diese offensichtlich die Entstehung und Versorgung einer blühenden Lebensgemeinschaft ermöglichen, die in der lichtlosen wüstenhaften Tiefsee einer Oase des Lebens gleichkommen. Nahrungsgrundlage dieser Lebensgemeinschaft, von der nur die Makro-Ventfauna mit bloßem Auge sichtbar ist, ist eine hochspezialisierte Lebensgemeinschaft chemosynthetischer Bakterien und Archaeen (Cavanaugh et al. 2006; Dubilier et al. 2008; Früh-Green et al. 2022). Diese finden sich in den hydrothermalen Wolken, die sich infolge des Ausstoßes hydrothermaler Fluide aus den fokussierten heißen Austritten in die ozeanische Wassersäule ergeben, in den diffus austretenden niedrigtemperierten Fluidaustritten am Meeresboden, in den porösen Schornsteinstrukturen bzw. im Untergrund der Hydrothermalsysteme, in Form von mikrobiellen Matten auf den Gesteins- und Sedimentoberflächen in räumlicher Nähe zu den Austrittsstellen sowie symbiontisch lebend mit Organismen der Ventfauna, wie etwa Muscheln oder Garnelen.

Die Diversität der chemosynthetischen mikrobiellen Lebensgemeinschaft begründet sich ursächlich durch die Heterogenität in der chemischen Zusammensetzung sowie der physikochemischen Charakteristika (pH, Eh) hydrothermaler Fluide. Dabei bestimmen zwei Aspekte maßgeblich die Verfügbarkeit von Elektronendonatoren und Elektronenakzeptoren: die Zusammensetzung der Wirtsgesteine, in denen die Hydrothermalsysteme eingebettet sind, und der Anteil des hydrothermalen Fluids bzw. die Höhe der Zumischung ozeanischen Tiefenwassers (McCollom und Shock 1997; Luther et al. 2001) im unmittelbaren Habitat.

Die Beobachtung einer artenreichen wirbellosen Ventfauna mit Muscheln, Garnelen und Röhrenwürmern der zuerst entdeckten submarinen Hydrothermalquellen am Galapagos Rift und am Ostpazifischen Rücken warf sofort die Frage nach der Nahrungsstrategie dieser Organismen auf. Wurden diese zunächst als Suspensionsfresser eingestuft (Lonsdale 1977) wurde sehr schnell klar, dass es sich um chemoautotrophe Mikroorganismen handeln musste, deren Stoffwechsel auf dem gelösten Sulfid der hydrothermalen Fluide basiert (Karl et al. 1980). Dabei konnten Cavanaugh et al. (1981) überzeugend nachweisen, dass es sich im Falle der Röhrenwürmer der Gattung *Riftia pachyptila* um symbiontisch lebende Sulfidoxidierer handelte. Hierbei sorgt das Wirtstier, in diesem Fall der Röhrenwurm, für eine Versorgung der chemosynthetischen Bakterien mit H_2S. Diese koppeln CO_2-Fixierung und Biomassebildung an die aerobe Sulfidoxidation.

$$4H_2S + O_2 + CO_2 \rightarrow CH_2O + 3H_2O + 4S$$

Die resultierende organische Substanz (vereinfacht abgekürzt als CH_2O) stellt dann die Nahrungsgrundlage für das Wirtstier dar. Vergleichbare Beobachtungen endo- und ektosymbiontisch lebender Bakterien existieren mittlerweile für einen Großteil der bekannten Ventfauna (Dubilier et al. 2008).

Forschungen der vergangenen 45 Jahre haben deutlich gemacht, dass die chemoautotrophen Prozesse symbiontisch ebenso wie frei lebender Mikroorganismen auf einem variablen Angebot an Energiequellen basiert. Die bevorzugten Inhaltsstoffe der hydrothermalen Fluide sind H_2S, CH_4, H_2 und Fe, wobei die autotrophe CO_2-Fixierung dementsprechend an die Oxidation von Sulfid, Methan, Wasserstoff oder Eisen geknüpft ist. Einen deutlichen ökologischen Vorteil haben Ventorganismen, die gleichzeitig verschiedene symbiontisch lebende Bakterien versorgen wie beispielsweise Sulfid- und Methanoxidierer. Dies ermöglicht, Engpässe in der Versorgung aufgrund zeitlich und/oder räumlicher Variabilität in Fluidzusammensetzung auszugleichen.

Die Rahmenbedingungen nicht symbiontisch lebender chemoautotropher Bakterien sind denen der symbiontisch lebenden vergleichbar. Der Schlüssel ist die ausreichende Versorgung mit Energie zur CO_2-Fixierung, resultierend aus der Oxidation reduzierter anorganischer Komponenten. Wie eingangs betont, spielt hier die Lithologie des Wirtsgesteins, in welchem das Hydrothermalsystem eingebettet ist, eine entscheidende Rolle. So konnten beispielsweise Perner et al. (2013) zeigen, dass nichtsymbiontisch lebende chemoautotrophe Bakterien in basaltischen Hydrothermalsystemen aufgrund der hohen Konzentrationen an gelöstem Sulfid ihren Stoffwechsel prinzipiell eher auf der Sulfidoxidation basieren lassen, im Gegensatz zu wasserstoffoxidierenden Bakterien in Hydrothermalsystemen in ultramafischen Gesteinen (Petersen et al. 2011). Darüber hinaus wurde in ihren Inkubationen deutlich, dass neben der reinen Verfügbarkeit von Sulfid oder Wasserstoff weitere Rahmenbedingungen (beispielsweise O_2-Angebot und Temperatur) dafür verantwortlich sind, welche Stoffwechselpfade für die mikrobielle Lebensgemeinschaft eines Hydrothermalsystems charakteristisch sind.

In deutlichem Gegensatz zu den benachbarten Hochtemperatur-Hydrothermalfeldern im direkten Spreizungsbereich des Mittelatlantischen Rückens wie etwa Rainbow (36°14′N) oder Logatchev (14°45′N), die ebenfalls von ultramafischen Gesteinen unterlagert, dabei aber sulfidbetont sind, identifizierten Brazelton et al. (2006) in den extrem porösen Karbonatschornsteinen und den niedrigtemperierten hydrothermalen Fluiden des Lost City-Hydrothermalfelds eine mikrobielle Gemeinschaft aus sulfidoxidierenden, sulfatreduzierenden und methanoxidierenden Bakterien sowie methanogenen und anaerob methanoxidierenden Archaeen. Dies macht deutlich, dass mikrobielle Schwefel- und Methanumsatzprozesse bestimmend zu sein scheinen für Hydrothermalsysteme in ultramafischen Gesteinskomplexen.

45 Jahre nach Entdeckung einer beeindruckend vielfältigen Ventfauna an den submarinen Hydrothermalquellen ist klar, dass die Nahrungsgrundlage dafür eine hochspezialisierte und ebenso vielfältige chemoautotroph lebende mikrobielle Lebensgemeinschaft ist. Ob frei oder symbiontisch lebend, haben Forschungen der vergangenen Jahrzehnte gezeigt, dass jede sich bietende ökologische Nische von Spezialisten als nutzbar erkannt und besiedelt wird. In diesem Zusammenhang befeuern die biogeochemischen Reaktionen vor allem in den hochporösen Karbonatstrukturen des Lost City-Hydrothermalfeldes die Diskussion, ob ein entsprechendes biogeochemisches Milieu die Rahmenbedingungen für die Entstehung des Lebens auf der Erde geboten haben könnte (Martin et al. 2008; Russell et al. 2010).

11.4 Massivsulfidvorkommen – wirtschaftliche Bedeutung des submarinen Hydrothermalismus

Ein letzter Aspekt im Kontext des submarinen Hydrothermalismus ist die wirtschaftliche Bedeutung der am Meeresboden existierenden Massivsulfidkomplexe. Ein stetig steigender Rohstoffbedarf bei gleichzeitiger Erschöpfung vieler landbasierter Lagerstätten hat im Hinblick auf eine langfristige Rohstoffsicherung den Tiefseebergbau auf Massivsulfide, neben den Manganknollen und den Kobaltkrusten, in den Fokus wirtschaftlicher Betrachtungen gerückt (Petersen et al. 2016).

Seit der Entdeckung submariner Hydrothermalsysteme Ende der 1970er-Jahre wurden entlang der mittelozeanischen Rücken, entlang von Inselbögen sowie in Back-Arc-Becken mehr als 500 aktive und zahlreiche inaktive Hochtemperatur-Hydrothermalfelder gefunden (Beaulieu et al. 2013). Nicht alle zeigen jedoch signifikante Anreicherungen an Massivsulfiden, die unter heutigen Vorstellungen eine wirtschaftliche Nutzung erlauben. Auf der Basis von Beobachtungen hydrothermaler Anomalien in den Ozeanen sowie von Modellierungsergebnissen gehen Schätzungen global von bis zu 5000 aktiven submarinen Hydrothermalfeldern aus (Hannington et al. 2011). Aber wie bilden sich diese Massivsulfidvorkommen, und was macht sie wirtschaftlich interessant?

Grundlage für die Bildung von submarinen Massivsulfidvorkommen ist zunächst die Bildung der Schwarzen Raucher. Diese haben eine gewisse Lebensdauer, bevor sie zerfallen. Solange das Hydrothermalsystem insgesamt aber aktiv ist, werden sich immer wieder neue Schornsteine bilden. Auf diese Weise bildet sich im Laufe der Zeit ein Sulfidhügel (engl. *sulfide mound*), dessen Größe aufgrund von Lösungs- und Abscheidungsprozessen auch im Untergrund zunimmt. Ein komplexes Netzwerk an Fluidkanälen im Untergrund führt über Lösungs- und Abscheidungsprozesse zugleich zu einer Umverteilung, Verlagerung und/oder Zonierung eines solchen Erzhügels. Zusätzlich zum eigentlichen Erzhügel finden sich metallreiche Sedimente in dessen näherem und fernerem Umfeld. Das Wachstum solcher Massivsulfidvorkommen ist also unmittelbar an die hydrothermale Aktivität geknüpft. Endet diese, wird das Vorkommen nicht mehr wachsen. Dennoch sind gerade die nicht mehr aktiven Hydrothermalbereiche am Meeresboden wichtige und wirtschaftlich bedeutende Rohstoffressourcen, da diese den kompletten Kreislauf hydrothemaler Metallanreicherung bereits durchlaufen haben (Petersen et al. 2016).

Die wirtschaftliche Bedeutung submariner Hydrothermalsysteme und der sich dort bildenden Massivsulfide ergibt sich aus den Metallgehalten. Diese zeigen eine hohe Variabilität auf regionalem oder sogar lokalem Maßstab (Hannington et al. 2005; Monecke et al. 2016). Deutliche Unterschiede existieren im Hinblick auf das geotektonische Setting des jeweils betrachteten Hydrothermalsystems. Neben den eher klassischen Metallen wie Kupfer, Zink, Gold oder Silber gewinnen Spurenelemente wie Gallium, Germanium, Tellurium, Selenium und Indium sog. Technologiemetalle, zunehmend an Bedeutung (Monecke et al. 2016).

Die hohe Variabilität in der Konzentration einzelner Metalle auf dem Maßstab eines Massivsulfidvorkommens oder sogar eines Handstücks resultiert aus der Abhängigkeit der Löslichkeit der Metalle von der Temperatur. Die mineralogische Zonierung eines Schwarzen Rauchers macht dies deutlich. Kupferreiche Minerale wie Kupferkies ($CuFeS_2$) oder Isocubanit ($CuFe_2S_3$) finden sich als Hochtemperaturabscheidungen im Inneren eines solchen Schornsteins oder auch im Inneren eines Sulfidhügels. Zum Rand hin folgen dann eisenreiche (Pyrrhotin – FeS; Pyrit – FeS_2; Markasit – FeS_2) oder zinkreiche (Sphalerit – ZnS; Wurtzit – ZnS) Minerale, gemeinsam mit Sulfat und Silikat (Petersen et al. 2018). Diese Mineralparagenese spiegelt kühlere Abscheidungsbedingungen wider, häufig als Folge der Mischung des hydrothermalen Fluids mit kaltem Meerwasser.

Die wirtschaftliche Bedeutung von Massivsulfidvorkommen fußt auf der soliden Kenntnis der Größe des Vorkommens und des Metallgehaltes. Lediglich für das Massivsulfidvorkommen Solwara 1 offshore in der ausschließlichen Wirtschaftszone (engl. *Exclusive Economic Zone* – EEZ) von Papua-Neuguinea gibt es eine belastbare Lagerstättenbewertung (Petersen et al. 2016). Ein weiteres Vorkommen, für welches das wirtschaftliche Potential bekannt ist, sind die metallreichen Erzschlämme des Atlantis-II-Tiefs im Roten Meer (Petersen et al. 2016). Für beide Vorkommen, Solwara 1 und das Atlantis-II-Tief, hat die Internationale Meeresbodenbehörde (engl. *International Seabed Authority* – ISA) Abbaulizenzen ausgestellt. Deutschland hält seit 2015 und für 15 Jahre Explorationslizenzen für Massivsulfidvorkommen im Indischen Ozean entlang des Zentralindischen und des Südostindischen Rückens (www.bgr.bund.de).

Es bleibt abschließend zu betonen, dass im Zusammenhang mit der lagerstättenkundlichen Erkundung des heutigen Meeresbodens auch die Umweltverträglichkeit in den Blick genommen wird (Holzheid et al. 2024).

11.5 Zusammenfassung

Submarine Hydrothermalsysteme spiegeln die Wechselwirkung des Meerwassers mit den Gesteinen der ozeanischen Kruste unter wechselnden Druck-Temperatur-Bedingungen wider. Vor allem im Bereich der Inselbögen und Back-Arc-Becken kommt ein deutlicher magmatischer Beitrag hinzu. Die geologischen Rahmenbedingungen und hier vor allem die Lithologie der Wirtsgesteine haben entscheidenden Einfluss auf die chemische Zusammensetzung der Fluide. Diese wiederum definiert den Rahmen möglicher chemosynthetischer Prozesse als Nahrungsgrundlage für eine hochspezialisierte Lebensgemeinschaft an den submarinen Hydrothermalquellen. Vor dem Hintergrund schwindender landbasierter Ressourcen begründet die Anreicherung verschiedener Metalle sowie Technologieelemente in den submarinen Massivsulfidvorkommen zugleich deren wirtschaftliche Bedeutung.

Literatur

Alt JC (1995) Subseafloor processes in mid-ocean ridge hydrothermal systems. In: Humphris SE, Zierenberg RA, Mullineaux LS, Thomson RE (Hrsg) Seafloor hydrothermal systems: physical, chemical, biological and geological interactions, Geophysical monograph series 91. American Geophysical Union, Washington, DC, S 85–114

Bach W, Humphris SE (1999) Relationship between the Sr and O isotope compositions of hydrothermal fluids and the spreading and magma-supply rates at oceanic spreading centers. Geology 27:1067–1070

Baker ET, German C (2004) On the global distribution of hydrothermal vent fields. In: German CR, Lin J, Parson LM (Hrsg) Mid-ocean ridges: hydrothermal interactions between the lithosphere and ocean, Geophysical monograph series 148. American Geophysical Union, Washington, DC, S 245–266

Baker ET, Chen YJ, Morgan JP (1996) The relationship between near-axis hydrothermal cooling and the spreading rate of mid-ocean ridges. Earth Planet Sci Lett 142:137–145

Beaulieu SE, Baker ET, German CR, Maffei A (2013) An authorative global database for active submarine hydrothermal vent fields. Geochem Geophys Geosyst 14:4892–4905

Berndt ME, Seyfried WE Jr (1990) Boron, bromine, and other trace elements as clues to the fate of chlorine in mid-ocean ridge vent fluids. Geochim Cosmochim Acta 54:2235–2245

Berndt ME, Seal RR II, Shanks WC III, Seyfried WE Jr (1996) Hydrogen isotope systematics of phase separation in submarine hydrothermal systems: experimental calibration and theoretical models. Geochim Cosmochim Acta 60:1595–1604

Bischoff JL (1991) Densities of liquids and vapors in boiling NaCl-H_2O solutions: a PVTx summary from 300° to 500° C. Am J Sci 289:309–338

Brazelton WJ, Schrenk MO, Kelley DS, Baross JA (2006) Methane- and sulfur-metabolizing microbial communities dominate the Lost City hydrothermal field ecosystem. Appl Environ Microbiol 72:6257–6270

Cavanaugh CM, Gardiner SL, Jones ML, Jannasch HW, Waterbury JB (1981) Prokaryotic cells in the hydrothermal vent tube worm *Riftia pachyptila* Jones: Possible chemoautotrophic symbionts. Science 213:340–342

Cavanaugh CM, McKiness ZP, Newton ILG, Stewart FJ (2006) Marine chemosynthetic symbioses. Prokaryotes 1:475–507

Charlou JL, Donval JP, Fouquet Y, Jean-Baptiste P, Holm N (2002) Geochemistry of high H_2 and CH_4 vent fluids issuing from ultramafic rocks at the Rainbow hydrothermal field (36°14′N, MAR). Chem Geol 191:345–359

Charlou JL, Donval JP, Konn C, Ondréas H, Fouquet Y, Philippe J-B, Fourré E (2010) High production and fluxes of H_2 and CH_4 and evidence of abiotic hydrocarbon synthesis by serpentinization in ultramafic-hosted hydrothermal systems on the Mid-Atlantic Ridge, Geophysical monograph series 188. American Geophysical Union, Washington, DC, S 265–296

Douville E, Charlou JL, Oelkers EH, Bienvenu P, Jove Colon CF, Donval JP, Fouquet Y, Prieour D, Appriou P (2002) The rainbow vent fluids (36°14′N, MAR): the influence of ultramafic rocks and phase separation on trace metal content in Mid-Atlantic Ridge hydrothermal fluids. Chem Geol 184:37–48

Driesner T, Heinrich CA (2007) The system H2O-NaCl. Part I: correlation formulae for phase relations in temperature-pressure-composition space from 0 to 1000° C, 0 to 5000 bar, and 0 to 1 XNaCl. Geochim Cosmochim Acta 71:4880–4901

Dubilier N, Bergin C, Lott C (2008) Symbiotic diversity in marine animals: the art of harnessing chemosynthesis. Nat Rev Microbiol 6:725–740

Embley RW, Baker ET, Butterfield DA, Chadwick WW Jr, Lupton JE, Resing JA, de Ronde CJ, Nakamura K, Tunnicliffe V, Dower JF, Merle G (2007) Exploring the submarine ring of fire. Oceanography 20:68–79

Früh-Green GL, Kelley DS, Bernasconi SM, Karson JA, Ludwig KA, Butterfield DA, Boschi C, Proskurowski G (2003) 30,000 years of hydrothermal activity at the Lost City vent field. Science 301:495–498

Früh-Green GL, Connolly JAD, Plas A, Kelley DS, Grobety B (2004) Serpentinization of oceanic peridotites: implications for geochemical cycles and biologic activity. In: Wilcock WS, DeLong EF, Kelley DS, Baross JA, Cary SC (Hrsg) The subseafloor biosphere at mid-ocean ridges, Geophysical monograph series 144. American Geophysical Union, Washington, DC, S 119–135

Früh-Green GL, Kelley DS, Lilley MD, Cannat M, Chavagnac V, Baross JA (2022) Diversity of magmatism, hydrothermal processes and microbial interactions at mid-ocean ridges. Nat Rev Earth Environ 3:852–871

German CR, Seyfried WE Jr (2014) Hydrothermal processes. In: Treatise on geochemistry, 2. Aufl. Elsevier, S 191–233

German CR, von Damm KL (2004) Hydrothermal processes. In: Treatise on geochemistry. Elsevier, Amsterdam, S 182–222

German CR, Casciotti KA, Dutay J-C, Heimbürger LE, Jenkins WJ, Measures CI, Mills RA, Obata H, Schlitzer R, Tagliabue A, Turner DR, Whitby H (2016) Hydrothermal impacts on trace element and isotope ocean biogeochemistry. Phil Trans R Soc A 374:20160035

Hannington M, Jamieson J, Monecke T, Petersen S, Beaulieu S (2011) The abundance of seafloor massive sulfide deposits. Geology 12:1155–1158

Hannington MD, de Ronde CD, Petersen S (2005) Sea-floor tectonics and submarine hydrothermal systems. Econ Geol 100:111–141

Holzheid A, Zhao H, Cabus T, Fan L, Kuhn T, Sun L, Tao C, Haeckel M, Hoang D, Kelly N, Kihara T, Li B, Li J, Ma J, Matz-Lück N, Meyne K, Molari M, Petersen S, Pollmann K, Rudolph M, Xu X, Zhang Y (2024) Deep-sea mining of massive sulfides: balancing impacts on biodiversity and ecosystem, technological challenges and law of the sea. Mar Policy 167:106289

Karl DM, Wirsen CO, Jannasch HW (1980) Deep-sea primary production at the Galapagos hydrothermal vents. Science 207:1345–1347

Kelley DS, Karson JA, Blackman DK, Früh-Green GL, Butterfield DA, Lilley MD, Olson EJ, Schrenk MO, Roe KK, Lebon GT, Rivizzigno P, the AT3-60 Shipbord Party (2001) An off-axis hydrothermal vent field near the Mid-Atlantic Ridge at 30° N. Nature 412:145–149

Kelley DS, Karson JA, Früh-Green GL, Yoerger DR, Shank TM, Butterfield DM, Hayes JM, Schrenk MO, Olson EJ, Proskurowski G, Jakuba M, Bradley A, Larson B, Ludwig K, Glickson D, Buckman K, Bradley AS, Brazelton WJ, Roe K, Elend MJ, Delacour A, Bernasconi SM, Lilley MD, Baross JA, Summons RE, Sylva SP (2005) A serpentinite-hosted ecosystem: the Lost City hydrothermal field. Science 307:1428–1434

Kleint C, Bach W, Diehl A, Fröhberg N, Garbe-Schönberg N, Hartmann JF, de Ronde CEJ, Sander SG, Strauss H, Stucker VK, Thal J, Zitoun R, Koschinsky A (2019) Geochemical characterization of highly diverse hydrothermal fluids from volcanic vent systems of the Kermadec intraoceanic arc. Chem Geol 528:119289

Klinkhammer GP, Elderfield H, Edmond JM, Mitra A (1994) Geochemical implications of rare earth element patterns in hydrothermal fluids from mid-ocean ridges. Geochim Cosmochim Acta 58:5105–5113

Kürzinger V, Diehl A, Pereira SI, Strauss H, Bohrmann G, Bach W (2022) Sulfur formation associated with coexisting sulfide minerals in the Kemp Caldera hydrothermal system, Scotia Sea. Chem Geol 606:1–20

Kürzinger V, Hansen CT, Strauss H, Wu S, Bach W (2023) Experimental evidence for the hydrothermal formation of native sulfur by synproportionation. Front Earth Sci 11:1132794

Labidi J, Cartigny P, Birck JL, Assayag N, Bourrand JJ (2012) Determination of multiple sulfur isotopes in glasses: a reappraisal of the MORB δ^{34}S. Chem Geol 334:189–198

Labidi J, Cartigny P, Hamelin C, Moreira M, Dosso L (2014) Sulfur isotope budget (^{32}S, ^{33}S, ^{34}S and ^{36}S) in Pacific–Antarctic ridge basalts: a record of mantle source heterogeneity and hydrothermal sulfide assimilation. Geochim Cosmochim Acta 133:47–67

Lonsdale P (1977) Clustering of suspension-feeding macrobenthos near abyssal hydrothermal vents at oceanic spreading centers. Deep-Sea Res 24:857–863

Luther GWI, Rozan TF, Taillefert M, Nuzzio DB, Di Meo C, Shank TM, Lutz RA, Cary SC (2001) Chemical speciation drives hydrothermal vent ecology. Nature 410:813–816

Martin W, Baross JA, Kelley DS, Russel MJ (2008) Hydrothermal vents and the origin of life. Nat Rev Microbiol 6:805–814

McCollom TM, Shock EL (1997) Geochemical constraints on chemolithoautotrophic metabolism by microorganisms in seafloor hydrothermal systems. Geochim Cosmochim Acta 61:4375–4391

McDermott JM, Ono S, Tivey MK, Seewald JS, Shanks WC III, Solow AR (2015) Identification of sulfur sources and isotopic equilibria in submarine hot-springs using multiple sulfur isotopes. Geochim Cosmochim Acta 160:169–187

Monecke T, Petersen S, Hannington MD, Grant H, Samson IM (2016) The minor element endowment of modern sea-floor massive sulfides and comparison with deposits hosted in ancient volcanic successions. In: Verplank PL, Hitzman MW (Hrsg) Rare earth and critical elements in ore deposits, Reviews in Economic Eeology, Soc Econ Geol, Littleton, Colorado, Bd 18, S 245–306

Ono S, Shanks WC III, Rouxel OJ, Rumble D (2007) S-33 constraints on the seawater sulfate contribution in modern seafloor hydrothermal vent sulfides. Geochim Cosmochim Acta 71:1170–1182

Perner M, Hansen M, Seifert R, Strauss H, Koschinsky A, Petersen S (2013) Linking geology, fluid chemistry and microbial activity of basalt- and ultramafic-hosted deep-sea hydrothermal vent environments. Geobiology 11:340–355

Peters M, Farquhar J, Ockert C, Eickmann B, Strauss H, Garbe-Schönberg D (2010) Sulfur cycling in hydrothermal systems at the Mid-Atlantic Ridge. Chem Geol 269:180–196

Peters M, Strauss H, Petersen S, Kummer N, Thomazo C (2011) Hydrothermalism in the Tyrrhenian Sea: inorganic and microbial sulfur cycling as revealed by geochemical and multiple sulfur isotope data. Chem Geol 280:217–231

Petersen JM, Zielinski FU, Pape T, Seifert R, Moraru C, Amann R, Hourdez S, Girguis PR, Wankel SD, Barbe V, Pelletier E, Fink D, Borowski C, Bach W, Dubilier N (2011) Hydrogen is an energy source for hydrothermal vent symbioses. Nature 476:176–180

Petersen S, Monecke T, Westhues A, Hannington MD, Gemell JB, Sharpe R, Peters M, Strauss H, Lackschewitz K, Augustin N, Gibson H, Kleeberg R (2014) Drilling shallow-water massive sulfides at the Palinuro Volcanic Complex, Aeolian Island Arc, Italy. Econ Geol 109:2129–2157

Petersen S, Krätschell A, Augustin N, Jamieson J, Hein JR, Hannington MD (2016) News from the seabed – geological characteristics and resource potential of deep-sea mineral resources. Mar Policy 70:175–187

Petersen S, Lehrmann B, Murton BJ (2018) Modern seafloor hydrothermal systems: new perspectives on ancient ore-forming processes. Elements 14:307–312

Proskurowski G, Lilley MD, Seewald JS, Früh-Green GL, Olson EJ, Lupton JE, Sylva SP, Kelley DS (2008) Abiogenic hydrocarbon production at Lost City hydrothermal field. Science 319:604–607

de Ronde CE, Stucker VK (2015) Seafloor hydrothermal venting at volcanic arcs and backarcs. In: The encyclopedia of volcanoes. Elsevier, S 823–849

Rouxel O, Dobbek N, Ludden J, Fouquet Y (2003) Iron isotope fractionation during ocean crust alteration. Chem Geol 202:155–182

Rouxel O, Fouquet Y, Ludden JN (2004) Copper isotope systematics of the Lucky Strike, Rainbow, and Logatchev sea-floor hydrothermal fields on the Mid-Atlantic Ridge. Econ Geol 99:585–600

Rouxel O, Shanks WC, Bach W, Edwards KJ (2008) Integrated Fe- and S-isotope study of seafloor hydrothermal vents at East Pacific Rise 9–10°N. Chem Geol 252:214–227

Russell MJ, Hall AJ, Martin W (2010) Serpentinization as a source of energy at the origin of life. Geobiology 8:355–371

Sander SG, Koschinsky A (2011) Metal flux from hydrothermal vents increased by organic complexation. Nat Geosci 4:145–150

Schmidt K, Koschinsky A, Garbe-Schönberg D, de Carvalho LM, Seifert R (2007) Geochemistry of hydrothermal fluids from the ultramafic-hosted Logatchev hydrothermal field, 15°N on the Mid-Atlantic Ridge: temporal and spatial investigation. Chem Geol 242:1–21

Schmidt K, Garbe-Schönberg D, Koschinsky A, Strauss H, Jost CL, Klevenz V, Königer P (2011) Fluid elemental and stable isotope composition of the Nibelungen hydrothermal field (8°18′S, Mid-Atlantic Ridge): constraints on fluid-rock interaction in heterogeneous lithosphere. Chem Geol 280:1–18

Shanks WC III (2001) Stable isotopes in seafloor hydrothermal systems: Vent fluids, hydrothermal deposits, hydrothermal alteration, and microbial processes. In: Valley JW, Cole DR (Hrsg) Stable isotope geochemistry. Mineralogical Society of America, Washington, DC, S 469–526

Tagliabue A, Bopp L, Dutay J-C, Bowie AR, Chever F, Jean-Baptiste P, Bucciarelli E, Lannuzel D, Remenyi T, Sarthou G, Aumont O, Gehlen M, Jeandel C (2010) Hydrothermal contribution to the oceanic dissolved iron inventory. Nat Geosci 3:252–256

Tostevin R, Turchyn AV, Farquhar J, Johnston DT, Eldridge DL, Bishop JKB, McIlvin M (2014) Multiple sulfur isotope constraints on the modern sulfur cycle. Earth Planet Sci Lett 396:14–21

Von Damm KL (1995) Controls on the chemistry and temporal variability of seafloor hydrothermal fluids. In: Humphris SE, Zierenberg RA, Mullineaux LS, Thomson RE (Hrsg) Seafloor hydrothermal systems: physical, chemical, biological and geological interactions, Geophysical monograph series 91. American Geophysical Union, Washington, DC, S 222–248

Von Damm KL (2000) Chemistry of hydrothermal vent fluids from 9–10° N, East Pacific Rise: 'time zero,' the immediate post-eruptive period. J Geophys Res 105:11203–11222

Von Damm KL (2004) Evolution of the hydrothermal system at East Pacific Rise 9°50′N: geochemical evidence for changes in the upper ocean crust. In: German CR, Lin J, Parson LM (Hrsg) Hydrothermal interactions between the lithosphere and oceans, Geophysical monograph series 148. American Geophysical Union, Washington, DC, S 285–305

Zusammensetzung und Wachstum der kontinentalen Kruste

12

Migmatitischer Gneis, Nunatarsuq, Südwest-Grönland (Foto: E. Hoffmann)

Inhaltsverzeichnis

12.1 Die chemische Zusammensetzung der kontinentalen Kruste 202
12.2 Zirkone – Hinweise für Bildung und Entwicklung der kontinentalen Kruste 204
12.3 Multiple Schwefelisotope als Anzeiger früher Subduktion 207
12.4 Die zeitliche Entwicklung der kontinentalen Kruste 208
12.5 Zusammenfassung 210
Literatur 210

▶ Gesteine der kontinentalen Kruste bedecken heute etwa 40 % unserer Erde und repräsentieren geologisch die Festländer sowie die angrenzenden und vom Meer überfluteten Schelfbereiche. Fragen zur geochemischen Zusammensetzung der kontinentalen Kruste sind untrennbar mit unserem Verständnis der zeitlichen Entwicklung von Krustenwachstum und Krustenrecycling verknüpft und damit schlussendlich auch mit der Frage nach dem Beginn der Plattentektonik (im Sinne unseres Verständnisses der heutigen plattentektonischen Prozesse). Ganz unterschiedliche Daten werden für die Frage nach der Zusammensetzung und der Bildung der kontinentalen Kruste herangezogen: die geochemische Zusammensetzung feinkörniger klastischer Sedimentgesteine, das Alter detritischer Zirkone, die Sauerstoffisotopie von Zirkonen, die Strontiumisotopie chemischer Sedimentgesteine sowie ausgewählte Spurenelemente und Isotope in Zirkonen. Vor allem für die sehr frühe Erdgeschichte basiert die Rekonstruktion der zeitlichen Entwicklung der Bildung kontinentaler Kruste jedoch nur auf wenigen repräsentativen Gesteinseinheiten.

12.1 Die chemische Zusammensetzung der kontinentalen Kruste

Seismische Untersuchungen differenzieren eine stratifizierte kontinentale Kruste (Christensen und Mooney 1995; Mooney 2015). Nur die auf den Festländern aufgeschlossene obere kontinentale Kruste steht dabei für eine direkte und umfassende geochemische Untersuchung zur Verfügung. Untersuchungen der tiefen kontinentalen Kruste basieren auf hochgradig metamorphen Gesteinen (amphibolit- und granulitfaziell überprägt), auf granulitfaziellen Xenolithen sowie der Auswertung seismischer Daten für Gesteinsarten, wie sie für die tiefe kontinentale Kruste als repräsentativ betrachtet werden. Zusammenfassend zeigt die kontinentale Kruste eine vertikale Stratifizierung in ihrer chemischen Zusammensetzung, wobei sie mit der Tiefe zunehmend mafischer wird (Rudnick und Gao 2014).

Unser Verständnis über die chemische Zusammensetzung der oberen kontinentalen Kruste basiert auf den Ergebnissen zweier unterschiedlicher analytischer Ansätze: 1.) die Bestimmung gewichteter Durchschnittswerte der geochemischen Zusammensetzung der Gesteine, die an der Erdoberfläche anstehen oder 2.) die Bestimmung der durchschnittlichen Zusammensetzung der unlöslichen Elemente feinkörniger siliziklastischer Sedi-

12.1 Die chemische Zusammensetzung der kontinentalen Kruste

mente und Sedimentgesteine oder glaziogener Ablagerungen (Rudnick und Gao 2014, für eine zusammenfassende Diskussion).

Geochemisch zeigt die kontinentale Kruste im Durchschnitt eine andesitische Zusammensetzung, reich an inkompatiblen und verarmt an kompatiblen Elementen (Tab. 12.1). Die chemische Zusammensetzung, basierend auf den gewichteten Durchschnittswerten der an der Erdoberfläche anstehenden Gesteine, entspricht mehrheitlich (im Bereich von <20 % Abweichung; Abb. 12.1) der Zusammensetzung, wie sie sich auch aus der Untersuchung

Tab. 12.1 Chemische Zusammensetzung der oberen, mittleren und unteren kontinentalen Kruste. (In Gew.-%; aus Rudnick und Gao 2014, siehe dort für Spurenelementgehalte)

Element	Obere kontinentale Kruste	Mittlere kontinentale Kruste	Untere kontinentale Kruste	Gesamtkontinentale Kruste
SiO_2	66,6	63,5	53,4	60,6
TiO_2	0,64	0,69	0,82	0,72
Al_2O_3	15,4	15,0	16,9	15,9
FeO_T	5,04	6,02	8,57	6,71
MnO	0,10	0,10	0,10	0,10
MgO	2,48	3,59	7,24	4,66
CaO	3,59	5,25	9,59	6,41
Na_2O	3,27	3,39	2,65	3,07
K_2O	2,80	2,30	0,61	1,81
P_2O_5	0,15	0,15	0,10	0,13
Gesamt	100,05	100,00	100,00	100,12
Mg#	46,7	51,5	60,1	55,3

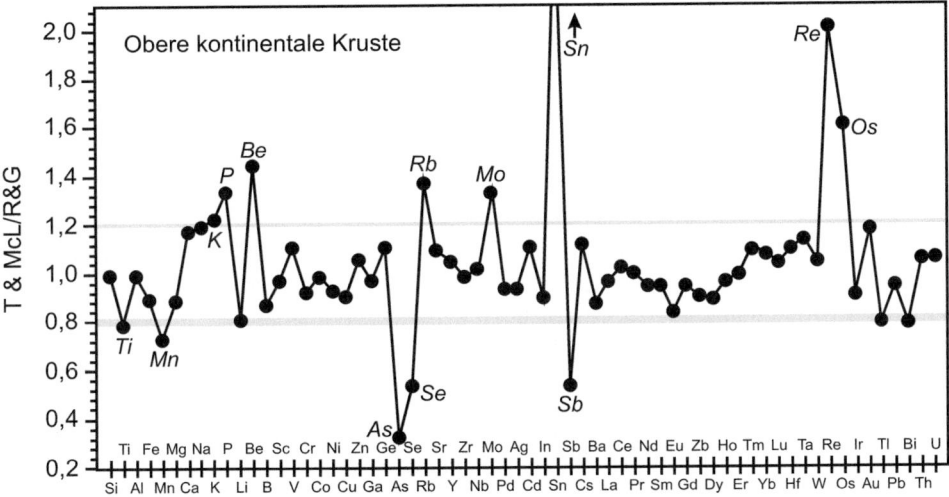

Abb. 12.1 Chemische Zusammensetzung der oberen kontinentalen Kruste als Verhältnis der Daten von Taylor und McLennan (1985) und der Daten von Rudnick und Gao (2014). (Verändert nach Rudnick und Gao 2014)

feinkörniger siliziklastischer Sedimente und Sedimentgesteine (Taylor und McLennan 1985) ergibt. Klar niedrigere Konzentrationen als bei Taylor und McLennan (1985) ergeben sich für die Elemente Kalium und Rubidium. Dies resultiert wahrscheinlich daraus, dass diese Elemente fluid-mobil sind, bei Verwitterungsprozessen als Lösungsfracht ins Meerwasser abgeführt werden und nicht ausschließlich in Tonmineralen gebunden werden.

Hochgradig-metamorphe Gesteinsassoziationen, amphibolit-fazielle Xenolithe sowie seismische Profile, wie sie für mittlere Tiefen der kontinentalen Kruste (ca. 11–23 km Tiefe; Rudnick und Gao 2014) charakteristisch sind, belegen eine klare lithologische Variabilität. Diese ist von Diorit-Tonalit-Trondhjemit-Granodioriten (DTTG) und Graniten dominiert, enthält aber auch metasedimentäre Gesteine. Daraus lässt sich eine durchschnittliche granodioritische/dacitische Zusammensetzung ableiten (Tab. 12.1).

Eine vergleichbare lithologische Vielfalt charakterisiert die tiefe, untere kontinentale Kruste, wie sie durch granulitfazielle Xenolithe und hochdruck-metamorphe Gesteinsassoziationen belegt ist. Auch wenn unser Verständnis über die chemische Zusammensetzung der tiefen kontinentalen Kruste limitiert ist, lässt sich eine mafische Zusammensetzung ableiten, verarmt an Kalium und angereichert an den leichten Seltenen Erd-Elementen (Tab. 12.1).

Unter Berücksichtigung der begrenzten Kenntnisse über die chemische Zusammensetzung vor allem der tieferen Bereiche der kontinentalen Kruste sowie der Anteile der jeweils unterschiedlichen Tiefenbereiche der kontinentalen Kruste wie von Rudnick und Fountain (1995) differenziert (31,7 % obere, 29,6 % mittlere und 38,8 % untere kontinentale Kruste), schlagen Rudnick und Gao (2014) eine durchschnittliche chemische Zusammensetzung für die gesamtkontinentale Kruste vor (Tab. 12.1). Geringfügige Unterschiede im Vergleich zu früheren Arbeiten von Wedepohl (1995) oder Gao et al. (1998) werden mit regionalen Unterschieden begründet, die aber keiner Systematik zu folgen scheinen.

12.2 Zirkone – Hinweise für Bildung und Entwicklung der kontinentalen Kruste

Im Kontext der chemischen Zusammensetzung der kontinentalen Kruste stellt sich auch die Frage nach zeitlichen Veränderungen in der Krustenbildung und deren Veränderung als Teil der Erdsystementwicklung. Damit verknüpft ist die Frage nach dem grundsätzlichen Prozess der Bildung kontinentaler Kruste im Kontext geodynamischer Prozesse vor allem in der frühen Entwicklungsgeschichte unserer Erde. Gilt auch hier das Prinzip des Aktualismus, wie es von Charles Lyell (1830) formuliert wurde („The Present is the Key to the Past") oder führten in der frühen Erdgeschichte fundamental andere Prozesse zur Bildung kontinentaler Kruste? Zentraler Punkt ist die Frage, inwieweit bereits im Eoarchaikum (4,0–3,6 Mrd. Jahre vor heute) oder sogar schon im Hadaikum (>4,0 Mrd. Jahre) eine horizontale Bewegung von Erdplatten (engl. mobile lid-model) einschließlich deren Subduktion zur Differenzierung kontinentaler Kruste führte (Nutman et al. 2021; Windley et al.

12.2 Zirkone – Hinweise für Bildung und Entwicklung der kontinentalen Kruste

2021) oder ob in den Anfängen der Erdgeschichte zunächst eine vertikale Dynamik (engl. stagnant lid-model) einher ging mit der chemischen Differenzierung silikatischer Kruste (Johnson et al. 2017; Rollinson 2021; Webb et al. 2020).

Die Diskussion dieser grundsätzlichen Frage basiert auf Untersuchungen einiger der ältesten Gesteinsassoziationen unsere Erde, die mittlerweile auf allen Kontinenten gefunden wurden. Die prominentesten Beispiele sind die Acasta-Gneise aus der Slave Province im Norden Kanadas mit einem Alter bis 4,0 Mrd. Jahre (Bowring und Williams 1999), die suprakrustalen Gesteine der Nuvvuagittuq-Sequenz aus der Superior Province im Nordosten Kanadas mit einem Alter von 3,6–3,8 Mrd. Jahren (ggf. sogar >4 Mrd. Jahre alt: O'Neil et al. 2008; Sole et al. 2025), die Gneise des Itsaq Gneis Complex und die suprakrustalen Gesteine des Isua Supracrustal Belt im Südwesten Grönlands und komplementäre Einheiten im westlichen Labrador (Komiya et al. 2015) mit Altern zwischen 3,6 und 3,9 Mrd. Jahren vor heute. Hinzu kommen die bis 4,4 Mrd. Jahre alten Jack-Hills-Zirkone aus Westaustralien.

Zentrales analytisches Werkzeug in dieser Diskussion ist das Hafniumisotopensystem. Grundlage dieses analytischen Ansatzes ist das Lu/Hf-Verhältnis in einem Mineral und der radioaktive Zerfall von ^{176}Lu zu ^{176}Hf. Gemessen wird das ^{176}Hf/^{177}Hf-Verhältnis, wobei die Ergebnisse als ε_{Hf}-Werte dargestellt werden (Vervoort 2014). Die Mehrzahl der Daten stammt aus der Analyse von Zirkonen, da diese die originäre Hafniumisotopie der Schmelze archiviert haben, aus der das Mineral ursprünglich kristallisierte. Das Alter der Kristallisation lässt sich mittels U-Pb-Altersdatierung bestimmen.

Kontinentale Kruste bildet sich heute an konvergenten Plattengrenzen durch Subduktion und nachfolgende Schmelzbildung im Mantel sowie anschließender kompositioneller Differenzierung. Dabei hat die extrahierte Schmelze, aus der sich die kontinentale Kruste bildet, ein niedrigeres Lu/Hf-Verhältnis als der residuale Mantel und enthält mithin weniger radiogenes ^{176}Hf. Dies drückt sich in einer niedrigeren ε_{Hf}-Signatur in den Gesteinen der kontinentalen Kruste im Vergleich zum verarmten Mantel aus (Abb. 12.2).

Eine Zusammenstellung der ε_{Hf}-Daten für detritische und magmatische Zirkone mit Altern zwischen 3,0 und 4,4 Mrd. Jahren zeigt zeitliche Änderungen (Abb. 12.3). Zirkone mit Altern >3,8 Mrd. Jahren zeigen mehrheitlich negative ε_{Hf}-Werte und einen generellen Trend zu negativeren ε_{Hf}-Werten mit abnehmendem Alter. Dies spiegelt eine kontinuierliche Extraktion differenzierter felsischer Kruste aus einer wesentlich älteren mafischen Kruste wider (Scherer et al. 2007). Zirkone mit einem Alter <3,6 Mrd. Jahren sind dagegen durch sehr viel variablere ε_{Hf}-Werte einschließlich vieler Werte nahe 0 oder sogar positive ε_{Hf}-Werte gekennzeichnet. Dies spiegelt einen deutlichen Einfluss juveniler Mantelschmelze wider. Dieser Wechsel in der Hafniumisotopensignatur erfolgt zwischen 3,6 und 3,8 Mrd. Jahren vor heute, wobei die verschiedenen Datenpopulationen regionale Unterschiede in der Zeitlichkeit des genannten Wechsels andeuten. Bauer et al. (2020) interpretieren den Wechsel von vorwiegend negativen zu sehr viel variableren ε_{Hf}-Werten als zeitliche Änderung im geodynamischen Regime der frühen Erde, speziell in einem Wechsel von einem Stagnant-lid- zu einem Mobile-lid-System.

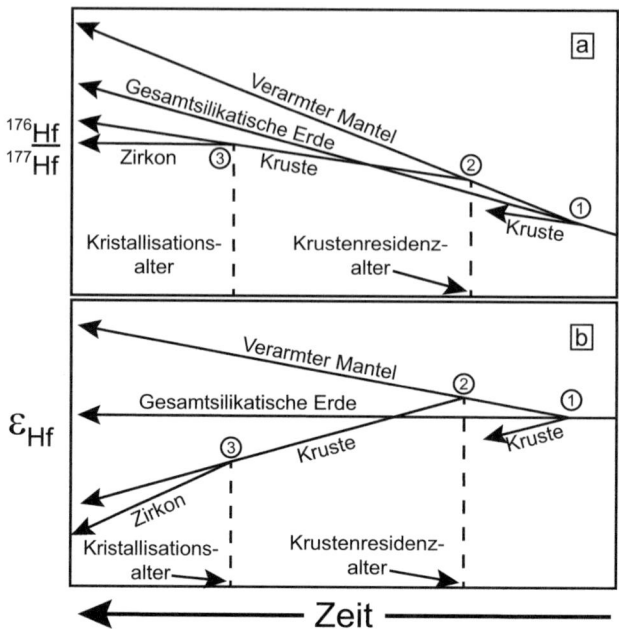

Abb. 12.2 ε_{Hf}-Systematik (verändert nach Scherer, 2007). **a** Hypothetische Entwicklung von $^{176}Hf/^{177}Hf$ im Vergleich zur Zeit für die gesamtsilikatische Erde, der verarmte Mantel, zwei Krustenreservoire und einen Zirkon. **b** Die gleichen Reservoire, dargestellt als ε_{Hf} gegen die Zeit. Das U-Pb-Alter des Zirkons datiert sein Kristallisationsalter (*3*). Das Lu-Hf-Krustenresidenzalter schätzt die verstrichene Zeit ab, seit dem die Krustendomäne, in dem sich der Zirkon befand, aus dem verarmten Mantel extrahiert wurde (*2*). Das Alter der Extraktion von Kruste aus der Gesamtsilikatischen Erde markiert Punkt (*1*).

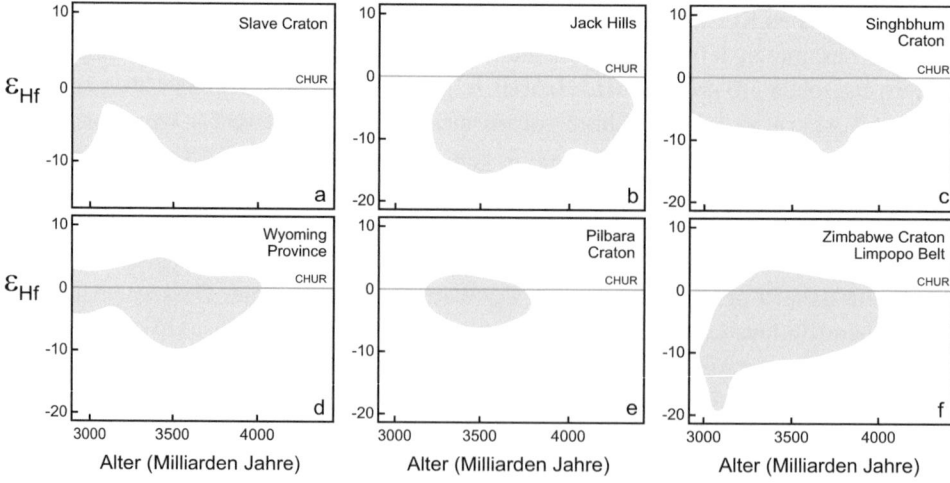

Abb. 12.3 Zeitliche Veränderung in der ε_{Hf}-Signatur detritscher Zirkone (als *Datenwolken*) aus der frühen Erdgeschichte: a) Slave Craton, b) Jack Hills, c) Singhbhum Craton, d) Wyoming Province, e) Pilbara Craton, f) Zimbabwe Craton und Limpopo Belt. (Verändert nach Bauer et al. 2020)

Neben der Hafniumisotopie wurde für viele der Zirkone der genannten geologischen Einheiten auch ihre Sauerstoffisotopie bestimmt. Frühe Studien der detritischen Jack-Hills-Zirkone lieferten sehr variable δ^{18}O-Werte zwischen 5,3 und 7,3 ‰ (Cavosie et al. 2005). Während primäre magmatische Zirkone einen durchschnittlichen δ^{18}O-Wert von 5,3 ± 0,3 ‰ zeigen, kristallisierten die Zirkone mit höheren Sauerstoffisotopenwerten vermutlich aus einer Schmelze, die durch niedertemperiere Wechselwirkung mit einer wässrigen Phase alteriert war. Diese Daten wurden als geochemischen Hinweis auf die Existenz einer frühen Hydrosphäre betrachtet (Wilde et al. 2001; Valley et al. 2002; Cavosie et al. 2005). Eine neuere Bewertung der Daten sieht diese Schlussfolgerung eher kritisch (Whitehouse et al. 2017).

12.3 Multiple Schwefelisotope als Anzeiger früher Subduktion

Das südwestliche Grönland und die Gesteine des 3,9–3,6 Mrd. Jahre alten Itsaq Gneis Complex (IGC) einschließlich des Isua Supracrustal Belts (ISB) mit seinen 3,7–3,8 Mrd. Jahre alten suprakrustalen Gesteinen sind immer wieder Ziel von Untersuchungen zur Frage der Bildung kontinentaler Kruste im Kontext der Diskussion der frühen Geodynamik unserer Erde (Hoffmann et al. 2014, 2019). Im Fokus steht die Frage nach einem klaren Hinweis für horizontale vs. vertikal operierende tektonische Prozesse als Motor für die Bildung kontinentaler Kruste. Ein solcher Hinweis wäre eine geochemische Signatur für einen Prozess, der ausschließlich an der Erdoberfläche stattfindet, und die durch Subduktion recyclt und nachfolgend in magmatischen Gesteinen der Erdkruste archiviert wäre.

Multiple Schwefelisotope (^{32}S, ^{33}S, ^{34}S, ^{36}S) repräsentieren ein solch eindeutiges Proxysignal. Zahlreiche Studien, beginnend mit Farquhar et al. (2000), belegen, dass sedimentäre Sulfide und Sulfate mit einem Alter >2,4 Mrd. Jahre eine massenunabhängige Schwefelisotopenfraktionierung zeigen, ausgedrückt als Δ^{33}S- bzw. Δ^{36}S-Werte ≠ 0‰ (Johnston 2011 für eine zusammenfassende Diskussion). Diese ist Folge photochemischer Prozesse in einer sauerstoffarmen frühen Erdatmosphäre (<10^{-5} des heutigen atmosphärischen O$_2$-Gehaltes: Pavlov und Kasting 2002). Im Speziellen kommt es durch UV-gestützte Photodissoziation von vulkanogenem SO$_2$ zur Bildung von reduziertem Schwefel mit einer positiven Δ^{33}S-Signatur und oxidiertem Schwefel mit einer negativen Δ^{33}S-Signatur (Johnston 2011). Diese wurden in den archaischen und früh-paläoproterozoischen Sedimenten archiviert und belegen eine Funktionsweise des archaischen und früh-paläoproterozoischen Schwefelkreislaufs, die sich deutlich von der heutigen unterscheidet. Gleichzeitig sind die massenunabhängigen Schwefelisotope aber auch ein Proxy für die zeitliche Entwicklung der Sauerstoffkonzentration der präkambrischen Erdatmosphäre (Lyons et al. 2014), da Sulfide und Sulfate aus Sedimentgesteinen mit einem Alter <2,2 Mrd. Jahre ausschließlich massenabhängige Schwefelisotopenfraktionierung zeigen (Δ^{33}S=0±0,2 ‰).

Metasedimentäre Gesteine des Isua Supracrustal Belts, Metapelite und gebänderte Eisenformationen, zeigen deutlich positive Δ^{33}S- und deutlich negative Δ^{36}S-Werte (Mojzsis et al. 2003; Papineau und Mojzsis 2006; Whitehouse et al. 2005). Diese sind ein klarer Hinweis auf eine massenunabhängige Schwefelisotopenfraktionierung als Konsequenz photochemischer Reaktionen in einer O_2-freien frühen Atmosphäre.

Deutlich geringere, aber dennoch signifikante massenunabhängig fraktionierte Schwefelisotopenwerte wurden von Lewis et al. (2021) in den eoarchischen Tonalit-Trondhjemit-Granodiorit-Gesteinen des Itsaq Gneis Complex in Südwest-Grönland gefunden. Diese Gesteine werden als Kernbereiche früher kontinentaler Kruste betrachtet (Hoffmann et al. 2014). In einer weiteren Untersuchung eoarchischer Peridotite ebenfalls aus dem Itsaq Gneis Complex konnten Lewis et al. (2023) zeigen, dass auch diese Gesteine durch multiple Schwefelisotopensignaturen gekennzeichnet sind, die eine massenunabhängige Isotopenfraktionierung widerspiegeln. Beide Studien belegen mithin klar den Transfer einer Oberflächensignatur in den Erdmantel und deren Archivierung in nachfolgend gebildeten Gesteinen einer frühen Erdkruste. Sie sind damit ein Hinweis auf geodynamische Prozesse, wie sie auch heute auf der Erde für das Recycling von Kruste verantwortlich sind, also die horizontale Bewegung von Erdplatten einschließlich deren Subduktion. Lewis et al. (2021, 2023) betonen jedoch, dass diese Hinweise eine mögliche Koexistenz anderer Formen geodynamischer Prozesse nicht ausschließen.

12.4 Die zeitliche Entwicklung der kontinentalen Kruste

Zeitliche Veränderungen in der chemischen Zusammensetzung kontinentaler Kruste, wie sie beispielsweise aus der chemischen und isotopischen Zusammensetzung feinkörniger terrigener Sedimentgesteine stammen, belegen eine eher mafische Zusammensetzung in der frühen Erdgeschichte und eine Entwicklung hin zu der mehr felsischen kontinentalen Kruste von heute und in der jüngeren geologischen Vergangenheit. Haupt- und Spurenelemente terrigener Feinklastika (Greber und Dauphas 2019), U-Pb, Hf und O-Isotope in Zirkonen (Dhuime et al. 2012) oder die Vanadiumisotopie feinkörniger glazialer Diamiktite (Tian et al. 2023) sprechen für eine vornehmlich mafische kontinentale Kruste bis ca. 3 Mrd. Jahre vor heute, gefolgt von einer vornehmlich felsischen Zusammensetzung. Demgegenüber postulieren Roerdink et al. (2022) auf der Grundlage der Strontiumisotopie paläoarchaischer Baryte eine subaerische Verwitterung felsischer Kruste bereits vor 3,7 Mrd. Jahren.

Abschätzungen der Bildungsrate/Volumina kontinentaler Kruste in der geologischen Vergangenheit, speziell in der frühen Erdgeschichte, basieren in der Regel auf der Hafnium- und der Sauerstoffisotopensignatur von Zirkonen (Belousova et al. 2010; Dhuime et al. 2012; Korenaga 2018). Dabei lassen sich über die Hf-Isotopie das Krustenalter und der Zeitpunkt der Extraktion des Krustenmaterials aus dem Mantel bestimmen, die Sauerstoffisotopensignatur von Zirkonen spiegelt eine mögliche Alteration durch Wasser-Gesteins-Wechselwirkung wider (Dhuime et al. 2012) und wird als eine Art Qualitätsfilter der Aussagen betrachtet. Werden beide Isotopensysteme mit U-Pb-Isotopendaten zum

12.4 Die zeitliche Entwicklung der kontinentalen Kruste

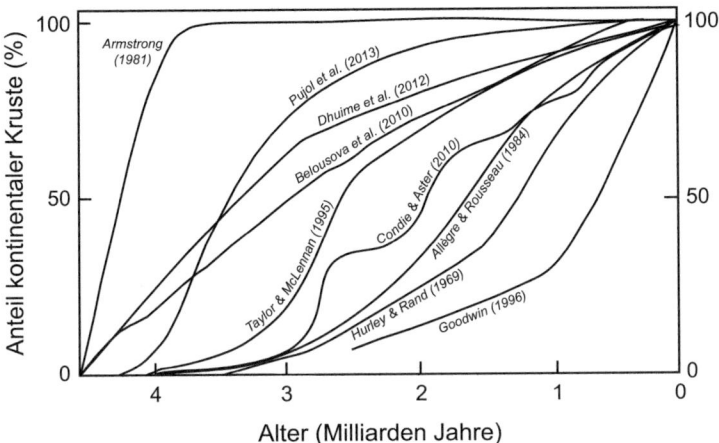

Abb. 12.4 Modellvorstellungen über das Wachstum kontinentaler Kruste im Verlauf der Erdgeschichte. (Verändert nach Hawkesworth et al. 2019)

Alter der Zirkone kombiniert, lässt sich eine Krustenwachstumsrate berechnen (Dhuime et al. 2012). Vor allem die Nutzung der Sauerstoffisotope ist aber nicht unumstritten.

Drei grundsätzliche Vorstellungen existieren über das Wachstum kontinentaler Kruste (Abb. 12.4). Basierend auf der Verteilung der gemessenen Altersdaten unterschiedlich alter, erhaltener Gesteine des kristallinen Untergrunds schlagen Goodwin (1996) und Hurley und Rand (1969) Wachstumskurven vor, die sehr wenig Krustenproduktion/-wachstum im Archaikum und einen mehr oder weniger steilen Anstieg in der Produktion etwa seit dem Mesoproterozoikum zeigen. Auf der Grundlage von Modellaltern zur Extraktion krustalen Materials aus dem Mantel favorisieren Allègre und Rousseau (1984) sowie Condie und Aster (2010) einen eher episodischen Verlauf des Wachstums kontinentaler Kruste. Belousova et al. (2010), Dhuime et al. (2012), Pujol et al. (2013) und bereits früh schon Armstrong (1981) postulieren dagegen ein umfänglicheres Krustenwachstum im Archaikum, sodass zwischen 65 und 80 % der kontinentalen Kruste bereits vor 2,5–3 Mrd. Jahren (oder sogar noch früher: Armstrong 1981) existierte. Dies würde bedeuten, dass für weite Teile der Erdgeschichte kaum neue, juvenile Kruste hinzugekommen wäre und die Entwicklung der kontinentalen Kruste im Wesentlichen von Krustenrecycling bestimmt gewesen wäre. Hawkesworth et al. (2019) berechnen einen Wechsel in der Krustenbildungsrate von ~2,9–3,4 km^3/Jahr bis ca. 3 Mrd. Jahre vor heute und seither eher 0,6–0,9 km^3/Jahr. Quantifizierungen der Schmelzbildung in den letzten Millionen Jahren gehen von ca. 24 x 10^6 km^3 aus, wobei ca. 80 % des Schmelzvolumens an mittelozeanischen Rücken, ca. 20 % über Subduktionszonen und nur 0,5 % im Kontext von Intraplattenvulkanismus gebildet wurde (Mjelde et al. 2010; Jicha und Jagoutz 2015).

Ein alternativer Ansatz zur Bestimmung der Entwicklung der kontinentalen Kruste im Verlauf der Erdgeschichte ist die Kombination aus der Hafniumisotopie detritscher Zirkone und der chemischen Zusammensetzung unterschiedlich alter, erhaltener Gesteine der kontinentalen Kruste (Reimink et al. 2023). Resultierend daraus postulieren diese Autoren ein progressives Krustenwachstum mit wenig kontinentaler Kruste im Archaikum und einem deutlichen Anstieg in der Krustenbildung ab ca. 3 Mrd. Jahren vor heute.

12.5 Zusammenfassung

Kontinentale Kruste bedeckt heute ca. 40 % der Erdoberfläche. Die chemische Zusammensetzung der kontinentalen Kruste ist im Mittel andesitisch, mit zunehmender Tiefe wird sie mafischer. Verschiedene geochemische Proxysignale werden für die Rekonstruktion der Bildung kontinentaler Kruste im Verlauf der Erdgeschichte genutzt. Resultierende Modellvorstellungen sind entsprechend unterschiedlich. Sehr wahrscheinlich erscheint eine hohe Krustenbildungsrate in der frühen Erdgeschichte, sodass zwischen 65 und 80 % der kontinentalen Kruste bereits vor ca. 3 Mrd. Jahren existent war. Seither dominiert vor allem das Recycling der kontinentalen Kruste deren Entwicklungsgeschichte. Kontrovers diskutiert wird die Frage nach dem Beginn plattentektonischer Prozesse in unserem heutigen Verständnis. Hier mehren sich Hinweise, die für den Beginn einer sog. Mobile-lid-Dynamik bereits im Eoarchaikum sprechen, die jedoch eine Koexistenz anderer Prozesse der Krustenbildung nicht ausschließen. Auch die chemische Zusammensetzung der kontinentalen Kruste zeigt einen zeitlichen Wechsel vor ca. 3 Mrd. Jahren von dominierend mafisch zu vornehmlich felsisch bis intermediär.

Literatur

Allègre CJ, Rousseau D (1984) The growth of the continent through geological time studied by Nd isotope analysis of shales. Earth Planet Sci Lett 67:19–34

Armstrong RL (1981) Radiogenic isotopes: the case for crustal recycling on a nearsteady-state no-continental-growth Earth. Philos Trans R Soc Lond A 301:443–472

Bauer AB, Reimink JR, Chacko T, Foley BJ, Shirey SB, Pearson DG (2020) Hafnium isotopes in zircons document the gradual onset of mobile-lid tectonics. Geochem Perspect Lett 14:1–6

Belousova EA, Kostitsyn YA, Griffin WL, Begg GC, O'Reilly SY, Pearson NJ (2010) The growth of the continental crust: constraints from zircon Hf-isotope data. Lithos 119:457–466

Bowring SA, Williams IS (1999) Priscoan (4.00±4.03 Ga) orthogneisses from northwestern Canada. Contrib Mineral Petrol 134:3–16

Cavosie AJ, Valley JW, Wilde SA, EIMF (2005) Magmatic $\delta^{18}O$ in 4400–3900 Ma detrital zircons: a record of the alteration and recycling of crust in the Early Archean. Earth Planet Sci Lett 235:663–681

Christensen NI, Mooney WD (1995) Seismic velocity structure and composition of the continental crust: a global view. J Geophys Res 100:9761–9788

Condie KC, Aster RC (2010) Episodic zircon age spectra of orogenic granitoids: the supercontinent connection and continental growth. Precambrian Res 180:227–236

Dhuime B, Hawkesworth CJ, Cawood PA, Storey CD (2012) A change in the geodynamics of continental growth 3 billion years ago. Science 335:1334–1336

Farquhar J, Bao H, Thiemens M (2000) Atmospheric influence of earth's earliest sulfur cycle. Science 289:756–758

Gao S, Luo T-C, Zhang B-R, Zhang H-F, Han Y-W, Zhao Z-D, Hu Y-K (1998) Chemical composition of the continental crust as revealed by studies in east China. Geochim Cosmochim Acta 62:1959–1975

Goodwin AM (1996) Principles of Precambrian geology. Academic Press, London. 327 S.

Greber ND, Dauphas N (2019) The chemistry of fine-grained terrigenous sediments reveals a chemically evolved Paleoarchean emerged crust. Geochim Cosmochim Acta 255:247–264

Hawkesworth C, Cawood PA, Dhuime B (2019) Rates of generation and growth of the continental crust. Geosci Front 10:165–173

Hoffmann JE, Nagel TJ, Münker C, Næraa T, Rosing MT (2014) Constraining the process of Eoarchean TTG formation in the Itsaq Gneiss complex, southern West Greenland. Earth Planet Sci Lett 388:374–386

Hoffmann JE, Zhang C, Moyen J-F, Nagel TJ (2019) The formation of tonalites-trondjhemite-granodiorites in early continental crust. In: Van Kranendonk MJ, Bennett VC, Hoffmann JE (Hrsg) Earth's oldest rocks, 2. Aufl. Elsevier, S 133–168

Hurley PM, Rand JR (1969) Predrift continental nuclei. Science 164:1229–1242

Jicha BR, Jagoutz O (2015) Magma production rates for intraoceanic arcs. Elements 11:105–112

Johnson TE, Brown M, Gardiner NJ, Kirkland CL, Smithies RH (2017) Earth's first stable continents did not form by subduction. Nature 543:239

Johnston DT (2011) Multiple sulfur isotopes and the evolution of Earth's surface sulfur cycle. Earth Sci Rev 106:161–183

Komiya T, Yamamoto S, Aoki S, Sawaki Y, Ishikawa A, Tashiro T, Koshida K, Shimojo M, Aoki K, Collerson KD (2015) Geology of the Eoarchean, >3.95 Ga, Nulliak supracrustal rocks in the Saglek Block, northern Labrador, Canada: the oldest geological evidence for plate tectonics. Tectonophysics 662:40–66

Korenaga J (2018) Estimating the formation age distribution of continental crust by unmixing zircon ages. Earth Planet Sci Lett 482:388–395

Lewis JA, Hoffmann JE, Schwarzenbach EM, Strauss H, Liesegang M, Rosing MT (2021) Sulfur isotope evidence for surface-derived sulfur in Eoarchean TTGs. Earth Planet Sci Lett 576:117218

Lewis JA, Hoffmann JE, Schwarzenbach EM, Strauss H, Li C, Münker C, Rosing MT (2023) Sulfur isotope evidence from peridotite enclaves in southern West Greenland for recycling of surface material into Eoarchean depleted mantle domains. Chem Geol 633:121568

Lyell C (1830) Principles of geology. John Murray, London

Lyons TW, Reinhard CT, Planavsky NJ (2014) The rise of oxygen in Earth's early ocean and atmosphere. Nature 506:307–315

Mjelde R, Wessel P, Müller RD (2010) Global pulsations of intraplate magmatism through the Cenozoic. Lithosphere 2:361–376

Mojzsis SJ, Coath CD, Greenwood JP, McKeegan KD, Harrison TM (2003) Massindependent isotope effects in Archean (2.5 to 3.8 Ga) sedimentary sulfides determined by ion microprobe analysis. Geochim Cosmochim Acta 67:1635–1658

Mooney WD (2015) Crust and lithospheric structure – global crustal structure. In: Treatise on geophysics, Bd 1, 2. Aufl., S 339–390

Nutman AP, Scicchitano MR, Friend CRL, Bennett VC, Chivas AR (2021) Isua (Greenland) ~3700 Ma meta-serpentinite olivine Mg# and δ^{18}O signatures show connection between the early mantle and hydrosphere: geodynamic implications. Precambrian Res 361:106249

O'Neil J, Carlson RW, Francis D, Stevenson RK (2008) Neodymium-142 evidence for Hadean mafic crust. Science 321:1828–1831

Papineau D, Mojzsis SJ (2006) Mass-independent fractionation of sulfur isotopes in sulfides from the pre-3770 Ma Isua Supracrustal Belt, West Greenland. Geobiology 4:227–238

Pavlov AA, Kasting JF (2002) Mass-independent fractionation of sulfur isotopes in Archean sediments: Strong evidence for an anoxic Archean atmosphere. Astrobiology 2:27–41

Pujol M, Marty B, Burgess R, Turner G, Philippot P (2013) Argon isotopic composition of Archaean atmosphere probes early earth geodynamics. Nature 498:87–90

Reimink JR, Davies JHFL, Moyen J-F, Pearson DG (2023) A whole-lithosphere view of continental growth. Geochem Perspect Lett 26:45–49

Roerdink DL, Ronen Y, Strauss H, Mason PRD (2022) Emergence of felsic crust and subaerial weathering recorded in Palaeoarchean barite. Nat Geosci 15:227–232

Rollinson H (2021) No plate tectonics necessary to explain Eoarchean rocks at Isua (Greenland). Geology 50:147–151

Rudnick RL, Fountain DM (1995) Nature and composition of the continental crust: a lower crustal perspective. Rev Geophys 33:267–309

Rudnick RL, Gao S (2014) Composition of the continental crust. In: Treatise on geochemistry, 2. Aufl. https://doi.org/10.1016/B978-0-08-095975-7.00301-6

Scherer E, Whitehouse MJ, Münker C (2007) Zircon as a monitor of crustal growth. Elements 3:19–24

Sole C, O'Neil J, Rizo H, Paquette JL, Benn D, Plakholm J (2025) Evidence for Hadean mafic intrusions in the Nuvvuagittuq Greenstone Belt, Canada. Science 388:1431–1435

Taylor SR, McLennan SM (1985) The continental crust: its composition and evolution. Blackwell, Oxford

Tian S, Ding X, Qi Y, Wu F, Cai Y, Gaschnig RM, Xiao Z, Lv W, Rudnick RL, Huang F (2023) Dominance of felsic continental crust on Earth after 3 billion years ago is recorded by vanadium isotopes. Proc Natl Acad Sci 120:e2220563120

Valley JW, Peck WH, King EM, Wilde SA (2002) A cool early Earth. Geology 30:351–354

Vervoort J (2014) Lu-Hf dating: the Lu-Hf isotope system. In: Rink W, Thompson J (Hrsg) Encyclopedia of scientific dating methods. Springer, Dordrecht

Webb AAG, Müller T, Zuo J, Haproff PJ, Ramírez-Salazar A (2020) A non-plate tectonic model for the Eoarchean Isua supracrustal belt. Lithosphere 12:166–179

Wedepohl H (1995) The composition of the continental crust. Geochim Cosmochim Acta 59:1217–1239

Whitehouse MJ, Kamber BS, Fedo CM, Lepland A (2005) Integrated Pb- and S isotope investigation of sulphide minerals from the early Archaean of Southwest Greenland. Chem Geol 222:112–131

Whitehouse MJ, Nemchin AA, Pidgeon RT (2017) What can Hadean detrital zircon really tell us? A critical evaluation of their geochronology with implications for the interpretation of oxygen and hafnium isotopes. Gondw Res 51:78–91

Wilde SA, Valley JW, Peck WH, Graham CM (2001) Evidence from detrital zircons for the existence of continental crust and oceans on the Earth 4.4 Gyr ago. Nature 409:175–178

Windley BF, Kusky T, Polat A (2021) Onset of plate tectonics by the Eoarchean. Precambrian Res 352:105980

Stichwortverzeichnis

A
Ablagerung 106
Abwasser 147
Acasta-Gneis 205
Aerobe Respiration 65, 85
Agricola, Georg 2
AMD – Acid Mine Drainage 140
Anthrazit 97
Anthropogener Beitrag 37
Antibiotikum 146
Aragonitmeer 126
Archaisches Meerwasser 116
Arzneimittelrückstand 146
Atmosphärische Sauerstoffkonzentration 116
Auftriebsgebiet 86
Austrittsstelle
　diffuse 183
　fokussierte 183
Authigene Mineralbildung 68
Autotrophe Kohlenstofffixierung 117
Axiale Magmenkammer 171

B
Baryt 68
Bergbaufolge 142
Bergbausaures Grubenwasser 140
Biologische Prozesse 185
Biomarker 7, 92
Biomasse
　pflanzliche 84
Biopolymer 85
Bleibelastung 150
Bleiisotope 150

Bodenbildung 44
Boltwood, Bertram 4
Botryococcan 93
BPCA – Benzenpolycarbonsäure 144
Braunkohle 96

C
$\delta^{13}C$ 123, 189
Ca 130
Calcitmeer 126
Canfield Ocean 121
Cap-Karbonat 125
CAS – carbonate associated sulfate 125
Cellulose 85
Chemische Verwitterung 44
Chemisches Sediment 114
Chemostratigraphie 123
Chemosynthese 193
Chert 114
Chlorinität 186
CIA – chemical index of alteration 111
CIA – Chemical Index of Alteration 51
Clarke, Frank W. 3
Clumped isotopes 76
Coal Ball 99
CSIA – compound-specific isotope analysis 7
$\delta^{13}C$-Wert 72

D
Deltawert 18
Detritischer Zirkon 113
Diagenese 62, 63, 106

Diagenesegeschichte 72
Dinosteran 93
Diorit-Tonalit-Trondhjemit-Granodiorite 204
Disproportionierung 191
Dolomitisierung 128
Dynamik des Erdmantels 162

E
Eisenoxidation 194
Eisenreich 121
Eishaus 124
Elektronenakzeptor 65
Elektronendonator 64
Emerging pollutant 143
Energieträger
    fossiler 85
EPA-PAK 143
Erdmantel 158, 172
Erdöl 89
Erdsystementwicklung 204
Erhaltungsfähigkeit 110
Erosion 106
Euxinisch 121
Evaporit 31, 114
Evaporitisches Sulfat 121
Ewigkeitslast 140
Extensionsbewegung 172

F
Feinstaub 33, 148
Ferruginous 116
Fischer-Tropsch-Synthesereaktion 185
Fließgewässer 31
Flussfracht
    gelöste 34
    partikuläre 34
Flüssigkeitseinschluss 126
Fraktionierte Kristallisation 160, 172
Frühdiagenese 64, 90

G
Gabbro
    isotroper 174
    lagiger 174
    laminierter 174
Gabbroide Unterkruste 174

Gabbro-Lage 170
Gammaceran 93
Gas 89
Gebänderte Eisenformation 114
Gefäßpflanze 94
Gelöstes Sulfid 191
Geochemie
    organische 6
Geochemie urbaner Räume 147
Geochronologie 4
Gesamtlösungsfracht 32
Gesteinsverwitterung 44
Glaziogene Ablagerung 105
GMWL – globale meteorische
    Wasserlinie 28
GNIP – Global Network of Isotopes in
    Precipitation 28
GOE – Great Oxidation Event 117
Goldschmidt, Victor Moritz 3
Goldschmidt, Viktor Moritz 12
Goldschmidt's Klassifikation der Elemente
    atmophil 13
    biophil 13
    chalkophil 12
    lithophil 12
    siderophil 12
Grundwasser 31, 37

H
$\delta^2 H$ 189
Hafniumisotop 159
Hafniumisotopie 207
Halbwertszeit 21
Heterogenität 158
$^{176}Hf/^{177}Hf$ 161
HFSE – high field strength elements 12
Holmes, Arthur 4
Hopan 93
Huminstoff 96
Hydrothermale Zirkulation 183
Hydrothermales Fluid 128, 183

I
Infrastruktur 147
Inhaltsstoff des Meerwassers 29
Inkohlung 94
Intraozeanische Plattengrenze 184

Stichwortverzeichnis

Ionenpotential 14
IRIS – isotope ratio laser spectroscopy 6
IRMS – isotope ratio mass spectrometry 6
Isoreniat 93
Isotop 5, 17
    radioaktives 17
    radiogenes 6, 17
    stabiles 5, 17
Isotopenfraktionierung
    Gleichgewichts- 18
    kinetisch 18
    kinetische 27
Isotopengeochemie 4
Isotopensystem 112
Isotopenzeitreihe 126
Isua Supracrustal Belt 205
Itsaq Gneis Complex 205

J
Jack-Hills-Zirkon 115, 205

K
Karbonat 31, 114
Karbonatbildung 75
Karbonatdiagenese 76
Karbonatschornstein 185
Karbonatverwitterung 35, 53
Kation
    hartes 14
    mittleres 14
    weiches 14
Kerogen 86
Kerogentyp 87
Kissenlava 169
Klima 55
Klimarekonstruktion 28
Ko-Evolution des Lebens und der
    Umwelt 125
Kohle 89
Kohlensäure 46
Kohlenstoffisotop 117
Kohlenstoffisotopie 123
Kompaktion 62
Kondensation 26
Konkretion 68
    calcitische oder dolomitische 69
    sideritische 69

Kontinentale Kruste 104, 202
    obere 202
    tiefe 204
Kontinentale Verwitterung 34
Krustenbildung 204
Krustenbildungsrate 209
Krustenrecycling 163
Krustenwachstum 209
Küstenfernes Sediment 85
Küstennahes Sediment 85
Kuticula 96

L
Lagerstättenbildung 55
Landpflanze 84
Landschaftsentwicklung 55
Landwirtschaft 145
Langweilige Milliarde 122
Lateritischer Boden 57
Lignin 85
LILE – large-ion lithophile elements 12
Lomagundi-Event 120
Löss 108
Lösung
    inkongruente 45
    kongruente 45

M
Magmatische Entgasung 185
Magmatisches SO_2 191
Mantelkonvektion 163
Mantelquelle 162
Mantel-Xenolith 158
Massenspektrometer 4
Massenunabhängiges Schwefelisotop 119
Massivsulfidvorkommen 195
Mazeral 86
Mazeraltypen 89
Mendeleev, Dmitri Ivanovich 12
Methanbildung 67
Methanotrophie 118
Methanoxidation 194
Mg^{2+}/Ca^{2+}-Verhältnis 126
Mg/Ca-Verhältnis 31
Mikrobielle Degradation 85
Mikrobielle Redoxreaktion 64
Minerallösung 62

Mineralneubildung 45, 62
Mineralpräzipitation 184
Mineralzersetzung 45
Mischung 160, 173
Mittelozeanischer Rücken 158, 168, 182
Mittelozeanischer Rückenbasalt 169
Mobile lid-model 204
Molekulare Paläobiologie 7
Moor
    minerotrophes 94
    ombrotrophes 94
MORB – Mittelozeanischer Rückenbasalt 160
Multikollektor-ICP-Massenspektrometrie 5
Multiples Schwefelisotop 207

N
Nährstoffe 55
n-Alkan 93
Natural attenuation 38
$^{143}Nd/^{144}Nd$ 161
Neodymium-Isotop 159
Niederschlag 31
Nier, Alfred 6
Nitratreduktion 67
NOE – Neoproterozoic Oxygenation Event 122
NSO-PAK – Heterozyklen 143
Nuvvuagittuq-Sequenz 205

O
$\delta^{18}O$ 189
OIB – Ozeaninselbasalt 160
Ökosystem 145
Ölfenster 91
Oman-Ophiolith 174
Ophiolith 158
Ophiolith-Sequenz 169
Organische Säure 46
Organischer Schadstoff 38, 143
Organo-Schwefel-Komplex 87
$\delta^{18}O$-Wert 75
Oxidation 45
Ozean-Atmosphäre-System 114
Ozeaninselbasalt 168
Ozeanische Kruste 168
Ozeanischer Kernkomplex 158
Ozeankernkomplex 171

P
PAK – Polyzyklische Aromatische Kohlenwasserstoffe 143
Paläoklimaforschung 5
Partielle Schmelzbildung 163
$^{206}Pb/^{204}Pb$ 161
$^{207}Pb/^{204}Pb$ 161
Penrose-Modell 170
Peridotit 158, 170
Periodensystem der Elemente 12
Periodensystem der Elemente und Ionen für Geowissenschaftler 13
Permeabilität 62
Persistenz 143
Pestizid 145
Petrogen 144
PFAS – per- und polyfluorierte Alkylsubstanzen 143
pH 62
Phasenseparation 185
Photosynthese 84, 117
Phytoplankton 84
Plattengrenze
    divergente 168
    konvergente 168
POP – persistent organic pollutants 143
Porenwasser 62
Porosität 62
Porphyrin 92
Primärmineral 46
Primärproduktion 30
Pristan/Phytan-Verhältnis 97
Protolith 50
Provenienzanalyse 109
Provenienzindikator 111
Pyrit 68, 129
Pyritmorphologie 71
Pyritoxidation 55, 140
Pyritverwitterung 35
Pyrogen 144
Pyrolyse 91

R
Radioaktiver Zerfall 20
Radioaktivität 3
Railsback, Bruce 13
Reaktives Eisen 70
Recyclingrate 109

Redoxbedingung 38
Redoxpotential 62
Redoxsensitives Element 117
Redoxzonierung 77
Regolith 50
Reife 88
Resistenz 146
Respiration 30
Rock-Eval-Pyrolyse 88
Rodinia 125
Rotsediment 120
Rutherford, Ernest 4

S
$\delta^{34}S$ 123, 190
Salinität 29
Sauerstoffindex 88
Sauerstoffisotopie 207
Sauerstoffminimumzone 30
Sauerstoffoase 117
Sauerstoffzehrung 86
Saurer Regen 32
Schmelze 158
Schneeball Erde 123
Schönbein, Christian Friedrich 2
Schwarzer Raucher 183
Schwefeldioxyd 32
Schwefelisotop 142, 148
Schwefelisotopensignatur 71
Schwefelisotopie 129
Schwefelsäure 46
Schwermineral 109
Sedimentgestein 107
SEE – Seltene Erdelemente 106
Sekundärmineral 46
Serpentinisierung 185
Sheeted dike 169
Shungit 92
Silikatverwitterung 35, 44
Siliziklastisches Sediment 105, 204
Spätdiagenese 64
Spreizungsrate 168
$^{87}Sr/^{86}Sr$ 123, 161
Stagnant lid-model 205
Steinkohle 97
Steran 92
Stickoxyde 32
Strontiumisotopie 208

Subduktionszone 184
Submariner Hydrothermalismus 129
Submarines Hydrothermalsystem 182
Sulfatgestützten Methanoxidation 68
Sulfatreduktion 67, 129
Sulfidoxidation 193
Sulfidverwitterung 140
Suprakrustales Gestein 115
$\delta^{34}S$-Wert 73
Symbiontische Bakterie 194
Synproportionierung 192

T
Temperatur 62
Terpan 93
Thermochemische Sulfateduktion 191
TIMS – thermal ionization mass
    spectrometry 6
Torf 94
Transform-Störung 158
Transport 106
Treibhaus 124
Triterpen 93
Turbidit 111

U
Umweltgeochemie 147
Urbanisierung 146
Urey, Harold C. 4

V
Vanadiumisotopie 208
van-Krevelen-Diagramm 87
Ventfauna 193
Ventsystem 182
Verbleiter Kraftstoff 149
Verbrennung fossiler
    Energieträger 147
Verdunstung 26
Vernadsky, Vladimir Ivanovich 13
Vernadsky, Vladimir Ivanovitch 3
Versenkung 90
Versenkungsdiagenese 63
Verwitterbarkeit 46
Verwitterung 106
Verwitterungsfront 51
Verwitterungslagerstätte 56

Verwitterungsrate 51
Vitrinitreflexion 86

W
Wadi Gideah 174
Wadi-Khafifah 174
Wasser
   marines 29
   meteorisches 27
Wasser-Gesteins-Wechselwirkung 183
Wasserkreislauf 26
Wasserstoffindex 88
Wasserstoffoxidation 194
Wasserwegsamkeit 52

Weißer Raucher 184
Wirtsgestein
   basaltisches 187
   ultramafisches 187

X
Xenolith 202

Z
Zementierung 62
Zentralgraben 171
Zerfallskonstante 21
Zirkon 109, 205

MIX
Papier aus verantwortungsvollen Quellen
Paper from responsible sources
FSC® C105338

If you have any concerns about our products,
you can contact us on
ProductSafety@springernature.com

In case Publisher is established outside the EU,
the EU authorized representative is:
**Springer Nature Customer Service Center GmbH
Europaplatz 3, 69115 Heidelberg, Germany**

Printed by Libri Plureos GmbH
in Hamburg, Germany